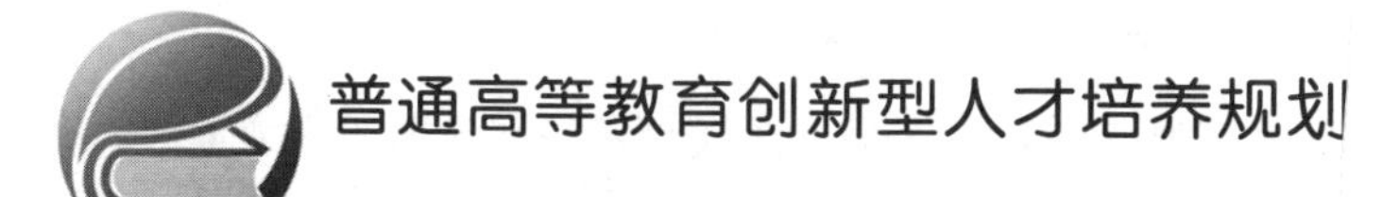

单片机原理及应用

——基于 Keil 及 Proteus

（第 3 版）

主 编　周旭欣　周 波　周 淇

北京航空航天大学出版社

内 容 简 介

本书以 AT89C51 为例，深入浅出地讲解单片机的结构、汇编语言、基本原理、硬件资源及单片机的应用技术。主要内容包括：单片机基础知识、汇编指令、内外系统结构、中断与定时/计数器、串口通信、并行扩展、LED 显示及键盘接口、LED 点阵显示接口、LCD 显示接口、AD－DA 器件接口以及温度传感器接口等技术等，以上内容可根据教学需求选择使用。

本书在单片机传统教学体系的基础上进行了改进。在内容编排上，以 51 单片机汇编语言作为贯穿全书各章节的主线，并将集成开发软件 Keil、单片机仿真软件 Proteus、串口调试助手以及串口虚拟驱动等相结合并应用于例题中，直观显示应用结果，实现了教学内容的可视化。此外，加入了新型或当前主流外部设备的原理介绍及仿真，包括 LED 点阵屏、LCD1602 液晶显示屏、DS18B20 等。

本书可作为高等工科院校计算机类、电气与电子信息类、机电一体化类、机械类等相关专业的本科教材，也可供从事单片机应用研究与开发的技术人员及普通读者参考。

本书配有教学课件和例题源代码供任课教师参考，请发邮件至 margaretxin@163.com 申请索取。

图书在版编目(CIP)数据

单片机原理及应用 ：基于 Keil 及 Proteus / 周旭欣，周波，周淇主编. -- 3 版. -- 北京 ：北京航空航天大学出版社，2021. 6

ISBN 978－7－5124－3532－2

Ⅰ. ①单… Ⅱ. ①周… ②周… ③周… Ⅲ. ①单片微型计算机 Ⅳ. ①TP368.1

中国版本图书馆 CIP 数据核字(2021)第 102694 号

单片机原理及应用——基于 Keil 及 Proteus(第 3 版)

主 编 周旭欣 周 波 周 淇

策划编辑 董 瑞 责任编辑 冯 颖

*

北京航空航天大学出版社出版发行

北京市海淀区学院路 37 号(邮编 100191) http://www.buaapress.com.cn

发行部电话：(010)82317024 传真：(010)82328026

读者信箱：goodtextbook@126.com 邮购电话：(010)82316936

涿州新华印刷有限公司印装 各地书店经销

*

开本：710×1 000 1/16 印张：16 字数：341 千字

2021 年 9 月第 3 版 2025 年 2 月第 6 次印刷 印数：6 001～7 000 册

ISBN 978－7－5124－3532－2 定价：46.00 元

前　言

单片机作为计算机的一个重要分支，具有普通计算机所不具备的一系列优点。其体积小，功能强，价格低，可靠性高，性能稳定，被广泛应用于智能仪器仪表、自动控制、通信系统、家用电器和计算机外围设备等。此外，单片机嵌入式系统还在农业、工业、军事、航空航天等领域得到了广泛应用。因此，单片机的学习、开发与应用将造就一批计算机应用与智能化控制的工程技术人员。了解单片机的知识并掌握其应用技术具有重要的意义。

目前，单片机的种类繁多，4位、8位、16位、32位，发展到现在的各种高速单片机，而其中应用最广泛的，也是初学者们最容易上手的单片机——51单片机仍具有一定市场。MCS-51系列8位单片机教学内容稳定，实验设备成熟，因此，本书以基于51内核的AT89C51为典型机深入浅出地讲述单片机的结构、基本原理、硬件资源及单片机的应用技术。

本次修订主要做了以下工作：

第一，3.9 Keil μVision4集成开发环境简介和5.1 Proteus简介在第3版中不再独立成节，而是按需将这些内容插入到相应的例题中；

第二，上一版存在同一模块在多个章节分别介绍的现象，这导致这些内容是割裂的，在编排上有重复，学生学习难以成体系，因此在第3版中重新整合，使各章形成相对独立的整体；

第三，对上一版中的部分例题Proteus仿真进行了更新，并对原书中存在的一些错误进行了修正。

修订后的第3版全书共分14章：第1章介绍单片机的基础知识，主要介绍了什么是计算机系统、计算机中数据的表示、数据的运算、单片机的内部结构、单片机的类型及单片机的应用系统等；第2章介绍单片机的硬件结构和功能，主要介绍了单片机的一般结构、存储器组织、I/O接口的结构和功能、时钟电路和CPU定时、单片机工作方式等（单片机的中断结构和功能、定时/计数器的结构和功能、串行口结构和功能在本章中一带而过，具体见第6～8章）；第3章介绍单片机的指令系统，介绍了常用的伪指令、寻址方式、111条51单片机指令；第4章介绍51系列单片机汇编语言程序设计方法及Keil调试，包括5种结构的程序设计方法（顺序程序结构、分支程序结构、循环程序结构、子程序及参数传递、中断程序），并且大部分例题都采用Keil集成开发环境进行结果显示;第 5～14 章介绍了 51 系列单片机的并行口的应用、中断的结构功能及应用、定时/计数器的结构功能及应用、串行口的结构功能及应用、并行扩展技术、存储器的扩展、LED 显示与键盘接口技术及应用、LED 点阵显示电路接口技术及应用、LCD 显示电路接口及应用、AD－DA 器件接口技术、温度传感器接口技术等内容。

本书采用教、学、做相结合的教学模式,系统、全面、深入浅出地介绍 MCS－51 单片机应用中所需的基础知识和基本技能,并通过应用实例分析与仿真,将复杂的原理变为直观易懂的内容,以指导读者学习、开发和使用单片机。

本书由南昌航空大学周旭欣、周波、周淇老师任主编。其中,周旭欣老师编写了第 3～14 章,周波老师编写了第 1、2 章,周淇老师负责全书的图表的绘制及统稿。作者在本书的编写过程中得到了江少锋老师的大力支持,在这里表示感谢。

由于作者水平有限,书中错误和不妥之处敬请广大读者批评指正。

作　者

2021 年 5 月

目　　录

第1章　单片机基础知识

1.1　计算机系统概述

1.1.1　计算机

人们日常所说的计算机实质是指电子数字计算机，也是指一个计算机系统，是一种能高速而精确进行各种数据处理的机器。计算机系统由硬件和软件两部分组成。

计算机硬件是构成一台计算机系统的物理部件。如图1-1所示，计算机硬件主要包括运算器、控制器、存储器、输入/输出（Input/Output，I/O）设备四部分，其他硬件还有电源电路、机架机箱等。

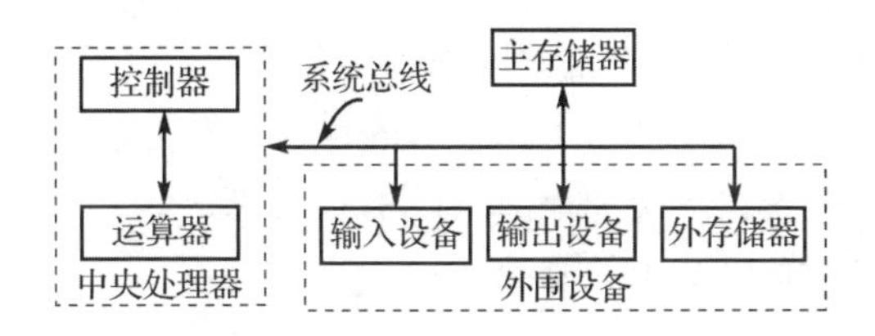

图1-1　计算机主要硬件结构

运算器是数据处理部件，控制器是协调整个计算机操作的部件，运算器和控制器是计算机硬件的核心，通常合称为中央处理器（Central Processing Unit，CPU）。存储器是存放运行程序、原始数据和计算结果二进制编码的部件；I/O设备是将运行程序、原始数据输入计算机和给出数据处理结果的部件。

计算机软件是计算机系统中各类程序及文件，是计算机系统工作的"灵魂"。软件一般包括使计算机系统自动工作或提高计算机工作效率的系统软件、实现某一特定应用目标的应用软件两大类。

计算机的工作过程实际上是一个信息加工过程。计算机中的信息是指构成各类运行程序的机器指令和需要处理及给出计算结果的数据，这些指令和数据在计算机中以一定的二进制编码形式表示。

1.1.2　微型计算机

随着半导体技术的发展，20世纪70年代出现了将运算器和控制器制作在一块大规模集成电路上的中央处理器，称为微处理器（Micro Processor Unit，MPU）。同时出现了多种类型的大容量半导体存储器、各种 I/O 接口,而 I/O 设备的种类、功能、体积也发生了根本性的变化。因此,由微处理器、半导体存储器、新型 I/O 接口和设备组成的各种微型计算机(Micro Computer)相继面世。图 1-2 所示为微型计算机主要硬件结构示意图。

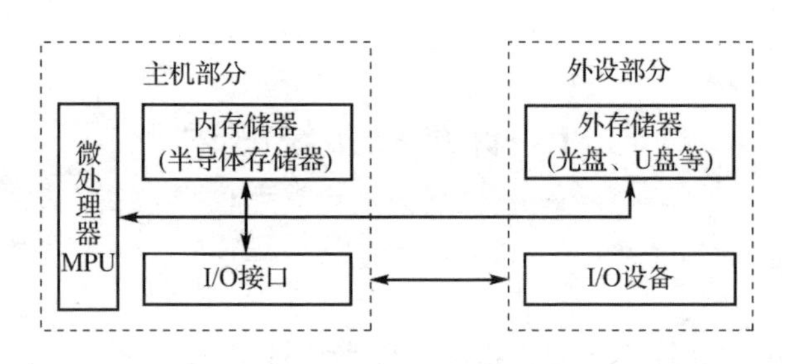

图 1-2　微型计算机主要硬件结构示意图

在微型计算机中,微处理器是通过总线和芯片外部的存储器和 I/O 接口相连。微型计算机的电路部分可以由多块印制电路板(主机板、存储卡和显示卡、声卡等各种 I/O 接口板)组成,也可将所有集成电路均安装在一块印制电路板上。微型计算机的外形也有柜式机、台式机和笔记本电脑等多种形式。

微型计算机的出现极大地推动了计算机的普及。微处理器不仅是构成微型计算机、单片微型计算机、嵌入式系统和片上系统的核心部件,也是构成多微处理器系统和现代高速并行结构计算机系统的基础。

1.1.3　单片微型计算机

在微处理器问世后不久,便出现了一种将 CPU、存储器和各种 I/O 接口集成在一个大规模集成电路上的微型计算机——单片微型计算机(Single Chip Microcomputer,SCMC),又称微控制器(Micro-Controller Unit,MCU)。

由于单片机含有计算机的 CPU、存储器和各种 I/O 接口等基本功能部件,一般只要给单片机配上适当的外围 I/O 设备和软件,便构成了一个单片机应用系统。由于单片机上的外设资源一般比较丰富,适合于测试控制场合,所以单片机所构成的计算机应用系统都是针对某一工作目标而设计制作的专用计算机系统。

由于 Intel 公司在单片机技术的发展历史上具有十分重要的地位,因此单片机发展历史常以 Intel 单片机的发展来划定。

下面以 8 位单片机的推出作为起点,将单片机的发展历史大致划分为以下 3 个阶段。

(1) 单片机的探索阶段(1976—1980)

这一阶段以 Intel 公司 1976 年推出的 8 位 MCS-48 系列单片机为典型代表。由于受到工艺和集成度低的影响,单片机中 CPU 功能弱、存储器容量小、I/O 接口的

种类和数量少，只能应用于简单场合。这一阶段参与探索的公司还有 Motorola、Zilog 等。

(2) 单片机的完善阶段(1980—1990)

这一阶段以 Intel 公司 1980 年推出的 8 位 MCS－51 系列和 1983 年推出的16 位 MCS－96 系列单片机为典型代表。相对 MCS－48 系列而言，MCS－51 系列单片机在 CPU、存储器和 I/O 接口方面都有明显改善和提高。MCS－96 系列单片机在提高数据处理能力的同时，将一些用于测控系统的模/数转换器、程序运行监视器、脉宽调制器等纳入片中。随着 MCS－51 系列单片机的广泛应用，许多电气厂商也竞相推出使用 80C51 内核的、测控功能多样的各种扩展型 51 单片机。MCS－96 系列和这些扩展型 51 单片机增强了外围电路的功能，强化了智能控制的能力，体现了单片机的微控制器(MCU)特征。

(3) 单片机的全面高速发展阶段(1990 至今)

随着单片机在各个领域全面深入地发展和应用，全球许多知名半导体厂商不断推出各种新型的 8 位、16 位、32 位单片机，单片机的性能不断完善，品种大量增加，在功能、功耗、体积、价格和可靠性等方面能满足各种复杂的或简单的应用场合要求。特别是片上系统(SoC)的出现，将单片机应用技术提升到了一个新的高度。

1.1.4 嵌入式系统

嵌入式系统(Embedded System)是将计算机嵌入到应用产品之中的计算机系统。它将计算机的硬件技术、软件技术、通信技术、微电子技术、数字信号处理技术等先进技术和具体应用对象相结合，进而达到提升产品功能的目的。嵌入式微处理器的体系结构有冯・诺依曼体系和哈佛体系两种结构；指令系统有精简指令系统(Reduced Instruction Set Computer，RISC)和复杂指令系统(Complex Instruction Set Computer，CISC)两种指令系统。

1.2 单片机的内部结构

单片机是一个以大规模集成电路为主组成的微型计算机。

单片机在一个芯片内包含中央处理器(CPU)、存储器、I/O 接口，以及时钟、中断控制、定时器等电路。CPU 通过内部总线与存储器、I/O 接口相连，典型的单片机内部结构如图 1－3 所示。同时，计算机中的数据和指令都是一组二进制编码，它们是作为一个整体来进行处理和运算的，统称为“机器字”，一个机器字所包含的二进制位数称为字长。单片机 CPU 的字长一般有 8 位、16 位、32 位，并且与单片机的内部结构有十分密切的关系。

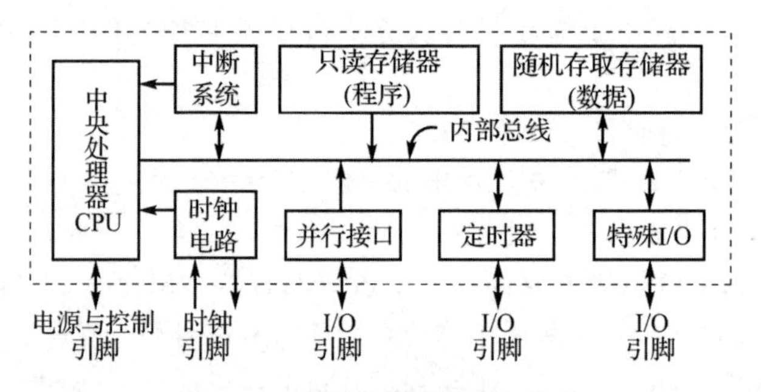

图 1-3 典型的单片机内部结构

1.2.1 中央处理器

CPU 由运算器、控制器组成,是单片机的核心。

1. 运算器

运算器主要由算术逻辑运算单元(ALU)、累加器(ACC)、通用寄存器、标志寄存器、暂存器及多路开关等组成,运算器结构如图 1-4 所示。

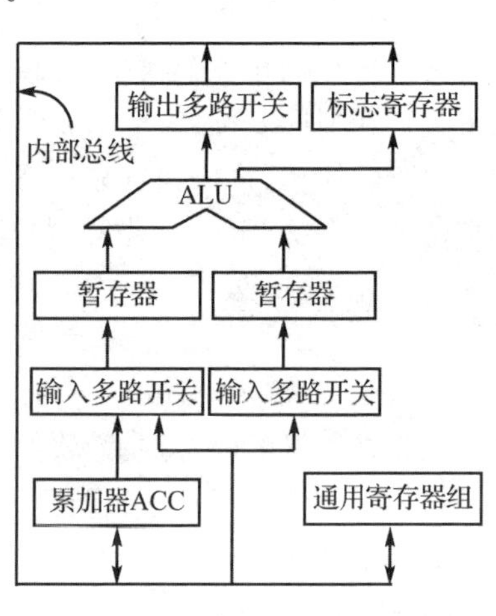

图 1-4 运算器结构

(1) 算术逻辑运算单元

计算机的加减乘除四则运算都要通过加法来完成,加法器是算术逻辑运算单元的核心部件。ALU 中的加法器对两个数的 n 位同时做加法,这种加法器称为并行加法器。目前使用的是改进的超前进位加法器,它增加了超前进位电路,使各位的进位信号能够同时产生,从而提高了运算速度。

(2) 累加器、寄存器和暂存器

ALU 中的累加器和寄存器用于存放运算的数据和结果,暂存器暂时存放等待 ALU 处理的数据。累加器、寄存器和暂存器三者虽然叫法不同,但都是由逻辑门电路组成的字长为 n 位的 D 触发器(或 RS、JK 触发器)来承担。

累加器是一个特别重要的寄存器,它在数据传送、运算操作中担负着极其重要的使命。设置通用寄存器组的目的是要在操作过程中尽可能减少对存储器的访问次数,以提高运算速度。标志寄存器用于存放操作结果的特征位,以帮助完成有关操作。累加器、通用寄存器、标志寄存器都是对外编程的寄存器。

(3) 多路开关

多路开关分输入多路开关和输出多路开关,它们均由控制器控制,其作用是控制算术逻辑运算单元的数据操作。多路开关一般由与或非门电路组成。

2. 控制器

控制器由程序计数器(PC)、指令寄存器(IR)、指令操作码译码器、地址形成部件、脉冲发生器、启停电路、时序电路、微操作控制部件等组成。控制器结构如图 1-5 所示。

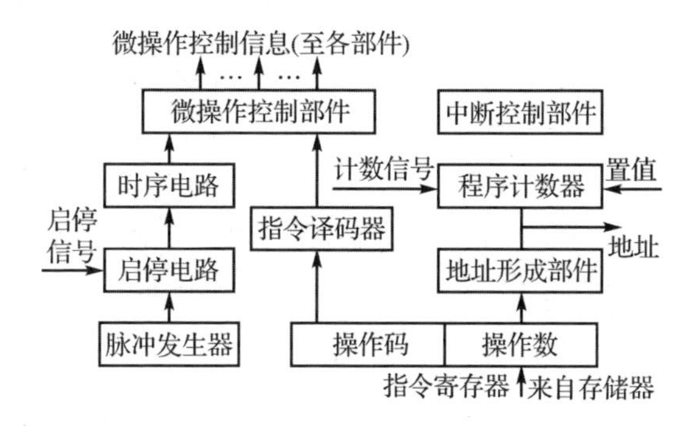

图 1-5　控制器结构

控制器的功能就是协调计算机各个功能部件的操作,使它们有条不紊地工作。

(1) 脉冲发生器和启停电路

脉冲发生器产生计算机的主振脉冲,用于同步计算机内部的所有操作。启停电路控制脉冲发生器主振脉冲的发出,用于启动和停止计算机的工作。

(2) 时序电路

一条指令从取出到执行完毕所需的时间(指令周期)可以分成若干个机器周期。每个机器周期完成一个基本操作。一个机器周期又分若干个节拍完成若干个规定的微操作。时序电路对主振脉冲进行分频和控制,以产生节拍脉冲。

(3) 指令寄存器、指令译码器和地址形成部件

指令寄存器存放从存储器中取出的指令。操作码部分送指令译码器译码,以确定指令的性质、类型以及所需执行的所有微操作序列。由指令功能和寻址方式确定获得操作数的方法,需要时由地址形成部件产生存储器地址,并从存储器中取出操作的数据。指令寄存器不可访问。

(4) 微操作控制部件

微操作控制部件接受时序电路的节拍脉冲信号和操作码译码器产生的控制信号,产生执行指令的所有微操作控制信号,使所有的微操作按一定的次序执行。这些信号送至运算器、存储器和 I/O 部件,以控制它们的动作。

(5) 程序计数器

程序计数器用于存放下一条指令的存储地址,使 CPU 根据它的内容自动取出指令和执行指令。一般情况下,程序计数器 PC 在取出指令后具有自动加"1"得到下一条指令地址的功能。当执行转移控制指令时,程序计数器将被重新置值,使 CPU 从新的转移地址开始执行程序。

(6) 中断控制部件

中断控制部件是实现中断功能的控制部件,它主要包含与中断相关的寄存器、中断优先权排队电路,以及允许和禁止中断的控制电路。

1.2.2 存储器

计算机存储器是用来存储程序和数据的。单片机内部的存储器都是半导体存储器。

1. 存储器结构

半导体存储器由存储矩阵、地址锁存器、地址译码驱动器、数据寄存器和读/写时序控制逻辑单元等部分组成。图 1-6 所示为半导体存储器的结构示意图。

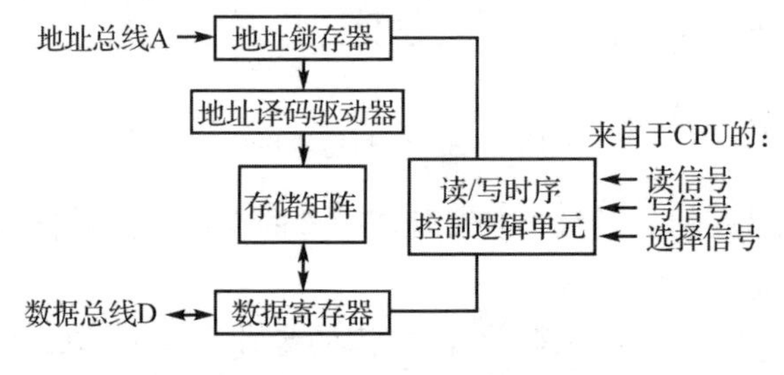

图 1-6 半导体存储器结构

(1) 存储矩阵

存储矩阵也称为存储体,它是由许多能存储二进制信息的位存储单元组成。在计算机中,一般由一个或多个位存储单元组成一个存储字,属于同一存储字的各位是并行操作的,并且存储单元多数采用二维阵列的组织形式,以简化地址译码控制电路。

(2) 地址锁存器和译码驱动器

地址锁存器接收并锁存 CPU 从地址总线送来的地址信息,地址信息经译码驱动器后将选中存储器中相应的一个存储字(单元),以便进行相关的读/写操作。地址的位数与存储器的容量有关。

(3) 数据寄存器

数据寄存器用于存放从存储单元中读出的数据信息并把这一信息送至数据总线,也用于接收 CPU 在数据总线上送来的数据信息并把这一信息存入相应的存储字(单元)。

(4) 读/写时序控制逻辑单元

这一控制逻辑单元接收 CPU 送来的读、写、选择等控制总线信息,并由这三个控制信号来将数据信息写入相应的存储字(单元),或从选中的存储字(单元)中读出数据信息。

2. 存储器类型

(1) 程序存储器

单片机应用系统绝大多数是专用系统，一旦研制成功，其软件随之定型，程序将被固化到存储器中，且只读存储器掉电后程序不会丢失，提高了系统的可靠性。因此，单片机程序存储器通常采用只读存储器，其容量一般为 1～64 KB(1 KB=1 024 Byte)。以下为不同类型只读存储器单片机的产品。

① ROM(Read-Only Memory)型单片机：内部具有客户提供的程序代码，并由制造厂商生产时掩膜程序的只读存储器(ROM)。这种单片机使用中不能修改程序代码，价格最低，生产周期长，适用于大批量生产。

② EPROM(Erasable Programmable ROM)型单片机：这种单片机带有窗口，内部具有重复紫外线擦除电编程功能的 EPROM 程序存储器，使用方便，但价格较高，适用于样机研制。

③ OTP(One Time Programmable)型单片机：它是一种存储器结构与 EPROM 相似的单片机。但用户只能写一次代码，其价格较低，既适用于样机研制，又适用于小批量生产。

④ Flash 型单片机：它是采用高密度非易失存储器制造技术生产的，内部具有重复电擦除电编程功能的 Flash Memory 程序存储器。这类单片机使用方便、价格也低，并使在电路可编程(ICP)、在系统可编程(ISP)、在应用可编程(IAP)功能成为可能，因而成为目前最流行的单片机品种。

(2) 数据存储器

单片机内部数据存储器一般采用静态随机存取存储器(Static Random Access Memory，SRAM)，单片机中简称 RAM。容量一般为几十字节至几千字节，掉电后 RAM 数据会丢失。也有利用可重复电擦除电编程(Electrically Erasable Programmable ROM，EEPROM)存储器作为数据存储器的应用，它掉电后数据不会丢失，常用作工作参数存储器。

1.2.3　输入/输出接口

I/O 接口内部含有接口寄存器和控制逻辑。如同对存储器单元一样，通过内部总线，CPU 可以对 I/O 接口寄存器进行读/写，I/O 接口又可将接口寄存器的内容通过单片机引脚输出到外部设备。输入设备通过单片机引脚也可以将数据输入接口寄存器。这样，单片机 CPU 通过 I/O 接口与外部设备间接建立了联系，实现了数据的输入/输出。因此，I/O 接口是单片机实现人机对话的桥梁，也是单片机实现测控功能的通道。

单片机最基本的 I/O 接口有并行接口和定时器。除此之外，单片机还有以下类型以及其他新型的 I/O 接口。

① 串行接口：如异步串行通信口(UART)、同步串行通信口(SRI)、I^2C 串行总

线接口、局域网 CAN 总线接口、USB 接口等。

② 多功能定时器：如具有多路输入捕捉、比较输出、PWM(脉冲宽度调制输出的)16 位多功能定时器。

③ A/D(模/数)或 D/A(数/模)转换器：一般为 8 位或 10 位的 A/D 或 D/A 转换器。

④ 显示驱动接口模块：如发光二极管显示驱动(LED)、液晶显示驱动(LCD)、荧光显示驱动(VFT)、屏幕显示驱动(OSD)等接口模块。

⑤ 其他还有：外设与内存直接传送数据的 DMA 通道、监视定时器(Watchdog Timer)、双音频发送接收模块(DTMF)、电动机控制模块等。

1.2.4 总　线

总线(即系统总线)是计算机各个功能部件之间传送信息的公共通道，是连接各个功能部件并为它们服务的一组信息传递导线。

总线按其处于单片机芯片内部还是外部，分为内部总线和外部总线；按照数据传送方式的不同，分为并行总线和串行总线。并行总线导线的根数是并行传送信息代码的位数称为并行总线的宽度。

并行总线按传送信息的属性分为以下三种：

① 数据总线(Data Bus，DB)：它是各功能部件之间用来相互传送数据、状态特征与标志等信息的总线，其总线宽度一般和计算机的字长一致。

② 地址总线(Address Bus，AB)：它是用来传送 CPU 发出的地址信息的总线，总线的宽度由 CPU 对存储器或外围设备的寻址范围确定。

③ 控制总线(Control Bus，CB)：它是用来传送读命令、写命令等控制信息的总线。

串行总线往往要在一根或两根信号线上传送控制、地址和数据等信息，它依靠发送接收时序、数据格式等方式来约定、判断信号的性质。串行总线有多种形式和标准，如 RS232C、USB、SPI、I^2C、CAN 等。

总线还可按传送方向分为双向总线和单向总线。数据总线是双向总线，地址总线和控制总线是单向总线。

1.3 单片机的类型、特点及典型单片机产品

1.3.1 单片机的类型和特点

1. 单片机的类型

(1) 按硬件结构分类

单片机有冯·诺依曼结构和哈佛结构。

（2）按指令结构分类

单片机有的使用复杂指令系统（CISC），有的使用精简指令系统（RISC）的。单片机一般使用复杂指令系统，一些新型单片机采用精简指令系统。

（3）按字长分类

单片机目前有 4 位、8 位、16 位、32 位四种字长的。4 位单片机为低端产品，品种较少，应用不广。8 位单片机为普及型单片机，应用面最广，量最大，主要用于中低档电子产品。16 位、32 位单片机主要用于中高档电子产品。

（4）按设计用途分类

目前单片机分通用型和专用型。单片机大多数是通用的。通用型单片机就是普通单片机，它可以根据设计要求研制出不同用途的应用系统。专用型单片机是针对某一领域或某一产品应用量特别大的情况下而专门开发、定制的单片机，如智能水表、电表的单片机，针对电视机的带有屏幕字符显示模块（OSD）的单片机等。

但无论是通用型单片机还是专用型单片机，由此研制、开发出来的设备、产品都是应用系统。

（5）按程序存储器分类

过去曾有无 ROM 型单片机，程序存储器必须依靠片外扩展来解决。目前主要有 ROM、OTP、EPROM、Flash 四种形式的单片机。当然，在片内程序存储容量不足时，片外扩展程序存储器仍然是解决这一问题的有效途径。

其中具有 Flash 型存储器的单片机代表了当今单片机发展的方向。该类单片机容易研制、开发，其应用系统具有 ICP、ISP、IAP 功能。

（6）按封装形式分类

有插拔式和贴片式单片机。目前主要封装形式有 DIP、SDIP、SOIC、PLCC、QFP、BGA、TSSOP 等几种，单片机引脚从几个至上百个不等。

（7）其他分类

按使用对象分为民用级（0～70 ℃）、工业级（－40～85 ℃）和军用级（－65～125 ℃）单片机（此处只列出温度要求，其他还有可靠性要求等）。按供电电源分 5 V 电压供电和 3 V 左右低电压供电的单片机，原来使用的单片机多为 5 V 电压供电。为了绿色环保、节能减排，并满足手持和野外仪器设备的使用要求，目前 3 V 左右低电压供电的低功耗单片机正日益流行起来。

2. 单片机的特点

相对通用微型计算机，单片机有以下特点：

① 绝大多数为专用的计算机应用系统，数值计算能力较差，控制功能较强。

② 指令系统相对比较简单，存储器容量较小，特别是单片机芯片内的存储器容量小。程序一般为专用程序，需要固化在 ROM 中。一般片内无系统管理或监控程序，只有少数单片机（Flash 型）具有烧写特定程序用的引导程序。

③ 8 位、16 位和 32 位单片机各有各的用途和使用领域，形成了共同发展的

格局。

④ 使用灵活,易扩展,很容易构成不同规模,而且控制功能较强的各种应用系统。

⑤ 可靠性好,抗干扰能力强,适应温度范围宽。

⑥ 新型单片机具有 ICP、ISP、IAP 功能,方便程序调试、修改、升级与固化。

⑦ 体积小,重量轻,低功耗,低成本,易于产业化。

1.3.2 典型单片机产品

全球设计、生产单片机的知名公司众多,因而单片机产品种类繁多。以下介绍具有代表性的典型单片机产品。

1. Intel 单片机

Intel 是最早推出单片机的三家公司之一。Intel 的代表作有 MCS-48(8 位)、MCS-51(8 位)、MCS-96(16 位)。其中 MCS-51 系列单片机是最典型的 8 位单片机并有普通型 51 和增强型 52 两个子系列,产品用 8X51、8X52 表示。目前生产的是采用 CHMOS(互补金属氧化物 HMOS)工艺的 8XC51、8XC52 及其衍生产品。Intel 51 系列单片机的程序存储器形式有 ROM 型、OTP 型及无只读 ROM 型等。

2. Atmel 单片机

Atmel 生产 51 系列 ROM 型、OTP 型、Flash 型单片机。因其 Flash 型单片机取名以"AT89"开头,"AT"代表公司名,"89"代表 Flash 型单片机,故通常称这类单片机为 89 系列单片机(其他公司对 Flash 型单片机取名与此相似)。由于 Atmel 推出 Flash 型 51 单片机的时间较早,价格较低,因而得到市场的广泛认同,知名度很高,是目前我国 51 单片机市场的主流品种。这也是本书以 AT89C52 为典型产品介绍 51 单片机原理和应用的原因所在。

3. Philips 单片机

Philips 有兼容 MCS-51 的 80C51 系列产品,型号有一百多个,并且其中专用产品不少。Philips 是 51 单片机家族内最大的分支,其中 P89LPC900 系列单片机配置丰富:它们均有 RTC(实时时钟)、WDT(看门狗电路)、4 级中断优先权、程序加密功能;超高速 CPU 内核,频率 0~18 MHz,在相同频率下,速度是传统 8051 的 6 倍;采用 CHMOS 工艺生产,实现了低电压低功耗,供电电压为 2.4~3.6 V,并且 I/O 接口与 5 V 电源兼容。

此外,Philips 公司还生产类似 80C51 结构的 80C51XA-G 系列 16 位单片机,以及 ARM 构架的嵌入式处理器。

4. Winbond(台湾华邦)单片机

Winbond 生产 Flash 型 51 单片机,包括 W77、W78 和 W79 等系列。其中一些增强型单片机内核已重新设计,一个机器周期的时钟只有 4 个(Intel 的为 12 个),最高频率可达 40 MHz,最小指令周期仅为 100 ns,速度非常快。

5. STC(深圳宏晶科技)单片机

深圳宏晶科技有限公司是目前全球较大的 51 单片机设计公司,STC 单片机在国内 51 单片机市场上占有较大比例。51 单片机的 89C 系列:最高工作频率 80 MHz,Flash 4～64 KB,RAM 512～1 280 B,E^2PROM 2～16 KB,带 A/D 功能。12C 系列:Flash 512 B～12 KB,RAM 256～512 B,E^2PROM 1 KB,2～4 路 PWM,8～10 位高速 A/D 转换,单时钟/机器周期,超小型封装。产品都为低功耗产品,具有 ISP、IAP 功能及强抗干扰性能。

6. Microchip 单片机

Microchip 生产 Flash 型 RISC 单片机,是一种用来开发控制外围设备的集成电路 IC 和具有多任务功能的 CPU,其指令数量少,运行速度快,应用也很广泛。它的主要产品有 PIC10、PIC12、PIC16、PIC18 系列 8 位单片机,PIC24、dsPIC30、dsPIC33 系列 16 位单片机和 PIC32 系列 32 位单片机,其中 dsPIC30、dsPIC33 为集成了 DSP 功能的新型 PIC 单片机。

7. Toshiba 单片机

Toshiba 的微控制器产品丰富,有 8 位、16 位、32 位和 64 位微控制器:TX03、TX09 为基于 ARM 构架的微控制器,TX19、TX39、TX49、MeP(多媒体)为 RISC 微控制器,TLCS－870、TLCS－900 微控制器和 MSC 混合信号控制器。其中 8 位 TLCS－870 微控制器在家用电器领域得到广泛应用,这一单片机又分 870、870/C、870/X、870/C1 四个系列,其中 TLCS－870、870/C 有廉价的国产开发工具可用于应用产品的研发。

8. 其他厂商单片机

Analog Device、OKI、Dallas、SGS、Siemens、TDK 等公司也生产 51 单片机。与 TI、FreeScale(原 Motorola)、Zilog、Epson、NS、NEC、SAMSUNG、Infineon、STMicroelectronics 等公司一样,许多公司都生产自己的单片机。

1.4　单片机的应用系统结构及其应用

1.4.1　单片机应用系统结构

单片机内部集成了计算机的 CPU、存储器和 I/O 接口等基本部件。单片机本身只是一片集成电路芯片,它不能集成计算机的全部电路,因此需要加上一些必要的辅助电路(如时钟、复位等电路),有时还需要增加其他外围电路和外围芯片(如存储器、其他 I/O 电路),才能组成一个满足应用要求的单片机应用系统(硬件部分)。

1. 基本系统

单片机的基本系统也称为最小系统。基本系统所选择的单片机内部含有用户的程序存储器(用户程序已写入单片机内部的只读存储器),如 Flash 型、OTP 型、

EPROM 型或定制的 ROM 型单片机,其内部 I/O 接口已能满足系统的硬件要求,无须外接存储器或 I/O 接口,即这种系统完成计算机功能的芯片只需要单片机一个集成电路。单片机基本系统结构如图 1-7 所示。

对没有只读 ROM 型的单片机,构成这一基本系统必须通过外部扩展程序存储器来实现。一般是增加一片 EPROM 和一片地址锁存器,共 3 个集成电路组成这一基本系统。

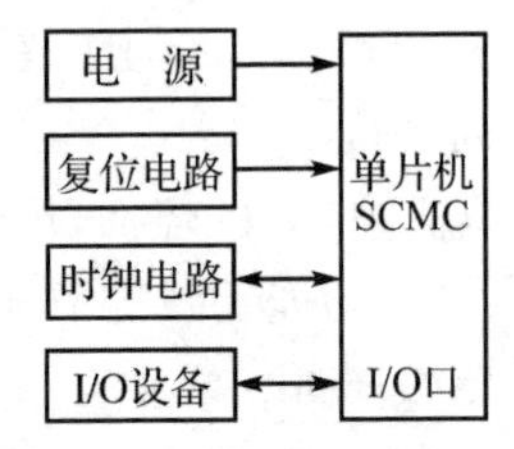

图 1-7　单片机基本系统结构

2. 扩展系统

当单片机内部程序存储器、数据存储器容量不够,内部 I/O 接口等资源不能满足系统设计要求时,可以通过单片机的并行总线或串行总线在外部扩展相关存储器或 I/O 接口电路,以弥补单片机内部资源的不足。有些单片机使用并行总线进行扩展,有些单片机则使用串行总线进行扩展,但扩展时,不能使用串行总线扩展技术来扩展程序存储器。还有一些系统同时利用并行总线和串行总线进行混合扩展,甚至还有利用软件模拟的并行扩展或串行扩展总线来扩展 RAM 或 I/O 接口。典型的单片机并行扩展系统和串行扩展系统结构分别如图 1-8 和图 1-9 所示。

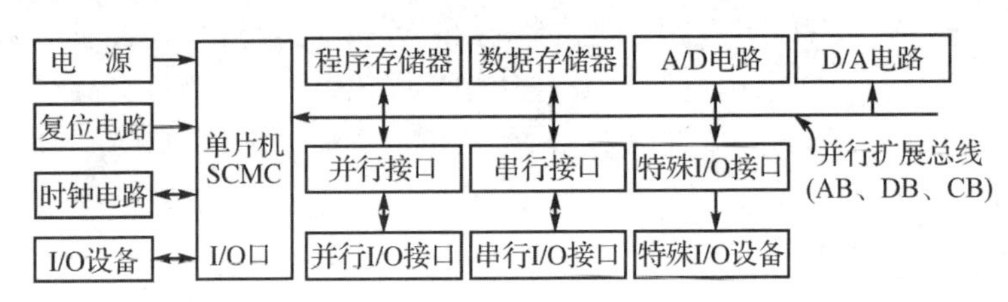

图 1-8　单片机并行扩展系统结构

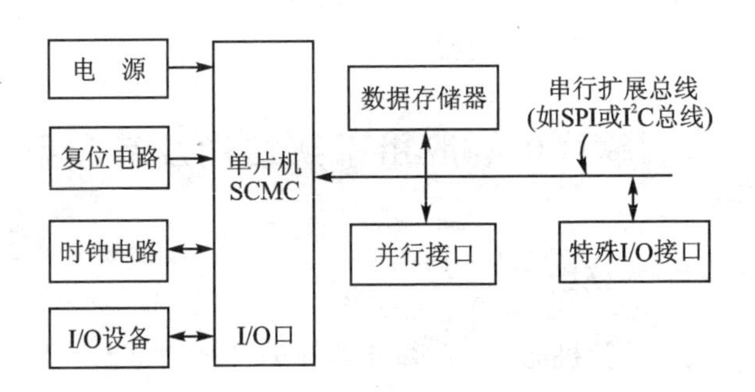

图 1-9　单片机串行扩展系统结构

1.4.2　单片机的应用

目前,单片机的应用已经渗透到日常生活的各个领域,单片机应用大致可分为如下几方面。

1. 在智能仪器仪表上的应用

单片机具有体积小、功耗低、控制功能强、扩展灵活、微型化及使用方便等优点，广泛应用于仪器仪表中。结合不同类型的传感器，可实现诸如电压、功率、频率、湿度、温度、流量、速度、厚度、角度、长度、硬度、压力等物理量的测量。采用单片机控制使得仪器仪表数字化、智能化、微型化。与传统采用机械、模拟或数字电路生产的仪器仪表相比，其功能更加强大，同时也能实现许多传统仪器仪表无法实现的功能。

2. 在机电一体化中的应用

机电一体化是现代机械设备发展的方向。机电一体化产品是集机械技术、自动化技术、微电子技术和计算机技术于一体，具有智能化特征的机电产品，例如单片机控制的各类冷、热加工机床和设备。单片机的出现，极大地促进了机电一体化。它作为机电产品中的控制器，能充分发挥它体积小、控制功能强、可靠性高、便于安装等优点，大大强化了机器的功能，提高了机器的自动化、智能化水平。机器人就是这类机电一体化产品的典型代表。

3. 在实时控制中的应用

用单片机可以构成形式多样的控制系统、数据采集系统，如对工业窑炉、化学反应釜、生物发酵罐、压力容器的温度、压力、酸碱度以及各种化学成分的检测、分析和控制。这些系统将测量技术、自动控制技术和单片机技术紧密结合，充分发挥单片机处理数据和实时控制的优势，使系统工作处于最佳状态，有利于提高生产效率和产品质量。

4. 在大型设备中的模块化应用

某些专用单片机设计用于实现特定功能，从而有利于在各种电路中进行特定功能的模块化应用，而不要求使用人员了解其内部结构。在大型设备中，这种模块化应用极大地缩小了体积，简化了电路，提高了可靠性，降低了成本，也使安装、调试、维修变得更加方便。

5. 在计算机分布式多机系统中的应用

在比较复杂的应用场合中，往往都会采用分布式多机系统来管理或控制。分布式控制系统(Distributed Control Systems，DCS)由多台单片机(终端机)分别控制生产过程中的多个控制回路，同时又利用中小型工业控制计算机或高性能的微处理机(主机)实施上一级控制，各回路之间和上下级之间通过高速数据通道交换信息，是一种可集中获取数据、集中管理和集中控制的自动控制系统。分布式控制系统是集控制技术、计算机技术、通信技术、显示技术于一体的新型控制系统，具有高可靠性、开放性、灵活性、协调性、易于维护、控制功能齐全等特点。

6. 在计算机网络和通信领域中的应用

现代的单片机普遍具有通信接口，可以很方便地与计算机进行数据通信，为在计算机网络和通信设备间的应用提供了极好的物质条件。现在的小型通信设备基本上都实现了单片机智能控制，如小型程控交换机、移动电话(手机)、无线对讲机、楼宇通信呼叫系统等。

7. 单片机在医用设备领域中的应用

单片机在医用设备中的用途相当广泛，如医用呼吸机、分析仪、监护仪、超声诊断设备及病床呼叫系统等。

8. 单片机在汽车设备领域中的应用

单片机在汽车电子中的应用非常广泛，例如许多汽车中使用的发动机智能电子控制器、GPS 导航系统和 ABS 防抱死制动系统等。

9. 在家用电器等消费类领域中的应用

现在的家用电器基本上都采用了单片机控制，从录像机、摄像机、电饭煲、电冰箱、空调机、彩电、全自动洗衣机、其他音响视频器材，再到电子称量设备以及程控玩具、电子宠物等。

10. 在其他领域中的应用

单片机在航空航天(飞控仪表)、国防(导弹的导航装置)、商业金融(如 POS 机、智能 IC 卡、电子广告)、交通(红绿灯控制、违规拍摄)、教育(教学设备)等领域都有着十分广泛的用途。

习　题

1. 计算机系统由哪两部分组成？计算机硬件由哪些功能部件组成？这些部件各有何用途？

2. 单片机内部集成了计算机的哪些基本部件？它与微型计算机的主要差别是什么？

3. 嵌入式系统微处理器与通用微处理器的主要差别是什么？嵌入式系统微处理器有哪几种类型？

4. 计算机要实现加减乘除四则运算，为何其运算器的 ALU 只设加法器？

5. 何谓机器字？何谓计算机字长？目前应用广泛的是哪 3 种字长的单片机？

6. 随机存取存储器(RAM)和只读存储器(ROM)的主要差别是什么？各有何用途？

7. 什么是系统总线？单片机内部总线和外部总线如何划分？

8. 试述数据总线、地址总线、控制总线的作用。它们中哪些是双向总线？哪些是单向总线？

9. 试述单片机的类型和特点。

10. 举例说明单片机的 3 种具体应用。

11. 单片机系统由哪两部分组成？何谓单片机应用系统？

第 2 章　51 系列单片机硬件结构和功能

目前，51 系列有许多功能很强的新型单片机，但都是以 Intel 最早的典型产品 8051 为基础的，它们具有相同的基本系统结构：CPU、存储器、并行口、定时/计数器、串行口、中断系统、时钟电路、复位电路等。本章将详细介绍 MCS－51 单片机的引脚、CPU、存储器、并行口、时钟电路、复位电路等的结构。为了给读者呈现一个完整体系，中断系统、定时/计数器和串行口这三个模块的结构及应用分别在第 6、7、8 章单独介绍。

2.1　总体结构

2.1.1　51 系列单片机的总体结构

图 2－1 所示为 MCS－51 单片机的一般总体结构框图，它包括以下几个基本模块：1 个 8 位 CPU；4 KB/8 KB 的程序存储器（ROM）；128 B/256 B 的数据存储器（RAM）；4 个 8 位并行输入/输出（I/O）接口或者称 32 根 I/O 接口线；2/3 个 16 位定时/事件计数器，1 个具有 5/6 个中断源，2 个优先级的嵌套中断结构；1 个用于多机通信、I/O 扩展或全双工 UART 的串行 I/O 接口；1 个片内振荡器和时钟电路。

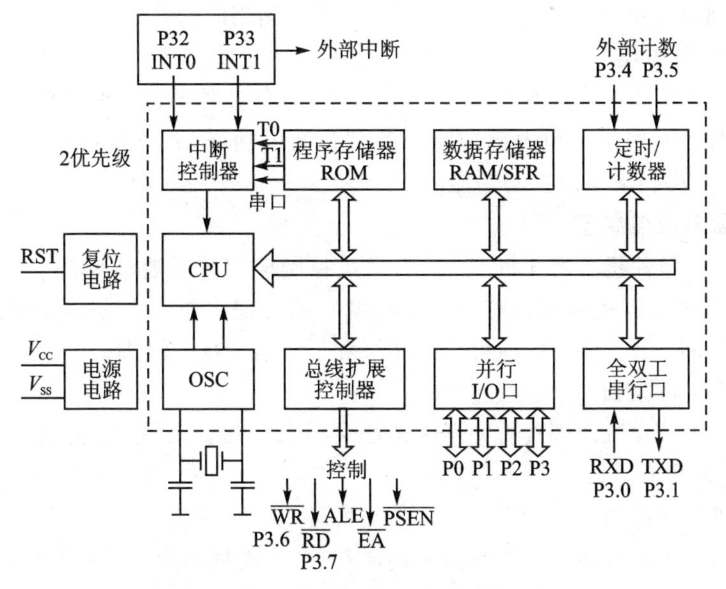

图 2－1　51 系列单片机总体结构框图

1. CPU

CPU 由算术逻辑运算部件(ALU)、布尔处理器、工作寄存器和控制器组成,是单片机的核心部件,主要完成单片机的运算和控制功能。

算术逻辑运算部件和布尔处理器是实现数据传送和数据运算的部件,可以完成以下功能:

① 加、减、乘、除算术运算;

② 增量(加 1)、减量(减 1)运算;

③ 十进制数调整;

④ 置“1”、置“0”和取反;

⑤ 与、或、异或等逻辑操作;

⑥ 数据传送操作。

CPU 对用户开放的寄存器有累加器(ACC)、寄存器(B)、程序状态字(PSW)、程序计数器(PC)、数据指针(DPTR)、堆栈指针(SP)、位于 RAM 中的工作寄存器 R0～R7。

控制器是控制整个单片机系统各种操作的部件,它包括时钟发生器、定时控制逻辑、指令寄存器、译码器以及信息传送控制部件等,以实现控制功能。

2. 内部存储器

单片机内的存储器包括程序存储器 ROM 和数据存储器 RAM,它们是相互独立的。

① 程序存储器 ROM 为只读存储器,用于存放程序指令、常数及数据表格。

② 数据存储器 RAM 为随机存储器,用于存放数据。

MCS－51 系列内部有 256 个 RAM 单元用于存放可读/写的数据,其中高 128 B 单元被特殊功能寄存器(SFR)占用,作为寄存器供用户使用的只是低 128 B 单元。对于 52 系列单片机,SFR 和高 128 B 的 RAM 占用相同的地址空间。

3. 定时/计数器

MCS－51 单片机内部有 2 个 16 位的定时/事件计数器(52 系列单片机有 3 个定时/事件计数器),用于实现内部定时或外部计数的功能,并以其定时或计数的结果(查询或中断方式)来实现控制功能。

4. 中断系统控制器

MCS－51 单片机具有中断功能,以满足控制应用的需要。MCS－51 单片机共有 5 个中断源(52 系列单片机有 6 个中断源),即外部中断 2 个,定时/计数器中断 2 个,串行口中断1 个。全部中断可分为高级和低级两个优先级别。

5. 并行 I/O 接口

MCS－51 单片机内部共有 4 个 8 位的并行 I/O 接口(P0、P1、P2、P3),以实现数据的并行输入和输出。

6. 全双工串行口

MCS－51 单片机还有一个全双工的串行口,以实现单片机与外部之间的串行数据传送。

7. OSC

OSC 是单片机的时钟电路。时钟电路用于单片机产生时钟脉冲序列，协调和控制单片机的工作。

2.1.2　51 系列单片机的引脚定义及功能

51 单片机的封装形式有 PDIP－40、PLCC－44、PQFP－44 等。不同封装的引脚排列见图 2－2(a)～(c)，图 2－2(d)所示为其逻辑符号。与图 2－2(b)比较，图 2－2

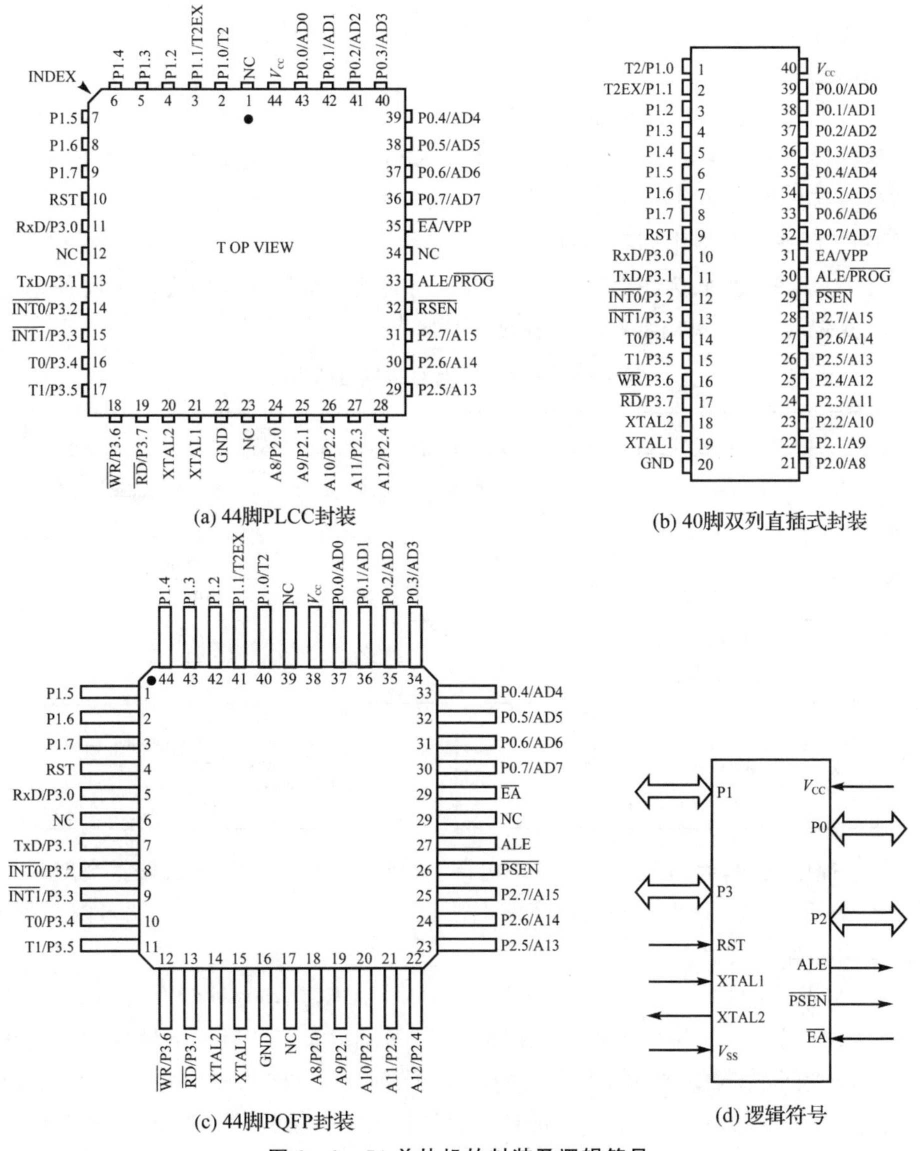

(a) 44脚PLCC封装　　(b) 40脚双列直插式封装

(c) 44脚PQFP封装　　(d) 逻辑符号

图 2－2　51 单片机的封装及逻辑符号

(a)、(c)多了 4 条 NC 脚(NC 为空脚,即不需要连线脚)。现以 40 引脚的双列直插式封装为例说明它们的引脚功能。40 引脚中有 2 条专用于主电源的引脚,2 条外接晶体的引脚,4 条控制或与其他电源共用的引脚,32 条 I/O 引脚。

1. 主电源引脚

① V_{CC}(40):电源端,接+5 V 电源;

② V_{SS}(20):接地。

2. 外接晶体引脚

① XTAL1(19):一个反相放大器的输入端。这个放大器构成了片内振荡器。当采用外部振荡器时,对于 HMOS 单片机,此引脚应接地;对于 CMOS 单片机,此引脚作为驱动端。

② XTAL2(18):接外部晶体的另一端。在单片机内部,接至上述振荡器的反相放大器的输出端。采用外部振荡器时,对 HMOS ,此引脚接收振荡器的信号,即把此信号直接接到内部时钟发生器的输入端;对 CMOS,此引脚应悬浮。

3. 控制或与其他电源利用引脚

① RST(9):当振荡器运行时,在引脚上出现两个机器周期的高电平将使单片机复位。复位后,单片机内部各寄存器的状态如表 2-1 所列。

表 2-1 复位后单片机寄存器的内容

寄存器	寄存器中的内容
ACC	0000,0000B
B	0000,0000B
SP(堆栈指针)	0000,0111B
PSW(程序状态字)	0000,0000B
IP(中断优先级控制)	×××0,0000B
IE(中断使能)	0××0,0000B
TMOD(计数器模式控制)	0000,0000B
TCON(定时/计数控制)	0000,0000B
P0/P1/P2/P3	1111,1111B

V_{CC} 掉电期间,此引脚可接上备用电源,以保持内部 RAM 的数据。当 V_{CC} 下降到低于规定的水平,而 V_{PP} 在其规定的电压范围(5±0.5 V)内,V_{PP} 就向内部 RAM 提供备用电源。

② ALE/$\overline{\text{PROG}}$(30):当访问外部存储器时,ALE(允许地址锁存)的输出用于锁存地址的低位字节。当不访问外部存储器,ALE 端以不变的频率周期性地出现正脉冲信号,此频率为振荡频率的 1/6。因此,它可用作对外输出的时钟,或用于定时目的。然而要注意的是:每当访问外部数据存储器时,将跳过一个 ALE 脉冲。ALE 端可以驱动(吸收或输出电流)8 个 LS 的 TTL 输入。

对于 EPROM 型单片机，在 EPROM 编程期间，此引脚用于输入编程脉冲($\overline{PROG}$)。

③ $\overline{PSEN}$(29)：此输出是外部程序存储器的读选通信号。在由外部程序存储器取指令(或常数)期间，每个机器周期两次 $\overline{PSEN}$ 有效。但在此期间内，每当访问外部数据存储器时，这两次有效的 $\overline{PSEN}$ 信号将不出现。$\overline{PSEN}$ 同样可以驱动(吸收或输出电流)8 个 LS 的 TTL 输入。

④ $\overline{EA}/V_{PP}$(31)：当 $\overline{EA}$ 端保持高电平时，访问内部程序存储器，但在 PC(程序计数器)值超过 0FFFH(对于 8051/80C51/89C51 等)或 1FFFH(对于 8052/80C52/89C52 等)时，将自动转向执行外部程序存储器内的程序。当 $\overline{EA}$ 保持低电平时，则只访问外部程序存储器，不管是否有内部程序存储器。

对于 EPROM 型单片机，在 EPROM 编程期间，此引脚也用于施加 21 V 的编程电源(V_{PP})。

4. 输入/输出引脚 P0～P3

① P0(39～32)：它是一个 8 位漏极开路型双向 I/O 接口。在访问外部存储器时，它作为地址(低 8 位)和数据分时复用线。P0 能以吸收电流的方式驱动 8 个 LS 的 TTL 输入。

② P1(1～8)：它是一个带有内部上拉电阻的 8 位双向 I/O 接口。P1 能驱动(吸收或输出电流)4 个 LS 的 TTL 输入。

在 52 系列中，P1.0 还相当于专用功能端 T2，即定时器 2 的计数触发输入端；P1.1 还相当于专用功能端 T2EX，即定时器 T2 的外部控制。

③ P2(21～28)：它是一个带有内部上拉电阻的 8 位双向 I/O 接口。在访问外部存储器时，它送出高 8 位地址。P2 能驱动(吸收或输出电流)4 个 LS 的 TTL 输入。

④ P3(10～17)：它是一个带有内部上拉电阻的 8 位双向 I/O 接口。如表 2-2 所列，在 MCS-51 中，这 8 个引脚还用于专门功能。P3 能驱动(吸收或输出电流)4 个 LS 的 TTL 输入。

表 2-2　P3 各接口线的专用功能表

接口线	专用功能
P3.0	RXD(串行输入线)
P3.1	TXD(串行输出线)
P3.2	$\overline{INT0}$(外部中断 0)
P3.3	$\overline{INT1}$(外部中断 1)
P3.4	T0(定时器 0 的外部事件输入)
P3.5	T1(定时器 1 的外部事件输入)
P3.6	$\overline{WR}$(外部数据存储器写选通)
P3.7	$\overline{RD}$(外部数据存储器读选通)

2.2 存储器的组织结构及功能

MCS-51片内集成有一定容量的程序存储器和数据存储器,还具有一定的外部存储器扩展能力。如图2-3所示,从物理上分,MCS-51有4个存储器空间:片内程序存储器、片外程序存储器、片内数据存储器及片外数据存储器。从逻辑上分,MCS-51有3个存储器空间:片内外统一的64 KB程序存储器地址空间;256 B(对于51系列)或384 B(对于52系列)的内部数据存储器地址空间(其中128 B是特殊功能寄存器地址空间,仅有20几个字节是有实际定义的);64 KB的外部数据存储器地址空间。在访问这3个不同的逻辑空间时应采用不同形式的指令。

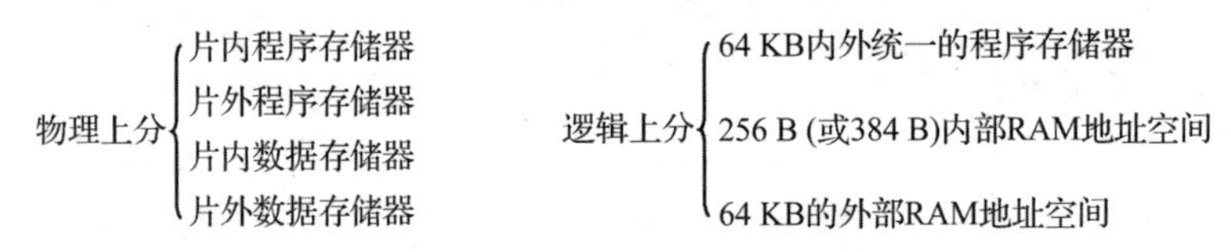

图2-3 51单片机的存储器分类

2.2.1 程序存储器

程序存储器用于存放编好的程序和表格常数,包括片内ROM和片外ROM,地址空间为0000H～0FFFFH,其地址指针为16位的程序计数器(PC)。程序执行总是从地址为0000H的ROM单元开始。它可以在单片机内部,也可以在单片机外部,这取决于单片机的类型,并由输入到引脚$\overline{EA}$的电平控制。如图2-4(a)所示,对于51系列来说,它内部有4 KB的ROM,当$\overline{EA}$接高电平时,PC在0000H～0FFFH时CPU取指令时访问内部ROM,PC值大于0FFFH时则访问外部以1000H单元开始的ROM地址空间;当$\overline{EA}$接地,则CPU忽略片内ROM,总是从片外ROM中取指令。仅当CPU访问外部的程序存储器时,引脚$\overline{PSEN}$才输出负脉冲。图2-4(b)为52系列单片机的程序存储器结构示意图,内部有8 KB的ROM,当接高电平时,PC在0000H～1FFFH范围时CPU取指令时访问内部ROM,PC值大于1FFFH时则访问外部以2000H单元开始的ROM地址空间。

对于8031,因其内部无ROM,故$\overline{EA}$端必须接地。

对程序存储器可以采用立即寻址和基址寄存器+变址寄存器间接寻址方式。

64 KB的程序存储器中有6/7个单元具有特殊功能,如图2-5所示。

0000H单元:MCS-51单片机复位后程序计数器(PC)的内容为0000H,所以系统必须从0000H单元开始取指,执行程序。它是系统的启动地址,一般在该单元中存放一条绝对跳转指令,而用户设计的主程序从跳转地址开始存放。

如图2-5所示,除0000H单元外,其他6个特殊单元分别对应于6种中断源的

中断服务子程序的入口地址(T2 中断程序入口是 52 系列单片机所特有的)。通常在这些入口地址处都存放一条绝对跳转指令,而真正的中断服务子程序从转移地址开始存放。

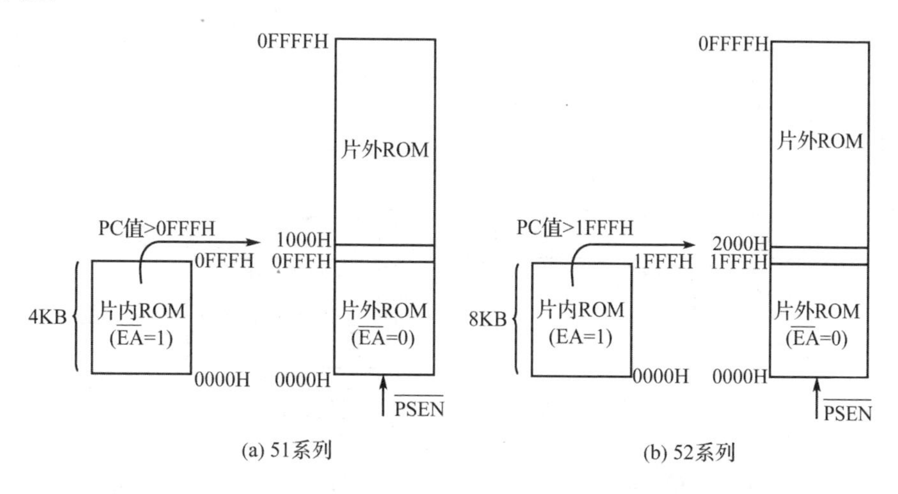

图 2-4　MCS-51 程序存储器结构示意图

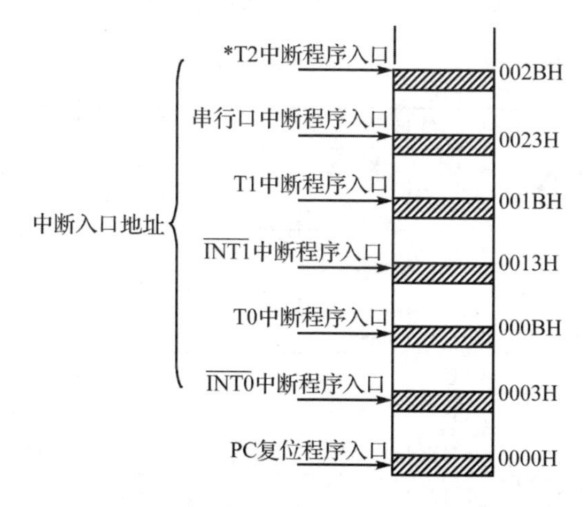

图 2-5　程序入口地址各种中断服务子程序的入口地址

2.2.2　内部数据存储器

数据存储器分为两部分地址空间:

① 内部 RAM(00H～0FFH),访问内部 RAM 用 MOV 指令;

② 外部 RAM(0000H～0FFFFH),访问外部 RAM 用 MOVX 指令。

如图 2-6(a)所示,内部 RAM 在结构上可分为 3 个不同的存储空间:低 128 B 的 RAM 块(00H～7FH);128 B 的具有特殊功能的专用寄存器存储器空间(80H～0FFH);高 128 B 的 RAM 块(80H～0FFH)。

1. 低128 B的RAM块(00H～7FH)

如图2-6(b)所示,低128 B的RAM块又分为3部分:工作寄存器区(00H～1FH);位寻址区(20H～2FH);堆栈和数据缓冲区,该区为用户RAM区。

① 工作寄存器区:00H～1FH:内部RAM的00H～1FH区域为CPU的4组工作寄存器区,每个区有8个工作寄存器R0～R7,寄存器和RAM单元地址的对应关系如表2-3所列。

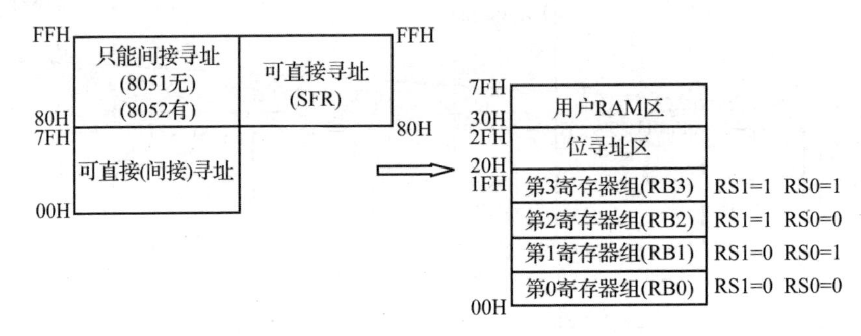

(a) 内部RAM 3部分存储空间　　　(b) 低128 B的结构

图2-6　内部数据存储器的结构示意图

表2-3　寄存器和RAM地址映照表

0区		1区		2区		3区	
地　址	寄存器	地　址	寄存器	地　址	寄存器	地　址	寄存器
00H	R0	08H	R0	10H	R0	18H	R0
01H	R1	09H	R1	11H	R1	19H	R1
02H	R2	0AH	R2	12H	R2	1AH	R2
03H	R3	0BH	R3	13H	R3	1BH	R3
04H	R4	0CH	R4	14H	R4	1CH	R4
05H	R5	0DH	R5	15H	R5	1DH	R5
06H	R6	0EH	R6	16H	R6	1EH	R6
07H	R7	0FH	R7	17H	R7	1FH	R7

CPU当前使用的工作寄存器区是由程序状态字(PSW)的第3位(RS0)和第4位(RS1)指示的,PSW中这两位状态和所使用寄存器的对应关系如表2-4所列。

表2-4　工作寄存器区选择

PSW.4(RS1)	PSW.3(RS0)	当前使用的工作寄存器区R0～R7
0	0	0区(00H～07H)
0	1	1区(08H～0FH)
1	0	2区(10H～17H)
1	1	3区(18H～1FH)

CPU 通过修改 PSW 中的 RS1 和 RS0 两位的状态，就能任选一个工作寄存器区。这个特点提高了 CPU 现场保护和现场恢复的速度。这对于提高 CPU 的工作效率和响应中断的速度是很有利的。若在一个实际的应用系统中，不需要 4 组工作寄存器，那么这个区域中多余单元可以作为一般的数据缓冲器使用。对于这部分 RAM，CPU 对它们的操作可视为工作寄存器(寄存器寻址)，也可视为一般 RAM(直接寻址或寄存器间接寻址)。

【例 2.1】 要选择工作区 2，指令设置如下：

```
SETB  PSW.4
CLR   PSW.3
```

② 位寻址区：20H～2FH：内部 RAM 的 20H～2FH 为位寻址区域，这 16 个单元的每一位(16×8)都有一个位地址，它们占据位地址空间的 00H～7FH。这 16 个单元的每一位都可以视为一个软件触发器，用于存放各种程序标志、位控制变量。同样，位寻址区的 RAM 单元也可作为一般的数据缓冲器使用。CPU 对这部分 RAM 可以字节操作，也可以位操作。

③ 堆栈和数据缓冲器：在用户进行实际的程序设计时，需要一个后进先出的 RAM 区以保存 CPU 的现场，这种后进先出的缓冲区称为堆栈。51 单片机堆栈的位置是不固定的，可以通过一个专用寄存器 SP(堆栈指针)来确定栈顶的地址。堆栈原则上可以设在内部 RAM(00H～7FH 或 00H～FFH)的任意区域，但由于 00H～1FH 和 20H～2FH 具有上面所述的特殊功能，堆栈一般设在 30H～7FH(或 30H～FFH)范围内。进栈时，51 系列的堆栈(SP)先加“1”，然后数据进栈(写入 SP 指出的栈区)；而退栈时，先数据出栈(读出 SP 指出的单元内容)，然后(SP)减“1”。复位后 SP 的内容为 07H。这意味着初始状态堆栈区设在 08H 开始的 RAM 区域，而 08H～1FH 是工作寄存器区。如果在实际应用中需要使用 08H～1FH 的工作寄存器区，则应对 SP 初始化来重新设定堆栈区。例如，将 SP 指向 4FH 单元，则堆栈设在 50H 开始区域，指令如下：

```
MOV SP,#4FH
```

注意：不用的工作寄存器区的 RAM 和位寻址区的 RAM 均可用来作为堆栈或数据缓冲区，存放输入的数据或运算的结果。

2. 特殊功能寄存器区(80H～0FFH)

特殊功能寄存器(SFR)又称为专用寄存器，其单元地址为 80H～FFH。SFR 是用来对片内各功能模块进行管理、控制、监视的控制寄存器和状态寄存器，是一个特殊功能的 RAM 区。

SFR 离散地分布在 80H～FFH 的特殊功能寄存器地址空间。如表 2-5 所列，表中虚线上面是 51 系列中有 21 个 SFR；虚线下面的是 52 系列增加的与定时器 T2 所对应的 6 个 SFR，共计 27 个 SFR。

表 2-5　MCS-51 单片机特殊功能寄存器地址映象表

特殊功能寄存器	字节地址	特殊功能寄存器	字节地址
* P0	80H	* P1	90H
SP	81H	* SCON	98H
DPL	82H	SBUF	99H
DPH	83H	* P2	0A0H
PCON	87H	* IE	0A8H
* TCON	88H	* P3	0B0H
TMOD	89H	* IP	0B8H
TL0	8AH	* PSW	0D0H
TL1	8BH	* ACC	0E0H
TH0	8CH	* B	0F0H
TH1	8DH		
TL2	0CCH	RCAP2L	0CAH
TH2	0CDH	RCAP2H	0CBH
T2MOD	0C9H	* T2CON	0C8H

① 累加器(ACC):最常用的专用寄存器,功能较多,可按位寻址,有时候可以写成 A:

- 大部分单操作数指令的操作数取自累加器 A;
- 很多双操作数指令的一个操作数取自累加器 A;
- +、-、×、÷算术运算指令的运算结果都存在 A 或 A 和 B 寄存器中。

② B 寄存器:B 寄存器是一个 8 位寄存器,既可作为一般寄存器使用,也可用于乘除运算。做乘法运算时,B 是乘数。乘法操作后,乘积的高 8 位存于 B 中,低位存于 A 中。做除法运算时,B 存放除数,除法操作后,余数存放在 B 中,整数存于 A 中。

③ 栈指针寄存器(SP):8 位专用寄存器,指示出栈顶部在内部 RAM 块中的位置,复位后 SP=07H。

④ 数据指针(DPTR):16 位 SFR,高位 DPH,低 DPL。它既可作一个 16 位寄存器 DPTR,也可作为两个独立的 8 位寄存器 DPH 和 DPL 来用。

⑤ 串行数据缓冲器(SBUF):SBUF 用于存放欲发送或已接收的数据,在 SFR 块中只有一个字节地址,但实际上由两个独立的寄存器组成,分别为发送缓冲器和接收缓冲器。当要发送的数据传送到 SBUF 时,进的是发送缓冲器,当要从 SBUF 取数据时,取自接收缓冲器,取走的是刚接收的数据。

⑥ 定时器 0 和定时器 1 寄存器:51 中有两个 16 位定时/计数器 T0、T1,各有两个独立的 8 位寄存器组成:

- TL0、TH0:定时器 0 寄存器。

- TL1、TH1：定时器 1 寄存器。
- TCON：定时器控制寄存器。TMOD：定时器方式寄存器。

⑦ 定时器 2 寄存器(52 系列单片机独有)：

- T2CON：定时器 2 控制寄存器。
- T2MOD：定时器 2 方式寄存器。
- RCAP2L、RCAP2H：捕获寄存器，一旦 8052 单片机的 T2EX 引脚出现负跳变，则 TL2、TH2 的内容立即被捕获到 RCAP2L、RCAP2H 中。
- TL2、TH2：定时器 2 寄存器。

除上述寄存器之外，还有 IP、IE、SCON 及 P0～P3 端口寄存器等，将在后续章节中详细讨论。

另外，PC(程序计数器)用于存放下一条要执行的指令地址(程序存储器地址)，是一个 16 位专用寄存器，寻址范围 0～64 KB，PC 在物理上是独立的，不属于内部数据存储器的 SFR 块。

3. 高 128 B 的 RAM 块(80H～0FFH)

仅 52 系列单片机拥有高 128 B 的 RAM 块，它和低 128 B 中的 30H～7FH 一块构成堆栈和数据缓冲区。在 52 系列单片机中，高 128 B 的 RAM 块与 SFR 块的地址是重合的，究竟访问哪一块是通过不同的寻址方式加以区分的。访问高地址字节 RAM 时采用寄存器间接寻址方式，访问 SFR 块时则只能采用直接寻址方式。访问低 128 B 的 RAM 时，两种寻址方式都可采用。表 2-6 所列为 RAM 位寻址区地址映像。

表 2-6　RAM 位寻址区地址映像

字节地址	位地址							
	D7	D6	D5	D4	D3	D2	D1	D0
2FH	7FH	7EH	7DH	7CH	7BH	7AH	79H	78H
2EH	77H	76H	75H	74H	73H	72H	71H	70H
2DH	6FH	6EH	6DH	6CH	6BH	6AH	69H	68H
2CH	67H	66H	65H	64H	63H	62H	61H	60H
2BH	5FH	5EH	5DH	5CH	5BH	5AH	59H	58H
2AH	57H	56H	55H	54H	53H	52H	51H	50H
29H	4FH	4EH	4DH	4CH	4BH	4AH	49H	48H
28H	47H	46H	45H	44H	43H	42H	41H	40H
27H	3FH	3EH	3DH	3CH	3BH	3AH	39H	38H
26H	37H	36H	35H	34H	33H	32H	31H	30H
25H	2FH	2EH	2DH	2CH	2BH	2AH	29H	28H
24H	27H	26H	25H	24H	23H	22H	21H	20H
23H	1FH	1EH	1DH	1CH	1BH	1AH	19H	18H
22H	17H	16H	15H	14H	13H	12H	11H	10H
21H	0FH	0EH	0DH	0CH	0BH	0AH	09H	08H
20H	07H	06H	05H	04H	03H	02H	01H	00H

4. 位存储器

51 单片机内部 RAM 中的 20H~2FH 的 16 个单元 128 位(见表 2-6)以及地址能被 8 整除的 SFR(表 2-5 中带 * 号的 SFR)的 11/12 个单元的各个位构成了布尔处理机的存储器空间,这 27/28 个单元的 211(27×8-5)/221(28×8)位各自都有专门的位地址,如表 2-7 所列。

表 2-7 可被位寻址的 SFR 位地址映像

字节地址	MSB							LSB	SFR
	D7	D6	D5	D4	D3	D2	D1	D0	
F0H	F7H	F6H	F5H	F4H	F3H	F2H	F1H	F0H	B
E0H	E7H	E6H	E5H	E4H	E3H	E2H	E1H	E0H	ACC
D0H	D7H	D6H	D5H	D4H	D3H	D2H	D1H	D0H	PSW
	CY	AC	F0	RS1	RS0	OV	F1	P	
C8H	CFH	CEH	CDH	CCH	CBH	CAH	C9H	C8H	* T2CON
	TF2	EXF2	RCLK	TCLX	EXEN2	TR2	$C/\overline{T}$	$CP/\overline{AL2}$	
B8H	BFH	BEH	BDH	BCH	BBH	BAH	B9H	B8H	IP
	—	—	* PT2	PS	PT1	PX1	PT0	PX0	
B0H	B7H	B6H	B5H	B4H	B3H	B2H	B1H	B0H	P3
	P3.7	P3.6	P3.5	P3.4	P3.3	P3.2	P3.1	P3.0	
A8H	AFH	AEH	ADH	ACH	ABH	AAH	A9H	A8H	IE
	EA	—	* ET2	ES	ET1	EX1	ET0	EX0	
A0H	A7H	A6H	A5H	A4H	A3H	A2H	A1H	A0H	P2
	P2.7	P2.6	P2.5	P2.4	P2.3	P2.2	P2.1	P2.0	
98H	9FH	9EH	9DH	9CH	9BH	9AH	99H	98H	SCON
	SM0	SM1	SM2	REN	TB8	RB8	TI	RI	
90H	97H	96H	95H	94H	93H	92H	91H	90H	P1
	P1.7	P1.6	P1.5	P1.4	P1.3	P1.2	P1.1	P1.0	
88H	8FH	8EH	8DH	8CH	8BH	8AH	89H	88H	TCON
	TF1	TR1	TF0	TR0	IE1	IT1	IE0	IT0	
80H	87H	86H	85H	84H	83H	82H	81H	80H	P0
	P0.7	P0.6	P0.5	P0.4	P0.3	P0.2	P0.1	P0.0	

注:52 系列独有的 SFR 或 52 系列中有定义的位。

CPU 对位存储器既可以进行字节操作,也可以进行位操作。

2.2.3　外部数据 RAM 和 I/O 口

51 单片机可以扩展 64 KB 的外部数据 RAM 和 I/O 接口，外部扩展 RAM 和 I/O 是统一编址的，CPU 对它们具有相同的操作功能，寻址方式采用间接寻址方式。R0、R1 和 DPTR 都可以作为间址寄存器用，但前两者的寻址范围为 256 B，后者为 64 KB。

2.3　并行接口的结构及功能

典型的 MCS－51 单片机内部有 4 个 8 位的并行输入/输出口 P0～P3，每一个端口均由端口锁存器、输出驱动器、输入缓冲器构成。共 32 根端口线。其中，P0 口为双向的三态数据线口，P1 口、P2 口、P3 口为准双向口。各端口除可进行字节的输入/输出外，每个位口线还可单独用作输入/输出，因此使用起来非常方便。

1. P0 口的结构和功能

P0 口是一个三态双向 I/O 接口，它有两种不同的功能，通用 I/O 接口和低 8 位地址数据复用线。一般情况下，P0 口作为通用的 I/O 接口使用；当需要进行外部 ROM、RAM 等扩展时，采用分时复用的方式，通过地址锁存器后作为地址总线的低 8 位和 8 位数据总线。P0 的输出级具有驱动 8 个 LS 的 TTL 负载能力。

(1) 结　构

P0 口有 8 条端口线，命名为 P0.7～P0.0，其中 P0.0 为低位，P0.7 为高位。每条线的结构如图 2－7 所示。它由一个输出锁存器、多路开关、两个三态缓冲器、与门和非门、输出驱动电路和输出控制电路等组成。

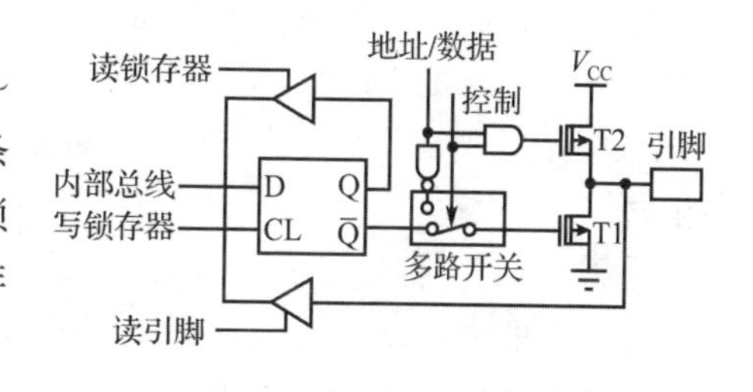

图 2－7　P0 口的位结构

(2) P0 口作为通用 I/O 接口

当 CPU 的控制信号为低电平时，多路开关向下接到锁存器的反相输出端。此时，与门输出 0，使输出驱动器的上拉场效应管 T2 截止，而多路开关将输出锁存器的 $\overline{Q}$ 端与输出驱动器的下拉场效应管 T1 的栅极接通。这种情形下，该下拉场效应管处于漏极开路状态。这时，P0 口用作通用 I/O 接口。

当 CPU 向 P0 口输出数据(如执行指令 MOV P0,A)时，内部数据总线的数据在写“写锁存器”信号的作用下由 D 端进入锁存器，反向输出送到 T1，再经 T1 反向输出到外引脚 P0.x 端，经过两次取反后，在 P0 口上得到的数据恰好与内部数据总线上的一致。

注意：P0 在用作通用输出口时必须外接上拉电阻，以解决下拉场效应管的开漏状态；否则，当向 P0 口输出 1 时，因锁存器反相输出端输出 0，从而又使 T1 截止，这样输出端的两个场效应管都处于截止状态,导致P0的引脚处于“悬空”,成为高阻状态,而不能正常地输出高电平。

当CPU由P0输入数据时,必须先把锁存器写入1,目的是使T1截止以使引脚处于“悬空”状态,作为高阻抗输入;否则,在作为输入方式之前若曾向锁存器输出过0,则T1导通就会使引脚电位钳位到0,使高电平无法读入。

CPU在执行“MOV”类输入指令时(如MOV A,P0),单片机内部产生“读引脚”操作信号,引脚上的数据经缓冲器输入到内部总线,进而读入CPU:

```
MOV  P0,#0FFH
MOV  A,P0
```

(3) P0口作地址/数据总线

CPU在执行读片外ROM、读/写片外RAM或I/O接口指令时,单片机硬件自动使图2-7中的控制线为1,多路开关将非门的输出端与下拉场效应管T1的基极接通,同时由于控制线为1使得与门打开,因而CPU输出的地址/数据信号既可以通过与门去驱动输出级的上拉场效应管T2,又可以通过非门去驱动下拉场效应管T1,这时P0口在CPU的控制信号管理下,分时复用作为外部存储器的地址总线和数据总线。

① P0口分时输出低8位地址、输出数据。CPU在执行输出指令时,低8位地址信息和数据信息分时地出现在地址数据总线上。若地址/数据总线的状态为1,则场效应管T2导通、T1截止,引脚状态为1;若地址/数据总线的状态为0,则场效应管T2截止、T1导通,引脚状态为0。可见P0.x引脚的状态正好与地址/数据线的信息相同。

② P0口分时输入低8位地址、输入数据。CPU在执行输入指令时,首先低8位地址信息出现在地址/数据总线上,P0.x引脚的状态与地址/数据总线的地址信息相同。然后,CPU自动使多路开关拨向锁存器,并向P0口写入0FFH,同时“读引脚”信号有效,数据经缓冲器读入内部数据总线。因此,可以认为P0口作为地址/数据总线使用时是一个真正的双向口。

2. P1口的结构和功能

P1口是一个准双向口,因为这种接口输出没有高阻状态,用于输入时,口线被拉成高电平,故称为准双向口。它只能作为I/O接口使用,其功能与P0口作为通用I/O接口时的功能相同。作输出口使用时,由于其内部有上拉电阻,因此无须外接上拉电阻;作输入口使用时,必须先向锁存器写入1,使场效应管T截止,然后才能读取数据。P1口能带3～4个TTL负载。

(1) 结　构

P1口有8条端口线,命名为P1.7～P1.0,每条线的结构如图2-8所示。它由一个输出锁存器、两个三态缓冲器和输出驱动电路等组成。输出驱动电路设有上拉

电阻。

(2) 功　能

P1 口的功能与 P0 口用作通用 I/O 接口时一样。

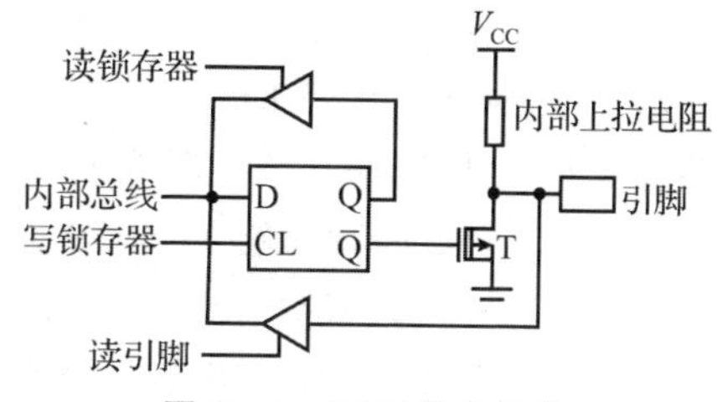

图 2-8　P1 口的位结构

3. P2 口的结构和功能

P2 口也是一个准双向口，它有两种使用功能：一种是在不需要进行外部 ROM、RAM 等扩展时，用作通用的 I/O 接口，其功能和原理与 P0 口第一功能相同，只是作为输出口时不需外拉上拉电阻；另一种是当系统进行外部 ROM、RAM 等扩展时，P2 口作为系统扩展的地址总线口使用，输出高 8 位的地址 A15～A8 与 P0 口第二功能输出的低 8 位地址相配合，共同访问外部程序或数据存储器(64 KB)，但它只确定地址，并不能像 P0 口那样还可以传送存储器的读/写数据。P2 口能带 3～4 个 TTL 负载。

(1) 结　构

P2 口有 8 条端口线，命名为 P2.7～P2.0，每条线的结构如图 2-9 所示。它由一个输出锁存器、多路开关、两个三态缓冲器、一个非门、输出驱动电路和输出控制电路等组成。输出驱动电路设有上拉电阻。

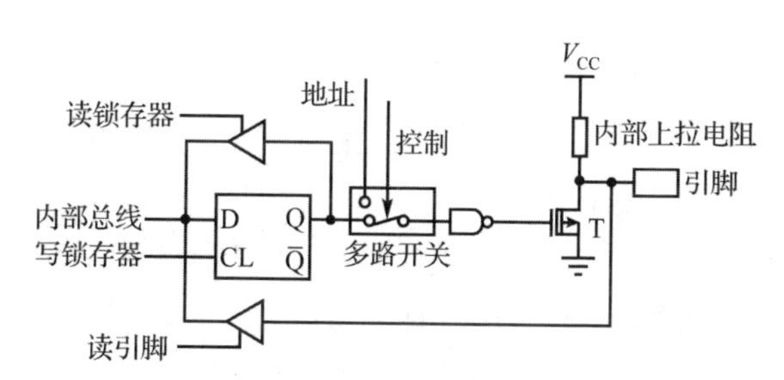

图 2-9　P2 口的位结构

(2) P2 口作通用 I/O 接口

当不需要在单片机芯片外部扩展程序存储器，只需扩展 256 B 的片外 RAM 时，访问片外 RAM 就可以利用“MOVX　A,@Ri”和“MOVX　@Ri,A”指令来实现。这时只用到了地址线的低 8 位，P2 口不受该类指令的影响，仍可以作为通用的 I/O 接口使用。

① 输出口：CPU 在执行输出指令时(如 MOV　P2,A)，内部数据总线的数据在“写锁存器”信号的作用由 D 端进入锁存器，输出经非门反相送到驱动管 T，再经驱动管 T 反相输出。

② 输入口：与 P0 口相同。

③ 读-修改-写指令的端口输出：与 P0 相同。

(3) P2 口作地址总线

CPU 在执行读片外 ROM、读/写片外 RAM 或 I/O 接口指令时,单片机硬件自动将控制线置 1,多路开关接到地址线,地址信息经非门和驱动管 T 输出。

4. P3 口的结构和功能

P3 口是一个多功能的准双向口。第一功能是作为通用的 I/O 接口使用,其功能和原理与 P1 口相同。第二功能是作为控制和特殊功能接口使用,这时 8 条端口线所定义的功能各不相同。P3 口能带 3~4 个 TTL 负载。

(1) 结　构

P3 口有 8 条端口线,命名为 P3.7~P3.0,每条线的结构如图 2-10 所示。它由一个输出锁存器、两个三态缓冲器、一个与非门和输出驱动电路等组成。输出驱动电路设有上拉电阻。

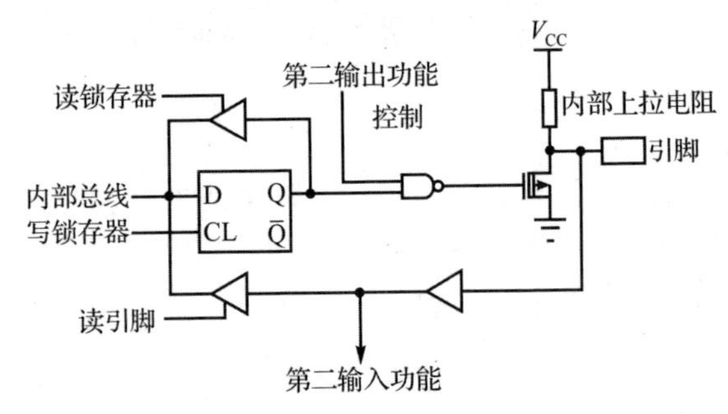

图 2-10　P3 口的位结构

(2) P3 口作通用 I/O 接口

当 CPU 对 P3 口进行字节或位寻址(多数应用场合是把几条端口线设为第二功能,另外几条端口线设为第一功能,这时宜采用位寻址方式)时,单片机内部的硬件自动设置第二功能线为 1,这时对应的端口线为通用 I/O 接口方式。作为输出时,锁存器的状态(Q 端)与输出引脚的状态相同;作为输入时,也要先向端口锁存器写入 1,使引脚处于高阻输入状态。输入的数据在"读引脚"信号的作用下,进入内部数据总线。

(3) P3 口作控制和特殊功能接口使用

当 P3 口作控制和特殊功能接口使用时,单片机内部硬件自动将端口锁存器的 Q 端置 1。这时,P3 口各引脚的定义如下:

P3.0:RXD 串行口输入。

P3.1:TXD 串行口输出。

P3.2:INT0 外部中断 0 输入。

P3.3:INT1 外部中断 1 输入。

P3.4:T0 定时/计数器 0 的外部输入。

P3.5:T1 定时/计数器 1 的外部输入。

P3.6：WR 片外数据存储器“写选通控制”输出。

P3.7：RD 片外数据存储器“读选通控制”输出。

P3 口相应的端口线处于第二功能时，应满足的条件如下：

① 串行 I/O 接口处于运行状态(RXD、TXD)。

② 外部中断已经打开(INT0、INT1)。

③ 定时/计数器处于外部计数状态(T0、T1)。

④ 执行读/写外部 RAM 的指令(RD、WR)。

作为输出功能的口线(如 P3.1)，由于该位的锁存器已经置 1，故与非门对第二功能输出是畅通的。作为输入功能的口线(如 P3.0)，由于该位的锁存器和第二功能输出线均为 1，使 T 截止，故该引脚处于高阻输入状态。信号经输入缓冲器进入单片机的第二功能输入线。在应用中，若不设定 P3 口各位的第二功能，则 P3 口线自动处于第一功能状态。

2.4　时钟、时钟电路、CPU 定时

时钟电路是计算机的心脏，它控制着计算机的工作节奏，可以通过提高时钟频率来提高 CPU 的速度。

2.4.1　CMOS 型 51 单片机时钟电路

CMOS 型 51 单片机内部有一个用于构成振荡器的高增益反相放大器，引脚 XTAL1(18 脚)和 XTAL2(19 脚)分别是此放大器的输入端和输出端。这个放大器与作为反馈元件的片外晶体或陶瓷谐振器一起构成自激振荡器。

如图 2-11 所示，C_1 和 C_2 值通常为 30 pF±10 pF(晶振)或 40 pF±10 pF(陶瓷谐振器)。振荡器频率主要取决于(或陶瓷谐振器)的频率，但必须小于器件所允许的最高频率。在设计印刷电路板时，晶振电容要尽可能安装得与单片机芯片靠近，以减少寄生电容，更好的保证振荡器的稳定和可靠。

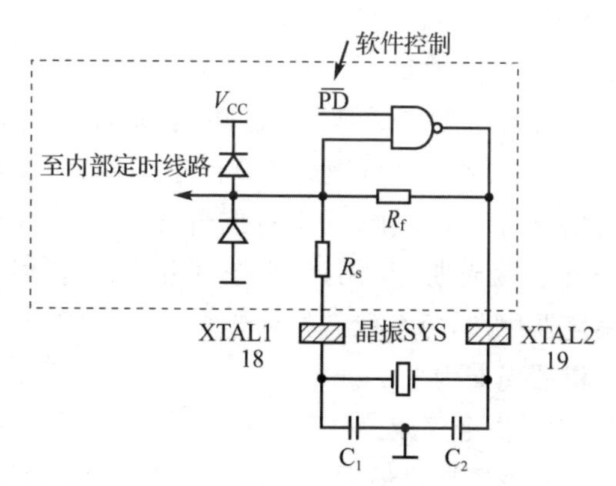

图 2-11　CMOS 型 51 单片机的时钟电路

图 2-11 中可见振荡器的工作受 $\overline{PD}$(PCON.1)控制，复位以后 PD＝0($\overline{PD}$＝1)，振荡器工作。可由软件置“1”PD($\overline{PD}$＝0)使振荡器停止振荡，时钟信号发生器不工作，单片机进入掉电方式。掉电方式下，运行的数据被保存，系统不工作，CPU、定时器、外部中断、串行口等的时钟电路均被切断。可以通过复位的

方式使单片机退出掉电方式。

CMOS 型单片机也可以从外部输入时钟(如图 2-12 所示),外部时钟信号接至外部信号接至 XTAL1,而 XTAL2 不用(浮空)。

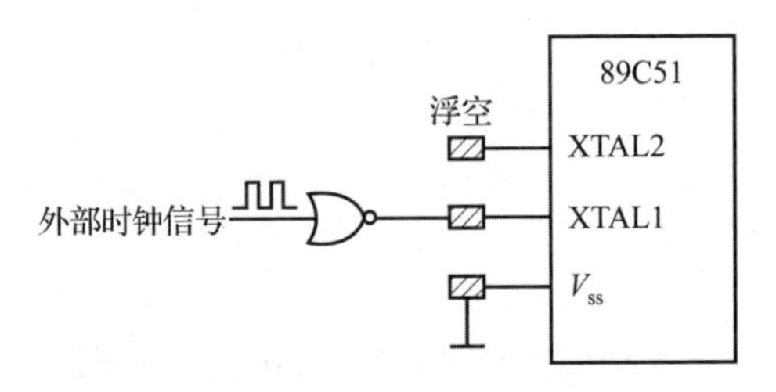

图 2-12　CMOS 单片机外部时钟输入电路

2.4.2　CPU 时序

CPU 的工作是不断地从程序存储器中取指令和执行指令,以完成数据的处理、传送和输入/输出等操作。CPU 的这些工作是按照一定的时间周期来进行的。51 单片机中有 4 个周期概念。

1. 振荡器周期

振荡器周期也叫作节拍,用 P 表示,是指为单片机提供定时时钟信号的振荡源的周期。它是时序中最小的时间单位。例如,某单片机时钟频率为 2 MHz,则它的振荡周期应为 0.5 μs。

2. 状态周期

状态周期用 S 表示,是振荡周期的 2 倍,其前半周期对应的节拍叫作 P1 拍,后半周期对应的节拍叫作 P2。

3. 机器周期

机器周期是实现特定功能所需的时间周期,通常由若干状态周期构成。MCS-51 的一个机器周期是固定不变的,宽度均由 6 个状态周期组成,每个状态周期划分为 2 个节拍,分别对应着 2 个节拍时钟有效期间。因此,一个机器周期包含 12 个振荡周期,由 S1P1(状态 1 拍 1)一直到 S6P2(状态 6 拍 2),每个节拍持续一个振荡器周期,每个状态持续 2 个振荡器周期。假设单片机采用 12 MHz 的晶振,则每个机器周期为 1 μs。

4. 指令周期

指令周期是最大的时序定时单位,指执行一条指令需要的时间。通常 MCS-51 的指令周期可以包含有 1~4 个机器周期。多数指令是单机器周期指令,少数指令是双机器周期指令,只有 MUL(乘法)和 DIV(除法)指令是 4 机器周期指令。

图 2-13 所示为 MCS-51 的几种典型指令时序。每个机器周期内地址锁存信号(ALE)产生两次有效信号,分别出现在 S1P2、S2P1 期间与 S4P2、S5P1 期间。

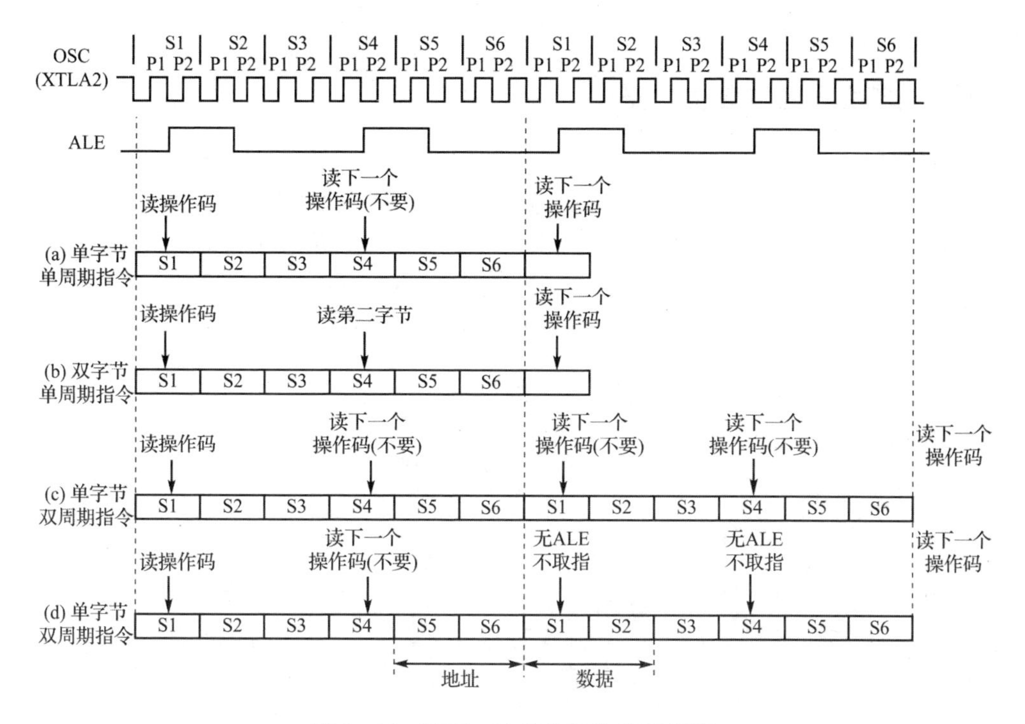

图 2-13　MCS-51 单片机的 CPU 时序

单周期指令的执行始于 S1P2,这时操作码被锁存到指令寄存器内。如果是双字节指令,则在同一机器周期的 S4 读第 2 个字节;如果是单字节指令,则在 S4 仍有读操作,但被读进去的字节(应为下一个操作码)是不予考虑的,且程序计数器(PC)并不增量。图 2-13 中的(a)和(b)分别表示单字节单周期指令和双字节单周期指令的时序。不管什么情况,在 S6P2 结束时都会完成操作。图 2-13 中的(c)示出单字节双周期指令的时序,在两个机器周期内发生 4 次读操作码的操作,由于是单字节指令,故后 3 次读操作都是无效的。图 2-13 中的(d)表示访问外部数据存储器的 MOVX 的时序,它是一条单字节双周期指令。在第 1 个机器周期 S5 开始时,送出外部数据存储器的地址,随后读或写数据。读/写期间在 ALE 端不输出有效信号,在第 2 个机器周期,即外部数据存储器已被寻址和选通后,也不产生取指操作。

从时序上讲,算术和逻辑操作一般发生在节拍 1 期间,内部寄存器对寄存器的传送发生在节拍 2 期间。

2.5　单片机的工作方式

单片机的工作方式是进行系统设计的基础,MCS-51 系列单片机的工作方式包括复位方式、程序执行方式、掉电保护方式以及编程和校验方式等,其中编程和校验方式只是针对 EPROM 以及 EEPROM 型芯片。另外,对于 80C51 系列还有低功耗方式,也称为节电方式。

2.5.1 复位方式与复位电路

计算机在启动运行时都需要复位。复位是通过在 RST 引脚处保持至少两个机器周期(24 个振荡器周期)的高电平来实现的。复位后 CPU 和其他部件都置为一个确定的初始状态,并从这个状态开始工作。表 2-8 所列为 51 单片机复位后的内部寄存器状态。

表 2-8 51 单片机复位后的内部寄存器状态

寄存器	内　容	寄存器	内　容
PC	0000H	TMOD	00H
ACC	00H	TCON	00H
B	00H	TH0	00H
PSW	00H	TL0	00H
SP	07H	TH1	00H
DPTR	0000H	TL1	00H
P0～P3	0FFH	SCON	00H
IP	××000000B	SBUF	不定
IE	0×000000B	PCON	0×××0000B
TL2	00H	RCAP2L	00H
TH2	00H	RCAP2H	00H
T2CON	00H	T2MOD	××××××00B

1. 上电自动复位

CMOS 51 系列单片机的复位引脚 RST 是施密特触发输入脚,内部有一个下拉电阻(阻值为 80～300 kΩ)。如图 2-14(a)所示,只要在 RST 端接一个电容至 V_{CC},便可实现上电自动复位。在加电瞬间,电容通过内部电阻充电,在 RST 端出现充电正脉冲,该正脉冲的脉冲宽度取决于充电时间常数 τ,只要正脉冲宽度足够宽(大于两个机器周期的时间),就能使 51 单片机有效复位。

2. 手动按键人工复位

有些应用系统除了上电自动复位以外,还需要人工复位。如图 2-14(b)所示,将一个按键并联于上电自动复位电路,在系统运行时按一次按键,就在 RST 端出现一段时间高电平,使器件复位。

3. 常用复位芯片

在单片机应用系统中,除要求上电复位和手动复位功能外,有时还要对单片机系统的工作情况进行监控。例如程序跑飞时要将单片机系统重新复位,在电池供电的单片机系统中还要对电池电压进行监测,以防电池电压过低时系统出现紊乱情况。针对这种情况许多大的芯片制造厂家纷纷开发出各种不同功能的复位监控芯片。表 2-9 列出了几个厂家的常用复位芯片。

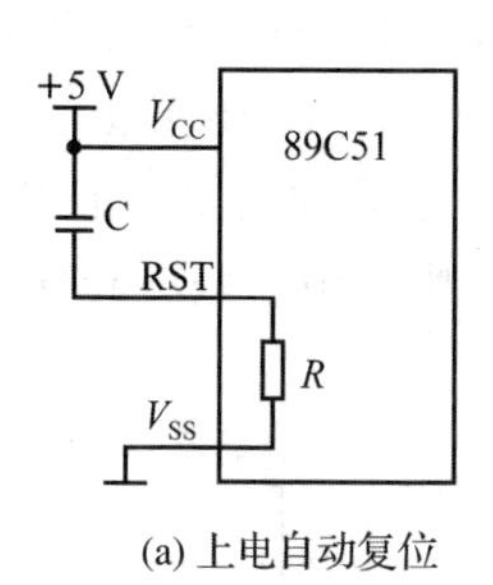

(a) 上电自动复位

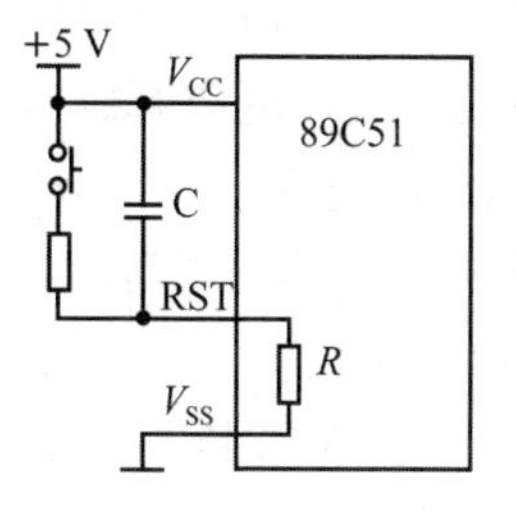

(b) 上电复位和人工开关复位

图 2-14　51 单片机的复位电路

表 2-9　常用复位芯片

厂　家	芯片型号	复位电平	电压检测	看门狗(Watchdog)	手动复位输入
MAXIMM	MAX707	低	有	无	有
MICROCHIP	TCM810	高	有	无	无
TI	TPS3705	低	有	有	有
XICOR	X5045	高	有	有	无

2.5.2　程序执行方式

程序执行方式可以分为单步执行和连续执行两种方式。

(1) 单步执行

单步执行方式是指单片机在控制面板上的单步执行键控制下逐条执行程序中指令的方式,通常称程序调试。

单步执行方式是利用单片机外部中断功能实现的。单步执行键就相当于外部中断源,按下一次,就向 $\overline{INT0}$ 或 $\overline{INT1}$ 引脚发出一次中断请求,系统就执行一条指令。

(2) 连续执行方式

单片机系统在实际应用中,通常都是工作在连续执行程序的方式下。

由于复位后 PC 值为 0000H,因此程序执行总是从地址 0000H 开始,实际上往往预先在 0000H 处存放一条跳转指令,以便跳转到 0000H～FFFFH 中的其他地址处执行程序。

2.5.3　省电工作方式

掉电保护方式(Power Down Mode)应用于单片机系统在运行过程中发生掉电故障的情况下,在节电工作方式中也可主动采用掉电保护方式。

单片机系统在运行过程中发生掉电故障时,为避免系统数据丢失,必须先把有用数据(包括 SFR 的状态)转存,然后启动备用电源维持供电以继续保存有用数据。

① 数据转存:数据转存是通过中断服务程序来完成的,故也常称为“掉电中断”。

单片机电源掉电后,电源电压不会立即变化到 0 V,通常至少能维持有效电压达几个毫秒以上,足够完成一次掉电中断操作。为完成此功能,需要在设计的单片机应用系统中设置一个电压检测电路,一旦检测到电源电压下降到设定的下限值,立即通过引脚 $\overline{\text{INT0}}$ 或 $\overline{\text{INT1}}$ 产生外部中断请求,中断响应后执行中断服务程序,把有用数据送内部 RAM 中暂存保护起来。

② 启用备用电源:系统发生掉电故障后,为了保存转存后有用数据,需要给内部 RAM 供电。为此,一方面系统应预先装有备用电源(比如锂电池等,备用电源由单片机的 RST 引脚接入);另一方面,为了在掉电后能及时接通备用电源,系统中还需要具有备用电源与正常电源的自动切换电路,电路如图 2-15 所示。

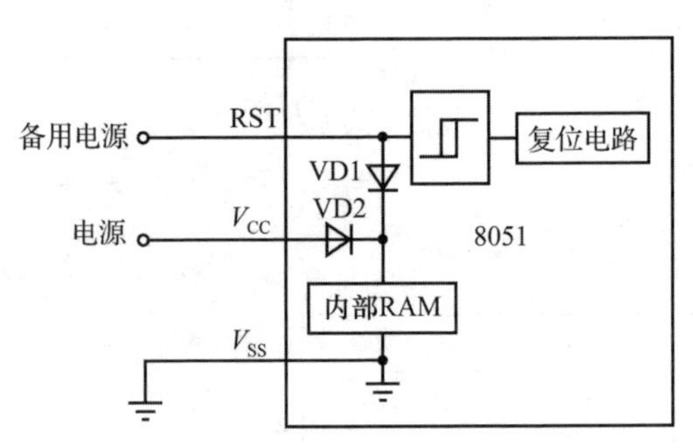

图 2-15　掉电保护电路示意图

此切换电路由两个二极管 VD1 和 VD2 组成。当电源电压高于 RST 引脚的备用电源电压时,VD1 导通,VD2 截止,内部 RAM 由 V_{CC} 电源供电。而当掉电后,V_{CC} 电源电压降到备用电源电压以下时,VD2 导通,VD1 截止,内部 RAM 由备用电源供电,此时单片机进入掉电保护方式。

由于备用电源容量有限,为减少消耗,系统掉电后时钟电路和 CPU 等都停止运行,故只有内部 RAM 单元和必要的专用寄存器继续工作,来保存数据。

在掉电故障消除,电源 V_{CC} 恢复后,需要用复位的方法来退出掉电保护状态恢复正常工作。前面已经介绍过,单片机复位后,SFR 等的内容被初始化,因此单片机正常工作后,首先要做的事情是恢复现场,即把保护的数据送回原处。

需要注意的是,对于 80C51 这样的单片机,在检测到电源故障时,除进行数据保护外,还应该把 PCON 的 PD 位置 1,才能进入掉电保护方式。

2.5.4　CHMOS 型单片机节电工作方式

CHMOS 型器件具有节电的工作方式,在这种工作方式下能减少单片机的功耗,通常包括空闲(待机)方式和掉电(停机)方式。CHMOS 型单片机在正常工作时消耗 11～20 mA,空闲方式时为 1.7～5 mA,掉电方式时为 5～50 μA。可以看出 CHMOS 型单片机是一种低功耗的机型,特别适用于低功耗的应用领域。

当单片机处于空闲工作方式时,CPU 在不执行程序时停止工作,从而免去无休止的执行空操作指令或踏步等待过程,达到降低功耗的目的。此时,RAM、定时器、串行接口以及中断系统继续工作。掉电方式使电源出现故障时继续 RAM 中的信息。

在 CHMOS 型单片机中与空闲和掉电工作方式有关的硬件控制电路如图 2-16 所示。在空闲工作方式时,$\overline{\text{IDL}}=0$,振荡器继续工作,为中断控制电路、定时/计数器

电路、串行接口提供时钟驱动信号，而 CPU 的时钟信号被切断，停止工作，处于空闲工作状态。在掉电工作方式时，$\overline{PD}=0$，振荡器停止工作，只有片内 RAM 和 SFR 中的内容被保存。

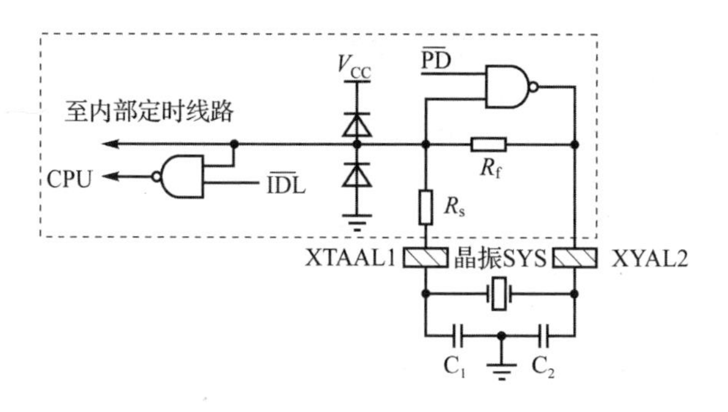

图 2-16　空闲与掉电方式硬件电路

在 CHMOS 型单片机中，空闲与掉电工作方式是通过对特殊功能寄存器 PCON（电源控制寄存器）的编程来实现的。MCS-51 CHMOS 型单片机在 HMOS 型单片机所具有的 SMOD 位之外，增加了两个通用标志位 GF1、GF0，一个掉电方式位 PD 和一个空闲方式位 IDL。该寄存器的字节地址为 87H，不能位寻址，其格式及各位的定义如下：

D7	D6	D5	D4	D3	D2	D1	D0
SMOD				GF1	GF0	PD	IDL

SMOD：串行接口波特率倍增控制位；

GF1：通用标志位；

GF0：通用标志位；

PD：掉电方式控制位，当 PD=1 时激活掉电方式，否则不进入掉电方式；

IDL：空闲方式控制位，当 IDL=1 时激活空闲方式，否则不进入空闲方式。

若 PD 和 IDL 同时为 1，则先进入掉电方式。

CHMOS 型单片机复位时，PCON 寄存器的状态为 0×××0000B，此时单片机处于正常工作状态。

1. 空闲工作方式

在执行完任何能使 PCON 寄存器的 PCON.0 位置 1 的指令后，MCS-51 CHMOS 型单片机即进入空闲工作方式。在空闲工作方式（IDL=1，$\overline{IDL}=0$）下，送往 CPU 的时钟信号被封锁，但内部的状态，如堆栈指针（SP）、程序计数器（PC）、程序状态字（PSW）、累加器及其他寄存器的内容，被完整保留。

单片机在空闲工作方式下，CPU 是不工作的，但各功能部件保持了进入空闲状态前的内容，且功耗很低。此时，ALE 和 PSEN 均为高电平，所有 I/O 引脚也保持进入空闲工作方式之前的状态。如果 CHMOS 型单片机执行的是外部程序存储器中的程序，那么 P0 口呈高阻态，而 P2 口上出现的是程序计数器中的高 8 位地址；如果单片机执行的是片内程序存储器中的程序，那么 P0 口、P2 口上呈现的是寄存器的内容。两种工作方式的 I/O 接口状态如表 2-10 所列。因此，在执行程序的过程中，当 CPU 无事可做时可将它设置为空闲工作方式，以降低功耗。一旦需要继续工作再使其退出空闲工作方式。

表 2-10　空闲、掉电工作方式的引脚状态

引　脚	内部取指		外部取指	
	空　闲	掉　电	空　闲	掉　电
ALE	1	0	1	0
$\overline{\text{PSEN}}$	1	0	1	0
P0	SFR 数据	SFR 数据	高阻态	高阻态
P1	SFR 数据	SFR 数据	SFR 数据	SFR 数据
P2	SFR 数据	SFR 数据	PC 高 8 位地址数据	SFR 数据
P3	SFR 数据	SFR 数据	SFR 数据	SFR 数据

退出空闲工作方式有两种方法：一种是采用中断退出的方法，在空闲工作方式下，中断系统仍可工作，故响应中断请求可使 PCON.0 位由硬件清零，达到退出空闲工作状态的目的，当执行完中断服务子程序返回的断点就是置空闲工作方式指令后的那条指令；另一种是采用硬件复位退出的方法，只要在 RST 引脚上引入复位电平并保持 24 个振荡周期(两个机器周期)，就可使 PCON.0 复位清零，使 CPU 退出空闲状态。

PCON 中，GF0 和 GF1 标志位用来指示中断是在 CPU 正常运作期间发生的，还是在空闲方式期间发生的。例如，在执行空闲工作方式指令之前设置 GF1 和 GF0 标志位，当有中断请求信号，并退出空闲工作方式时，中断服务子程序可检查这些标志位，使程序做出正确的判断，以控制 CPU 在中断服务结束之后回到正常运行状态，执行原来的程序或进入空闲状态。

2. 掉电工作方式

在执行完任何能使 PCON.1 位置 1 的指令后，CHMOS 型单片机即进入掉电工作方式。在掉电工作方式(PD=1，$\overline{\text{PD}}$ 引脚为低电平)下(见图 2-16)，由于 $\overline{\text{PD}}$=0，使得片内振荡器停止工作，从而导致单片机内一切功能都停止，但片内 RAM 和 SFR 的内容保持不变。如表 2-10 所列，当单片机处于掉电工作方式时，ALE 和 $\overline{\text{PSEN}}$ 均为低电平(逻辑 0)，所有 I/O 引脚均保持进入掉电工作方式之前的状态。

要退出掉电工作方式，只能通过硬件复位。复位操作将重新定义所有的特殊功能寄存器(SFR)，但不改变片内 RAM 中的内容。掉电工作方式可降低 V_{CC} 电源的功耗，在掉电期间，V_{CC} 电源可降为 2 V(可以由干电池供电)。但操作时要注意，在进入掉电工作方式之前必须保证不能降低 V_{CC}(+5 V)电压，而退出掉电方式之前，V_{CC} 必须恢复到正常工作电压一段时间，即在 V_{CC} 尚未到达正常值之前不能启动复位。

习　题

1. 如何认识 8051 单片机存储空间在物理结构上可以划分为 4 个空间，而在逻辑上又可以划分为 3 个空间？

2. 8051 单片机开机复位后，CPU 使用哪个工作寄存器组？它们的地址范围是多少？CPU 如何确定和改变当前的工作寄存器组？

3. 什么是堆栈，起什么作用？在程序设计时，有时为什么要对堆栈指针重新赋值？如果 CPU 在操作中要使用两组工作寄存器，你认为 SP 的初值应为多大？

4. 8051 的时钟周期、机器周期、指令周期是如何分配的？当振荡频率为 8 MHz 时，一个机器周期为多少微秒？

5. 请写出 90H 所有可能的物理单元。

6. 请分别写出位地址为 7、10H、50H、70H、80H、90H、D0H 所在的 RAM 单元地址或 SFR 名。

7. 51 系列单片机复位以后从什么地址开始取指令执行？为什么？

8. 中断入口的含义是什么？请写出 8051 的中断入口地址。

第3章　51系列单片机指令系统

本章是采用汇编语言进行程序设计的基础，也是学习单片机软件编程技术最重要的一章。本章主要介绍Intel公司51系列单片机系统的指令寻址方式和指令系统并在部分例题中使用Keil集成开发软件演示程序编译后的机器代码，以及程序执行过程中某些寄存器内容的变化情况和运行结果。

3.1　指令系统和指令格式

3.1.1　指令系统的概念

指令是计算机中央处理器(CPU)可以理解并执行的操作命令。指令系统就是某种CPU所有指令的集合。根据生产厂家硬件结构和用途的不同，不同的CPU有不同的指令系统，相互不一定兼容。

程序是为了解决某一具体问题而编写的有限指令序列，因而指令是进行程序设计的基本单元。同时程序又具有目的性、有序性和有限性三个特性。计算机执行程序实质上是CPU依次取出存储在内部存储器中的各条指令并执行的过程。

指令按指令级别分为机器级和汇编级。机器指令是指由二进制代码构成的可由CPU直接理解并执行的指令。程序存储在计算机内部的存储器中，实质就是将程序给出的机器指令的二进制代码序列放入存储器中。对于程序设计人员来说，由于机器指令难于理解、记忆和使用，为此专门设计了汇编指令。汇编(语言)指令是用符号来表示机器指令的指令。对相同的CPU，汇编指令与机器指令存在一一对应关系。各种类型的计算机都有相应的汇编程序，能将汇编指令转换成机器指令。

汇编指令中大多数指令由操作码和操作数组成。操作码用于指出指令所要实现的操作功能，即做什么操作。操作数部分用于指出指令操作过程中所要用到的数据或数据存放的位置，即对什么操作。获取操作数位置的方式一般称为操作数寻址方式。

以下对指令寻址方式和指令系统的描述，均以51系列单片机的基本指令系统为例。

3.1.2　指令格式和常用伪指令

用汇编语言编写的程序中，含有51系列单片机的汇编指令行、伪指令行和注释行。程序的功能是由一系列的汇编指令行实现的，汇编指令行经汇编器编译后会生成机器语言程序代码(机器指令)，以便于计算机的取指和执行。伪指令用于提供汇

编控制信息，注释行用于程序的功能说明。

1. 汇编指令行与伪指令行格式

汇编指令行的基本格式如下：

[标号:] 指令助记符_[操作数 1],[操作数 2],[操作数 3] [;注释]

其中，指令助记符(以下简称操作码)决定了操作数的个数。标号则根据程序需要进行设置。

伪指令行的基本格式如下：

[名字] 伪指令助记符_[参数表] [;注释]

其中，伪指令助记符决定了参数的个数和名字的有无。名字可能是标记，也可能是符号名。

综合以上两种指令行的格式，指令行的一般格式如下：

名字项　操作项_操作数项　注释项

上述指令的一般格式中，操作项是必需有的，一般由 2～5 个英文字母组成。而带中括号的项为可选项，如汇编指令行中的操作数是可选项，表示操作数有可能是 1 个、2 个或是 3 个，操作数也可能隐含在操作码中。

操作项与操作数项之间要用空格分开(“_”代表空格)。

名字项中的标号以冒号“:”结尾。在伪指令行中，当名字项为符号名时，符号名与伪指令助记符之间也要用空格分开。

名字项的命名规则如：必须以字母开始，后跟 1～8 个字母或数字，并且不能与汇编保留符号(包括指令与伪指令助记符以及寄存器名等)重复。建议命名时尽量用英语单词或英语、汉语句子的第一个字母等来构成。

综上所述，名字项由标号和符号名组成。标号主要有程序(包括初始化程序、主程序、子程序、中断服务程序等)名、转移名、变量名等。程序名是程序起始地址或入口地址的标记。转移名是程序转移地址的标记。变量名是内存数据存放地址的标记。符号名则常用于定义某个表达式值、寄存器名或位地址。

注释项以分号“;”开头。注释是用户对某一条指令或某一段程序的功能说明。注释项一般写在操作数项之后。如果在操作数项后写不下，则可以另起一行或多行进行解释，但每行都必须以分号“;”开始。

为方便阅读，使所编写程序有序、整齐，一般要求利用空格填空技术将各指令行名字项、操作项、操作数项的第一个字符和注释项前的分号“;”纵向对齐。以下举例说明。

【例 3.1】 假设某单片机系统的一个机器周期为 1 μs，相应设计的 50 ms 延时子程序如下：

```
DEL:     MOV   R7,#200     ;R7 赋计数初值(双重循环外循环)
DEL1:    MOV   R6,#125     ;R6 赋计数初值(双重循环内循环)
DEL2:    DJNZ  R6,DEL2     ;125×2=250 μs(DJNZ 指令执行时间为 2 μs)
         DJNZ  R7,DEL1     ;0.25×200=50 ms
```

```
        RET                ;子程序返回
```

2. 常用伪指令

(1) 定位伪指令

ORG　m

m 为双字节数据。m 指出该伪指令后指令的汇编地址,实际也是生成机器指令的起始存储地址。在一个汇编语言程序中允许使用多次定位伪指令,但其值不应与前面已经生成的机器指令的存放地址相重叠。

(2) 数据赋值伪指令

符号名　EQU　d

d 为单字节或双字节数据或地址。该伪指令把数据或地址值 d 赋给前面的符号名,程序中符号名和 d 是等价的。

(3) 寄存器名赋值伪指令

符号名　EQU　r

r 为寄存器名,它可以是累加器 A 或工作寄存器 R0～R7。该伪指令把指定寄存器名赋给前面的符号名,程序中符号名和指定寄存器名是等价的。

(4) 位地址赋值伪指令

符号名　BIT　n

n 为可寻址位的单字节位地址。地址值可以是十进制或十六进制数。该伪指令把指定位地址赋给前面的符号名,程序中符号名和指定位地址是等价的。

(5) 定义字节伪指令

[标号:]DB X1,X2,…,Xn　或　[标号:]DB '字符串'

Xi 为单字节数据。对由两个单引号所括起来的一个字符串,Xi 的字节长度等于字符串长度,每一个字符均为一个 ASCII 码,如'How are you?'。

该伪指令以给定的字节值初始化一个代码空间区域,把 DB 后面的 X1,X2,…,Xn 或字符串的 ASCII 码依次存放在程序存储器的一个连续存储单元区间。常用于定义一个字节常数表。

(6) 定义字伪指令

[标号:]DW Y1,Y2,…,Yn,Yi 为双字节数据

该伪指令以给定的字(双字节)值初始化一个代码空间区域,把 DW 后面的 Y1,Y2,…,Yn 依次存放在程序存储器的一个连续存储单元区间。常用于定义一个地址表或双字节常数表。

在以上伪指令中:

① m、d、Xi、Yi 可以是数据或简单表达式,数值为十进制数或十六进制数。

② 赋值伪指令必须先定义后使用,一般放在程序的开头。定义字节和字伪指令,一般用在程序当中。

(7) 汇编结束伪指令

END

该伪指令控制汇编过程结束。即使在 END 后面还有指令行,也不再进行处理(汇编)。

3. 常用缩写符号

在描述 51 系列单片机指令系统功能时,需要经常使用下面的缩写符号,其含义如下:

addr 16	16 位地址,64 KB,地址值:0～0FFFFH
addr 11	11 位地址(页面地址),2 KB,为 16 位地址中的低 11 位
rel	相对偏移量,为 8 位补码 - 128～ + 127,256 B,为 16 位地址中的低 8 位
bit	位地址,地址值:0～0FFH
direct	访问内部 RAM、SFR 的 8 位直接地址
(direct)	直接地址单元中的 8 位数据
#data	8 位立即数(常数),数据值:0～0FFH
#data 16	16 位立即数(仅用于为 DPTR 赋值),数据值:0～0FFFFH
A	累加器 ACC
(A)	累加器中的 8 位数据
AB	累加器 ACC 与 B 寄存器组成的寄存器对,仅用于乘除计算
Rn	工作寄存器 R0～R7,n = 0,1,…,7
(Rn)	工作寄存器中的 8 位数据
PC	16 位程序计数器,是不可直接访问的 16 位寄存器
(PC)	PC 的内容是程序执行的 16 位地址
((PC))	由 PC 寻址的程序存储器单元中的 8 位数据
((A) + (PC))	由 A 和 PC 共同作用指出的程序存储器单元中的 8 位数据
DPTR	16 位数据指针,是 DPH、DPL 组成的寄存器对
(DPTR)	DPTR 的内容为访问程序存储器或外部 RAM 及 I/O 的 16 位地址
((DPTR))	DPTR 指出的外部 RAM 或 I/O 单元中的 8 位数据
((A) + (DPTR))	由 A 和 DPTR 共同作用指出的程序存储器单元中的 8 位数据
Ri	8 位数据指针 R0 或 R1 ,i = 0,1
(Ri)	Ri 的内容为访问内/外部 RAM 或外部 I/O 的 8 位地址
((Ri))	Ri 指出的内/外部 RAM 或外部 I/O 单元中的 8 位数据
SP	8 位堆栈指针
(SP)	SP 的内容为访问内部 RAM(堆栈)的 8 位地址
((SP))	由 SP 寻址的 RAM 单元中的 8 位数据
X	寄存器(含 SFR 及可寻址位的位单元),此处累加器 A 用 ACC 表示
(X)	寄存器的内容,字节数据值:0～0FFH,位单元值:0、1
$(\overline{X})$	寄存器内容按位取反,即位变量 1 变 0、0 变 1
→	数据传送符号及传送方向
@	间接寻址符号
$	指本条指令起始地址
+	算术加

-	算术减
*	算术乘
/	算术除
∩	逻辑与
∪	逻辑或
⊕	逻辑异或
=	等于
≠	不等于
<	小于
>	大于
rrr	指令编码中用于确定 R0～R7,对应 000～111
i	指令编码中用于确定@R0、@R1,对应 0、1

注意:在介绍指令系统过程中,在不致引起混淆的状态下,当操作数为字节操作数时,PSW 各标志单元中的内容习惯采用简写方式,如(CY)=1 简写为 CY=1。当操作数为位操作数时,Pi 口各位以及用字节地址表示的位单元中的内容,也经常采用简写方式,如(P1.1)=0 简写为 P1.1=0,((24H).0)=1 简写为(24H).0=1 或 24H.0 等。

3.2 指令寻址方式

51 系列单片机与其他单片机相似,其指令系统的主要寻址方式包括寄存器寻址、直接寻址、寄存器间接寻址、立即寻址、基寄存器加变址寄存器间接寻址 5 种。

3.2.1 寄存器寻址

由指令指出某寄存器的内容作为操作数的寻址方式称为寄存器寻址方式。这些寄存器包括 Rn(即 R0～R7 工作寄存器)、A(累加器 ACC)、AB(仅乘除计算使用,A 与 B 组合寄存器对)、DPTR(数据指针,DPH 与 DPL 组合寄存器对)。以下举例说明立即寻址的应用。

【例 3.2】 假设(R0)=45H,执行指令:

```
INC     R0
```

该指令功能为(R0)+1=45H+1→R0。其中操作数 R0 是寄存器寻址方式。

3.2.2 直接寻址

在指令中直接给出操作数有效地址的寻址方式称为直接寻址方式。该地址给出了参与操作的数据所在的字节单元地址。

直接寻址方式可以访问以字节单元地址出现的 2 个存储空间。一是特殊功能寄存器 SFR(80H～0FFH),这一空间只能采用直接寻址方式访问。在采用直接寻址

方式访问累加器时，必须用 ACC 表示；访问数据指针 DPTR 时，除 INC DPTR 指令外，都要拆分成 DPH、DPL 分别访问。二是内部数据存储器 RAM 的低 128 字节(00H～7FH)。另外，20H～2FH 的 128 个位也可以采用直接寻址方式。以下举例说明直接寻址的应用。

【例 3.3】 假设(70H)＝0FFH，执行指令：

```
MOV      70H,#48H
```

该指令功能为 48H→70H，其中操作数 1 为 70H。直接寻址方式结果为(70H)＝48H。

3.2.3　间接寻址

在指令中将某寄存器的内容作为操作数有效地址的寻址方式称为寄存器间接寻址方式(特别注意：寄存器的内容不是操作数，而是操作数的地址)。能够参与寄存器间接寻址的寄存器包括 Ri(即 R0、R1 工作寄存器)、DPTR、SP。

寄存器间接寻址方式可以访问以字节单元地址出现的 3 个存储空间：一是通过@Ri、@SP(仅 PUSH、POP 指令)访问内部 RAM(0～0FFH)。此时对累加器操作，在采用@SP 寄存器间接寻址方式时，必须用 ACC 表示。二是通过@Ri 访问内部 RAM(0～0FFH)的低 4 位。三是通过@Ri、@DPTR 访问外部 RAM 或 I/O(0～0FFFFH)。因@Ri 只能访问 256 B(字节)范围，即产生地址的低 8 位。因此，在访问地址大于地址低 8 位的情况下，使用@Ri 指针，必须要对 P2 口进行相关操作，以获得相应的高 8 位地址，并且访问外部 RAM 或 I/O 和内部 RAM 的高 128 个字节只能用寄存器间接寻址方式。以下举例说明寄存器间接寻址的应用：

【例 3.4】 假设(A)＝0F0H，(R0)＝5BH，(5BH)＝60H，执行指令：

```
MOV  A,@R0     ;((R0)) = (5BH) = 60H→A。其中操作数 2 为@R0,寄存器间接寻址方式
```

结果：(A)＝60H。实质上，此处 R0 给出的就是一个存储单元的地址，真正需要的操作数存放在这一地址寻址的存储单元中。本例中，5BH 是地址，60H 为真正需要的操作数。

当采用寄存器间接寻址访问外部 RAM 或 I/O 时，其指令与访问内部 RAM 时的指令有所不同。

【例 3.5】 区别指令：

```
MOV       A,@R0          ;((R0))→A。访问内部 RAM
MOVX      A,@R0          ;((R0))x→A。访问外部 RAM 或 I/O,指令操作码中的 X 代表访问
                         ;外部 RAM 或外部 I/O
```

3.2.4　立即寻址

操作数包含在指令字节中的寻址方式称为立即寻址方式，即操作数以指令字节

的形式存放于程序存储器中。以下举例说明立即寻址的应用:

【例 3.6】 执行指令:

```
MOV     DPTR,#45H
```

指令功能:将立即数 0045H 存到特殊功能寄存器 DPTR 中(记为 0045H→DPTR),其中第二操作数是 16 位常数,是立即寻址方式。

3.2.5 基址寄存器加变址寄存器间接寻址

这种寻址方式以 16 位的程序计数器 PC 或数据指针 DPTR 作为基寄存器,以 8 位的累加器 A 作为变址寄存器。基址寄存器和变址寄存器的内容相加形成一个新的 16 位地址,采用该地址作为操作数有效地址的寻址方式称为基址寄存器加变址寄存器间接寻址方式。

基址寄存器加变址寄存器间接寻址方式只能访问以字节单元地址出现的程序存储器空间。以下举例说明。

【例 3.7】 假设(A)=0F0H,(DPTR)=5BH,(014BH)=0C2H,执行指令:

```
MOVC    A,@A + DPTR      ;((A) + (DPTR)) = (F0H + 005BH) = (014BH) = 0C2H→A
```

指令操作码中的 C 代表访问程序存储器。其中操作数 2 为@A+DPTR,是基址寄存器加变址寄存器间接寻址方式,结果:(A)=0C2H。

综上所述,51 系列单片机指令的寻址方式可以概括为立即寻址、寄存器寻址、直接寻址、寄存器间接寻址(简称间接寻址)、基寄存器加变址寄存器间接寻址(简称基址变址寻址)五种方式,表 3-1 为 51 系列单片机寻址方式及相关存储空间简表。

表 3-1 寻址方式及相关存储空间简表

寻址方式	存储空间
立即寻址	程序存储器(常数)
寄存器寻址	R0~R7 A、B、C(CY)、AB(双字节)、DTPR(双字节)
直接寻址	内部 RAM 低 128 字节(0~7FH) 特殊功能寄存器(80H~0FFH) 内部 RAM 位寻址区的 128 个位(0~7FH) 特殊功能寄存器中可寻址的位(80H~0FFH)
寄存器间接寻址	内部数据存储器 RAM(@R0,@R1,@SP(仅 PUSH,POP)) 内部数据存储器单元的低 4 位(@R0,@R1) 外部 RAM 或 I/O 口(@R0,@R1,@DPTR)
基址寄存器加变址寄存器间接寻址	程序存储器(@A+PC,@A+DPTR)

3.3　指令状态标志和类型

3.3.1　指令状态标志

51 系列单片机的 CPU 能够对位、半字节、字节、字数据进行各种操作，包括数据传送、算术运算、逻辑运算、布尔处理、控制转移等操作。为实现各种操作功能，在许多指令的执行过程中需要建立相关数据操作的结果标志，以帮助程序设计人员或 CPU 确定下一个数据操作的指令或动作，进而逐步实现预定的操作功能，最终达到设计目的。

51 系列单片机在特殊功能寄存器(SFR)中设有一个程序状态字寄存器(PSW)用于保存数据操作的结果标志。其字节地址为 D0H，该字节 8 位二进制数中的每一位都能够进行位操作。对应 PSW 位 7～位 0 的位地址为 D7H～D0H，如表 3－2 所列。

表 3－2　PSW 的各个标志位

D7	D6	D5	D4	D3	D2	D1	D0
CY	AC	F0	RS1	RS0	OV	F1	P

CY：进位标志位，又是布尔处理机位操作的累加器 C。如果数据操作结果最高位有进位输出(加法操作时)或借位输入(减法操作)，数据操作结果最高位有进位/借位时，则置“1”CY(或称置位)；否则清零 CY(或称清位)。

AC：辅助进位标志。如果数据操作结果低 4 位有进位(加法操作时)或低 4 位向高 4 位借位(减法操作)，数据操作结果低 4 位有进/借位时，则 AC 置位；否则清零 AC。AC 标志主要用于二-十进制加法的十进制调整。

OV：溢出标志。如果数据操作结果有进位进入最高位，但最高位没有产生进位或最高位产生进位而低位没有向最高位进位，简称数据操作位的位 7 或位 6 之一产生进位，那么 OV 置位，否则清零 OV。OV 标志主要用于补码运算，当两个有符号数运算不能用 8 位二进制数表示时，置位 OV。

P：奇偶标志。这是累加器 ACC 的奇偶标志位。若 ACC 中“1”的个数或“0”的个数为奇数时，则 P 置位，否则 P 清零。P 标志始终伴随 ACC 的内容而变，任何写 PSW 的操作都无法改变 P 标志的值。

RS1、RS0：分别为工作寄存器区域 0～3 区选择的高位、低位。

F0、F1：分别为用户软件标志位，其功能与内部 RAM 的 20H～2FH 的 128 个位相似。其中 F1 在 51 内核的扩展单片机芯片中，有可能用作其他标志。

3.3.2 指令类型

51 系列单片机汇编语言有 42 种操作码助记符用于描述 33 种操作功能。一种操作可以使用一种以上的数据类型(如位型、字节型、字型),又由于助记符可以定义所访问的存储空间,因此一种功能可能有几个助记符(如 MOV、MOVX、MOVC)。功能助记符与寻址方式相组合,共得到 111 条指令。

操作数类型与指令类型密切相关。操作数类型:操作数按操作对象存放位置可分为立即数、寄存器数、存储器数 3 类。操作数还可根据其在指令中的位置分为操作数 1、操作数 2、操作数 3 和隐含操作数(在指令中不出现但会用到)。在数据传送和运算等操作中,又有单操作数和双操作数之分。在单操作数情况下,该操作数往往既用于操作又用于存放操作结果。对双操作数,根据操作数的作用可分为目的操作数(操作数 1,该操作数一般既参与操作又用于存放操作结果)和源操作数(操作数 2,该操作数一般仅取出数据参与操作,数值始终不变)。操作数根据数据类型分为字节型(1B)、字型(2B)、位型(1b)。51 系列单片机为 8 位 CPU,操作数绝大多数为单字节操作数,少数是位型,只有在为数据指针 DPTR 赋值,以及用伪指令定义一个 16 位地址表或双字节常数表时,其操作数才是字操作数。

指令类型:指令按级别分为机器级、汇编级指令。指令按操作数的个数分为零地址(无操作数)、一地址(1 个操作数)、二地址(2 个操作数)和三地址(3 个操作数)指令。指令按是否转移分为转移(或调用)、顺序指令。51 系列单片机最常用的指令分类是按指令长度、指令执行时间、指令功能分类。

① 按指令长度分类:共有 49 条单字节、46 条双字节、16 条 3 字节指令。单、双字节指令占绝大多数,说明指令对存储空间的依赖程度较小。3 字节指令中,多数为控制转移类指令。在分析判断指令长度时,遇到操作数是 Rn、A、AB、DPTR、C、@Ri、@DPTR 、@A+PC、@A+DPTR 的其中之一(或之二)时,操作数隐含在操作码中。即上述情况中,操作数与操作码合用一个字节。遇到操作数是 # data、direct、bit、rel、addr11 时,每出现一个这样的操作数就占用 1 个操作数字节。遇到操作数是 # data16、addr16 时,一个操作数要占用两个操作数字节。

② 按指令执行时间分类:共有 64 条单机器周期、45 条双机器周期、2 条 4 机器周期指令。单、双周期指令占绝大多数,说明这些指令执行速度较快。2 条 4 周期指令分别是乘法、除法指令。造成乘除运算用时较多的原因是计算机 CPU 中只有加法器,减法可以利用补码性质做加法来完成,乘除运算则要利用加/减法运算+移位控制来完成,所以乘除运算速度较慢。

③ 按指令功能分类:共有 28 条数据传送、24 条算术运算、25 条逻辑运算、12 条位操作、22 条控制转移指令。其中数据传送、算术运算、逻辑运算类指令,包括位操作类指令都认为是操作数寻址方式;控制转移类指令(包括有关调用与返回指令)除空操作指令外均为指令地址寻址方式。

进行程序设计时，在重视算法、优化程序结构等方面的同时，还要注意指令的运用。在操作功能相同情况下，良好的指令运用，将能够节省存储空间、降低执行时间，进而提高计算机存储空间利用效率和运行速度。

【例 3.8】 假设工作寄存器工作在 0 区，R2 对应内部 RAM 的 02H 单元，如果程序设计要求将累加器 A 的内容送入 R2，则以下 4 条指令均可实现：

```
① MOV   02H,ACC   ;两个操作数均为直接寻址
② MOV   R2,ACC    ;R2 为寄存器寻址,ACC 为直接寻址
③ MOV   02H,A     ;02H 为直接寻址,A 为寄存器寻址
④ MOV   R2,A      ;两个操作数均为寄存器寻址
```

它们的存储空间的利用率和执行速度明显有差别：自第一条指令开始，从差到优，依次排列。上述指令中，ACC 还可以用它的字节地址 0E0H 取代。同理，SFR 中的其他寄存器在指令中也可以用其字节地址代替，但一般用 SFR 名。

3.4　数据传送指令

绝大多数指令都有操作数，所以数据传送是一种最基本最重要的操作之一。51 系列单片机提供了比较丰富的数据传送指令，使得数据传送操作可以在累加器(A)、工作寄存器(Rn)、特殊功能寄存器(SFR)、内部数据存储器(RAM)、外部数据存储器 RAM/IO 和程序存储器之间进行。如图 3－1 所示，51 系列单片机能够实现的数据传送操作中对 A、Rn 的操作最多，而累加器 A 是 CPU 最重要的寄存器。

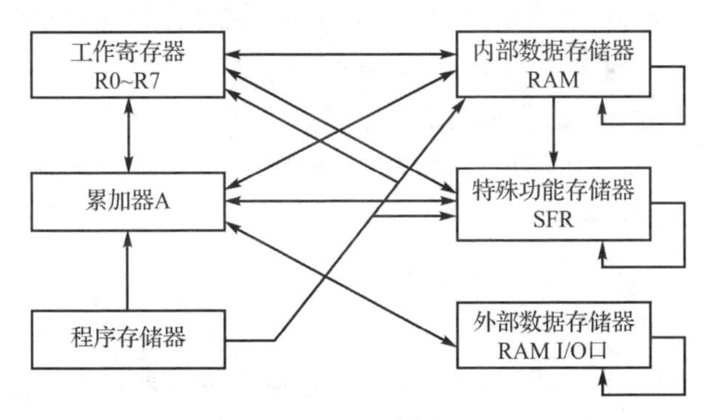

图 3－1　数据传送操作

3.4.1　内部数据传送指令

内部数据传送的范围包括累加器(A)、工作寄存器(Rn)、特殊功能寄存器(SFR)、内部数据存储器(RAM)。

1. 数据传送指令

指令集合：MOV　A/Rn/@Ri/direct，direct/＃data

MOV Rn/@Ri/direct,A
MOV A/direct,Rn/@Ri
MOV DPTR,#data16

其中,MOV 为数据赋值指令助记符。

指令功能:这组指令完成数据赋值功能,即将源操作数的数值传送给目的操作数。

注　意:

① 上述指令中当目的操作数为 ACC 时,只影响 P 标志,其余指令不影响标志。

② #data 不能作为目的操作数。作为源操作数,#data 可用十进制数或十六进制数表示,用十六进制数表示时,若高位大于 9,则必须在前面加"0"。

③ 通过 direct 对 Pi 口(P0～P3)作为源操作数的读操作,读出的是引脚状态,不是口锁存器内容。对 Pi 口作为目的操作数的写操作,永远是写口锁存器内容。

【例 3.9】 以下分别介绍这组指令:

```
MOV  A,#20H      ;功能:20H→A
MOV  A,20H       ;功能:(20H)→A
```

上述两条指令中,目的操作数中的 A 为寄存器寻址,并隐含在操作码中。源操作中的#20H、20H 分别为立即寻址和直接寻址。

```
MOV  R1,#32      ;功能:32→R1
MOV  R6,32       ;功能:(32)→R6
```

上述两条指令中,目的操作数中的 Rn 为寄存器寻址,并隐含在操作码中。当源操作分别采用立即寻址和直接寻址时,相应操作码分别为 78H～7FH 与 A8H～AFH。此处源操作数用 32,代表的是十进制数,相应的十六进制数为 20H。源操作数采用直接寻址时,实际访问的是内部 RAM 的 20H 单元。直接寻址时,若操作数在 00H～7FH 范围内,则均为访问内部 RAM 低 128 字节。

```
MOV  @R0,#80H      ;功能:80H→(R0)
MOV  @R1,P0        ;功能:(P0)→(R1)
```

上述两条指令中,目的操作数@Ri 为寄存器间接寻址,并隐含在操作码中。当源操作数分别采用立即寻址和直接寻址时,相应操作码分别为 76H、77H 与 A6H、A7H。此处源操作数 P0 是 SFR,相应字节地址为 80H。直接寻址时,若操作数在 80H～0FFH 范围内,则均为访问 SFR。寄存器间接寻址时,可以访问内部 RAM 的 00H～0FFH 这 256 个字节。

```
MOV  0A8H,#128  ;功能:128→A8H
MOV  IE,80H     ;功能:(80H)→IE
```

上述两条指令中,目的操作数为直接寻址,A8H 就是 IE 的字节地址。当目的、源

操作数均采用直接寻址时，操作数代码摆放位置与其他 3 个字节指令顺序摆放相反：源操作数在前，目的操作数在后。80H 是 P0 的字节地址，(80H)→IE 就是(P0)→IE。

```
MOV  R5,A     ;功能:(A)→R5
MOV  @R1,A    ;功能:(A)→(R1)
MOV  70,A     ;功能:(A)→70
```

上述 3 条指令中，Rn 、A 、@Ri 均隐含在操作码中。当源操作数为 A ，目的操作数分别为 Rn、@Ri 时，相应的操作码分别为 F8H～FFH 与 F6H、F7H。

```
MOV  A,R5       ;功能:(R5)→A
MOV  A,@R0      ;功能:((R0))→A
MOV  66,R2      ;功能:(R2)→66
MOV  66H,@R0    ;功能:((R0))→66H
```

上述 4 条指令中，当目的操作数为 A，源操作数分别为 Rn、@Ri 时，相应的操作码分别为 E8H～EFH 与 E6H、E7H。当 DST 为 direct，SRC 分别为 Rn、@Ri 时，相应的操作码分别为 88H～8FH 与 86H、87H。

```
MOV  DPTR,#1234H   ;功能:1234H→DPTR
```

这一指令是为数据指针 DPTR 赋值的指令，也是 51 系列单片机唯一的一条 16 位数据赋值指令。DPTR 由 SFR 中的 DPH、DPL 合并组成。上述指令执行后，(DPH)＝12H，(DPL)＝34H，相当于执行了 MOV DPH，#12H 和 MOV DPL，#34H 两条指令。

【例 3.10】　设(70H)＝60H，(60H)＝20H，P1 为输入口，当前输入状态为 B7H，试求执行下面程序后各单元的结果。

```
MOV  R0,#70H     ;70H→R0
MOV  A,@R0       ;((R0)) = (70H) = 60H→A
MOV  R1,A        ;60H→R1
MOV  B,@R1       ;((R1)) = (60H) = 20H→B;B是直接而非寄存器寻址方式
MOV  @R0,P1      ;B7H→(R0),相当 B7H→70H
SJMP $           ;循环执行本指令,功能相当于暂停
```

结果：(70H)＝ B7H，(B)＝ 20H，(R1)＝60H，(R0)＝70H。

2. 堆栈操作指令

51 系列单片机的内部 RAM 在 000H～0FFH 范围中设立了一个先进后出、后进先出的堆栈。在内部 RAM 存储空间上，这一堆栈是向上生成(地址值增加)的。同时，在特殊功能寄存器(SFR)中存在一个堆栈指针(SP)，它指出栈顶的位置。初始化状态下(SP)＝07H。考虑 00H～1FH 为工作寄存器区，20H～2FH 为位标志区，通常堆栈设置在 030H～0FFH。因此，程序设计时，一般需要对 SP 重新赋值。

指令集合:PUSH/POP　direct

其中,PUSH 是进栈指令助记符;POP 是出栈指令助记符。

指令功能:PUSH 指令首先是堆栈指针 SP+1,然后把直接地址指出的内容传送到堆栈指针(SP)寻址的内部 RAM 中,即(SP)+1→SP,(direct)→(SP)。而 POP 指令首先将堆栈指针寻址的内部 RAM 单元内容送入直接地址指出的字节单元中,然后堆栈指针 SP−1,即((SP))→direct,(SP)−1→SP。

注　意:

① POP ACC 只影响 P 标志。其余指令不影响标志。

② 上述指令操作数采用直接寻址方式,故均为双字节指令。能够对内部 RAM 的低 128 个字节(00H~7FH)和包括 ACC、B、PSW、DPH、DPL 等在内的 SFR(80H~0FFH)进行访问。

③ 确定堆栈位置后,应将 SP 赋值为堆栈起始地址−1。

④ 对 Pi 口,保护的是引脚状态,恢复的是口锁存器内容。

以下分别介绍这两条指令的使用。

假设(SP)=6BH,(40H)=20H,(6CH)=0ABH,执行下面的指令:

```
PUSH  40H     ;功能:(SP) + 1 = 6CH→SP,(40H)→6CH
```

结果:(SP)=6CH,(40H)=20H,(6CH)=20H。

假设(SP)=6BH,(P1)=0A2H,(6BH)=0AH,执行下面的指令:

```
POP  P1     ;功能:((SP))→P1,(SP) - 1 = 6AH→SP
```

结果:(SP)=6AH,(P1)=0AH,(6BH)=0AH。

上面这条出栈指令使用时,P1 是 SFR,其字节地址为 90H。

进、出栈指令使用的基本原则就是成对使用,有进有出,否则容易造成堆栈区域混乱,进而导致程序无法正常运行,严重时甚至导致程序失效,系统瘫痪。进栈指令常用于调用时的 CPU 保护现场,出栈指令常用于调用返回前的 CPU 恢复现场。例如,进栈指令一般位于中断服务程序的开头部分,出栈指令一般位于中断服务程序返回指令之前。保护现场、恢复现场必须遵循先进后出、后进先出的原则对称进行。堆栈操作还可以进行数据传送和数据交换。以下举例说明堆栈指令的上述应用。

【例 3.11】 某系统主程序中 Rn 工作在 0 区,堆栈设置在 70H~7FH,即(SP)=6FH。中断服务程序中要使用 Rn、A、PSW 等 10 个寄存器,为此希望在中断服务程序中保护这些寄存器的内容,试编写符合这些要求的中断程序中保护现场、恢复现场的有关指令。

```
PF0:  PUSH   ACC   ;保护现场(PF0 是中断程序的名字,也是起始地址标记)
      PUSH   PSW   ;(因 Rn 原在 0 区工作,RS1、RS0 为"00")
      SETB   RS0   ;RS0 置"1",使 Rn 工作在 1 区,保护 Rn 的 0 区内容
                   ;中断处理(处理中断要解决的实际问题)
```

```
POP    PSW   ;恢复现场(恢复了 RS0 的"0", Rn 返回 0 区工作)
POP    ACC
RETI         ;中断返回
```

上述指令实际构成了一个完整的中断服务程序框架,它由保护现场、中断处理、恢复现场、中断返回 4 部分组成。在保护现场与恢复现场上也体现了进、出栈指令的成对、对称使用。同时,保护和恢复工作寄存器 Rn 内容一般不使用进、出栈指令,这既节省了有限的内存空间,又加快了程序运行速度。这也是 Rn 设置多个工作区域的目的。若要实现中断嵌套功能,对于 Rn 则可能还要开辟新的工作区域。

【例 3.12】 假设(SP)=7(初始化状态),程序要求堆栈设置在 60H～7FH。此时(A)=32H,(P3)=40 ,(DPH)=10,(B)=23H,试问执行以下指令后,各相关寄存器的内容如何?

```
MOV     SP,#5FH    ;5FH→SP。设置栈顶,堆栈从 60H 开始放数
PUSH    ACC        ;(SP) + 1 = 60H→SP,(A)→60H
PUSH    P3         ;(SP) + 1 = 61H→SP,(P3)→61H
POP     DPH        ;((SP))→DPH,(SP) - 1 = 60H→SP
POP     B          ;((SP))→B,(SP) - 1 = 5FH→SP
SJMP    $          ;等待
```

结果:(SP)=5FH,(A)=32H,(P3)=28H,(DPH)=28H,(B)=32H。

上述程序段: 一是设置了栈顶,明确了堆栈设置在 60H 开始的区域,这对系统程序来说是必须要做的工作,因为在初始化状态下(SP)=07H,实际上是将堆栈区设置在 08H 开始的区域,直接占用了 Rn 的工作 1 区,甚至 2 区、3 区和位标志区(20H～2FH),这对大多数应用场合来说是不能容忍的;二是相当完成了两次数据传送,即(P3)→DPH,(A)→B。

【例 3.13】 以下是采用堆栈指令编写的一个将 A、B 寄存器内容进行数据交换的程序段。

```
PUSH   ACC
PUSH   B
POP    ACC
POP    B
SJMP   $
```

3. 字节交换指令

指令集合:XCH　A,Rn/@Ri/direct。其中,XCH 是字节交换指令助记符。

指令功能:这组指令完成累加器(A)与寄存器、寄存器间接寻址单元或直接地址单元中内容的字节交换。

注　意:

① 只影响 P 标志。

② 对Pi口,引脚状态→A,(A)→口锁存器。

以下分别介绍这组指令:

```
XCH  A,R1    ;(A)↔(R1)
XCH  A,@R1   ;(A)↔((R1))
XCH  A,40H   ;(A)↔(40H)
```

上述指令中XCH A,Rn的操作码为C8H～CFH,XCH A,@Ri的操作码为C6H、C7H。

【例3.14】 假设(A)=25H,(R5)=0A9H,(R0)=50H,(50H)=44H,(77H)=0,试求下列程序段执行后各寄存器和直接寻址单元中的内容:

```
XCH    A,R5    ;(A) = 0A9H,(R5) = 25H
XCH    A,@R0   ;(A) = 44H,(50H) = 0A9H
XCH    A,77H   ;(A) = 00H,(77H) = 44H
SJMP   $
```

结果:(A)=00H,(R5)=25H,(R0)=50H,(50H)=0A9H,(77H)=44H。

4. 半字节交换指令

指令集合:XCHD A,@Ri。其中,XCHD是低半字节交换指令助记符。

指令功能:这一指令完成累加器(A)低4位与寄存器间接寻址单元中内容低4位的半字节交换。

注意:只影响P标志。

以下介绍这一指令:

XCHD A,@R1 ;功能:$(A)_{0\sim3}$↔$((R1))_{0\sim3}$

上述指令中XCHD A,@Ri的操作码为D6H、D7H。

【例3.15】 假设(A)=25H,(R0)=50H,(50H)=44H。试求执行下述指令后各寄存器和直接寻址单元中的内容:

```
XCHD  A,@R0  ;(A) = 24H,(50H) = 45H
```

结果:(A)=24H,(R0)=50H,(50H)=45H。

3.4.2 外部数据传送指令

指令集合:MOVX A,@DPTR/@Ri 输入指令
　　　　　MOVX @DPTR/@Ri,A 输出指令

其中,MOVX为外部数据存储器赋值指令助记符;X代表外部数据存储器。

指令功能:这组指令是用来实现CPU内部数据通过累加器(A)与外部RAM(含外部I/O接口)数据进行双向传送的指令,包括输入和输出各两条指令。@DPTR形成16位地址,寻址范围为0000H～0FFFFH。@Ri形成16位地址中的低8位地

址,寻址范围:00H～0FFH。

注　意:

① 输入指令只影响 P 标志,输出指令不影响标志。

② 由于@Ri 只能寻址地址的低 8 位,故当采用@Ri 寻址 16 位地址时,必须对 P2 口锁存器先送地址高 8 位。

③ 对外部 RAM 还是外部 I/O 的操作,由系统所设计的硬件电路地址分配决定。

以下介绍这组指令:

```
MOVX  A,@R1      ;功能:((R1))X→A
MOVX  A,@DPTR    ;功能:((DPTR))X→A
MOVX  @R1,A      ;功能:(A)→(R1)X
MOVX  @DPTR,A    ;功能:(A)→(DPTR)X
```

上述指令中,MOVX A,@Ri 的操作码为 E2H 、E3H。MOVX @Ri,A 的操作码为 F2H 、F3H。其中,Ri 是 8 位数据指针;DPTR 是 16 位数据指针。

【例 3.16】 以下指令可以实现将内部 RAM 的 0A0H 单元的内容传送给外部 RAM 的 40H 单元的功能:

```
MOV     R0,#40H  ;建立 8 位数据指针,指向外部 RAM 的 40H 单元
MOV     A,0A0H   ;从内部 RAM 的 0A0H 单元取数
MOVX    @R0,A    ;输出数据到外部 RAM40H 单元
SJMP    $
```

如果是连续 n 个数据传送,一般采用循环程序传送,此时内、外部 RAM 都要设立数据指针。此例用 R0 作外部 RAM 数据指针,R1 就可作内部 RAM 数据指针。n 个数据内部之间或外部之间的传送,同样需要建立两个数据指针。

【例 3.17】 使用以下指令实现将外部 RAM 的 0040H 单元的内容传送给内部 RAM 的 0A0H 单元的功能。

分析:此例与【例 3.16】的区别有两点:一是上例对 CPU 来说是输出,本例是输入;二是上例外部 RAM 地址用 8 位表示,本例用 16 位表示。

方法 1:用 DPTR 作数据指针。

```
MOV     DPTR,#40H  ;建立 16 位数据指针,指向外部 RAM 的 0040H 单元
MOVX    A,@DPTR    ;从外部 RAM 的 0040H 单元取数
MOV     0A0H,A     ;输入数据到内部 RAM 的 0A0H 单元
SJMP    $
```

方法 2:用@Ri 作数据指针(此时必须通过 P2 口来建立地址高 8 位)。

```
MOV     P2,#0      ;建立外部 RAM 的 0040H 单元地址高 8 位
MOV     R1,#40H    ;建立 8 位数据指针,指向外部 RAM 的 0040H 单元地址低 8 位
```

```
MOVX    A,@R1       ;从外部 RAM 的 0040H 单元取数
MOV     0A0H,A      ;输入数据到内部 RAM 的 0A0H 单元
SJMP    $
```

3.4.3 查表指令

指令集合:MOVC A,@A+PC/@A+DPTR。其中,MOVC 为程序存储器赋值指令助记符,C 代表程序存储器。

指令功能:这两条指令分别以 PC、DPTR 作为基址寄存器,累加器 A 作变址寄存器,将 A 的内容作为无符号数和 PC 的内容(本指令执行后下一条指令的起始地址)或 DPTR 的内容相加后得到一个 16 位的地址,由该地址指出的程序存储器单元的内容送累加器 A 的操作。

注　意:

① 只影响 P 标志。

② 采用 PC 作为基址寄存器时,当前的 PC 值是由该指令的存储地址确定的,而变址寄存器 A 的内容为 0～255,故(A)+(PC)所得到的地址只能在该指令以下的 256 个单元的地址范围内,因此所查的表格也只能存放在该指令以下的 256 个单元之内。表格大小和位置因此受限。而采用 DPTR 作为基址寄存器时,该指令执行结果只和数据指针 DPTR 和变址寄存器 A 的内容有关,而与该指令的存放地址无关。因此,表格大小和位置是可以在 64 KB 程序存储器中任意安排。只要在查表前对 DPTR、A 赋值并执行 MOVC A,@A+DPTR 指令,而无论这些指令存放在表格以外的任何存储地址,都能实现对同一表格的查询,这就使一个表格可被各个程序块共用。

以下介绍这两条指令的应用。

采用 PC 作为基址寄存器时:假设(A)=30H,而 MOVC A,@A+PC 指令的存放地址为 1000H。执行如下指令:

```
MOVC   A,@A + PC      ;功能:((A) + (PC))→A
```

因为指令存放地址为 1000H,指令长度为一个字节,所以当前 PC=1000H+1=1001H,(A)+(PC)=1001H+30H=1031H。

结果:将程序存储器中 1031H 单元的内容送入 A。

采用 DPTR 作为基址寄存器时:假设(A)=30H,(DPTR)=1000H,执行如下指令。

```
MOVC   A,@A + DPTR      ;功能:((A) + (DPTR))→A
```

结果:将程序存储器中 1030H 单元的内容送入 A。

执行这一指令前,如果(A)=32H,(DPTR)=0FFEH 或(A)=2AH,(DPTR)=1006H,其结果都是将程序存储器中 1030H 单元的内容送入 A,并且指令

MOVC A,@A+DPTR 可以放在表格以外程序的任意地址。很明显,采用 DPTR 作为基址寄存器时使用更方便。

【例 3.17】 假设程序设计时,在 8030H 开始的单元中放置了一个 9～0 的 ASCII 码表,采用 PC 作为基址寄存器时,查表程序放置在 8000H 开始的单元中,请问执行下列程序后,A 的内容是什么?

```
ORG     8000H            ;程序起始地址定位在 8000H
MOV     A,#2FH           ;机器代码:EAH2FH
MOVC    A,@A+PC          ;机器代码:83H
ORG     8030H
DB      '9876543210'     ;表格起始地址定位在 8030H
```

结果:将 8000H+3+2FH=8032H 所对应的程序存储器单元中的 ASCII 码“7”(即 37H)送 A。

图 3-2 为指令和数据代码在程序存储器中的存放示意图。

地址	内容
8000H	EAH
8001H	2FH
8002H	83H
8003H	
	⋮
8030H	39H
8031H	38H
8032H	37H
8033H	36H
	⋮

图 3-2　代码存放示意图

对此例,关键要掌握两点:一是 MOVC A,@A+PC 指令中的 PC 值是执行完这条指令后的地址(当前 PC)值;二是从程序起始地址开始到 MOVC A,@A+PC 指令为止共执行了几条指令,然后计算这些指令的长度再加上起始地址,就得到当前 PC 值。最后加上 A 的数值,就得到查表对存储应单元的地址值。

3.5　算术运算指令

3.5.1　加减指令

1. 加法指令、减法指令

指令集合:ADD/ADDC/SUBB A,Rn/@Ri/direct/#data。其中,ADD 是加法指令助记符;ADDC 是带进位加法指令助记符;SUBB 是带借位减法指令助记符。

指令功能:加法指令组:目的操作数+源操作数→目的操作数。带进位加法指令组:目的操作数+源操作数+CY→目的操作数。带借位加法指令组:目的操作数—源操作数-CY→目的操作数。并且,本指令集合中的操作数均为无符号数。

注　意:

① 对标志的影响:位 7 有进/借位,CY=1,否则 CY=0。位 3 有进/借位,AC=1,否则 AC=0。位 6 或位 7 其中之一有进/借位,则 OV=1,否则 OV=0。ACC 中“1”或“0”的个数为奇数时,则 P=1,否则 P=0。

② 对 Pi 口,引脚状态是加数或减数。

以下分别介绍这 3 组指令。

```
ADD     A,Rn          ;(A) + (Rn)→A
ADD     A,@Ri         ;(A) + ((Ri))→A
ADD     A,direct      ;(A) + (direct)→A
ADD     A,#data       ;(A) + data →A
ADDC    A,Rn          ;(A) + (Rn) + CY→A
ADDC    A,@Ri         ;(A) + ((Ri)) + CY→A
ADDC    A,direct      ;(A) + (direct) + CY→A
ADDC    A,#data       ;(A) + data + CY→A
SUBB    A,Rn          ;(A) - (Rn) - CY→A
SUBB    A,@Ri         ;(A) - ((Ri)) - CY→A
SUBB    A,direct      ;(A) - (direct) - CY→A
SUBB    A,direct      ;(A) - (direct) - CY→A
SUBB    A,#data       ;(A) - data - CY→A
```

【例 3.18】 假设(A)=77H,(R1)=0ADH。执行如下指令:

```
ADD  A,R1
```

```
                          位7～位0的进位情况
           (1 1 1 1 1 1 1 1)
  (A) =       0 1 1 1 0 1 1 1    B
 (R1) =     + 1 0 1 0 1 1 0 1    B
CY(A) =     1 0 0 1 0 0 1 0 0    B
```

结果:计算 77 H+ADH=124H(即 100100100B),相当于十进制数 119+173=292。计算结果中 124H 的最高位“1”超出了 8 位二进制数能够表示的范围,是两个 8 位二进制数相加的进位数值,实质就是 CY 的内容;124H 中的“24H”才是 A 的内容,并且 A 中内容“1”或“0”的个数为偶数。同时,在计算过程中,位 3、位 6、位 7 均有进位。所以指令执行后:(A)=24H,CY=1,AC=1,OV=0,P=0。

【例 3.19】 假设(A)=76H,(R0)=55H,(55H)=40H。执行如下指令:

```
ADD  A,@R0
```

```
                          位7～位0的进位情况
             (0 1 0 0 0 0 0 0)
    (A) =       0 1 1 1 0 1 1 0    B
 ((R0)) =     + 0 1 0 0 0 0 0 0    B
 CY、(A) =      0 1 0 1 1 0 1 1 0    B
```

结果:在计算过程中,只有位 6 有进位,计算后低 8 位中“1”或“0”的个数为奇数。所以指令执行后:(A)=B6H,CY=0,AC=0,OV=1,P=1。

【例 3.20】 假设(A)=76H,(70H)=8BH,CY=1。执行如下指令:

```
ADDC  A,70H
```

```
                          位7～位0的进位情况
            (1 1 1 1 1 1 1 0)
   (A)=       0 1 1 1 0 1 1 0      B
 (70H)=     + 1 0 0 0 1 0 1 1      B
    CY=     +               1
CY、(A)=    1 0 0 0 0 0 0 1 0      B
```

结果：在计算过程中，位 3、位 6、位 7 有进位，计算后低 8 位中“1”或“0”的个数为奇数。因此，指令执行后：(A)=2，CY=1，AC=1，OV=0，P=1。

【例 3.21】 试编写程序完成(R1)(R0)+(R3)(R2)→(R5)(R4)的功能，并假设运算结果无进位。程序如下：

```
MOV   A,R0
ADD   A,R2
MOV   R4,A        ;此时不带进位计算,用 ADD 指令
MOV   A,R1
ADDC  A,R3        ;前面加法可能有进位,用 ADDC 指令
MOV   R5,A
SJMP  $
```

如果 Rn 工作在 1 区，此例相当完成了(09H)(08H)+(0BH)(0AH)→(0DH)(0CH)的功能。当然，也可用对 08H～0DH 单元采用直接寻址的方式编写完成这一功能的程序。

【例 3.22】 假设(A)=76H，CY=1。执行如下指令：

```
SUBB   A,#8BH
```

```
                          位7～位0的借位情况
            (1 0 0 0 1 0 1 1)
   (A)=       0 1 1 1 0 1 1 0      B
  data=     - 1 0 0 0 1 0 1 1      B
    CY=     -               1
            1 1 1 1 0 1 0 1 0      B
```

结果：以上计算 76H<8BH+1，不够减，必须向高位(位 8)借位，相当执行 176H－8CH=EAH。计算过程中，位 3、位 7 有借位，计算后低 8 位中“1”或“0”的个数为奇数。因此，指令执行后：(A)=EAH，CY=1，AC=1，OV=1，P=1。

因为没有不带借位的减法指令，所以实际应用中，SUBB 指令前一般需用 CLR C 指令将 CY 清零。

【例 3.23】 假设以下减法运算结果有借位，试编写程序完成(31H)(30H)－(34H)(33H)→(32H)(31H)(30H)的功能(借位位存放在 32H 单元)。程序如下：

```
CLR    C          ;位累加器 CY 清零,使 CY = 0
MOV    A,30H
SUBB   A,33H
```

```
MOV     30H,A
MOV     A,31H
SUBB    A,34H
MOV     31H,A
CLR     A          ;累加器 A 清零,使 (A) = 0
ADDC    A,#0       ;CY→A。本处可用 RLC A 指令取代
MOV     32H,A      ;借位位存放于 36H 单元
SJMP    $
```

以【例 3.21】【例 3.23】实现两个双字节无符号数的加减运算。【例 3.21】使用寄存器存放数据,优点:寄存器寻址方式有利于减少机器代码长度,提高程序存储器使用效率。缺点:寄存器数量有限。【例 3.23】使用内部 RAM 存放数据,优点是内部 RAM 单元相对寄存器数量要多,缺点是使用直接寻址方式产生的机器代码长度较长,程序存储器使用效率较低。

要实现两个多于 2B 的无符号数加减运算,若仍用上述顺序程序,则会使得程序过长,此时一般采用循环程序进行,并用@Ri 或@DPTR(数据在外部 RAM 或 I/O 时)当地址指针。考虑按字节进行加减运算过程中可能产生的进位,为此要求循环程序中使用 ADDC/SUBB 指令,并事先在循环体外用 CLR C 指令将 CY 清零。

2. 增 1 指令、减 1 指令

指令集合:INC/DEC A/Rn/@Ri/direct/DPTR(注意:无 DEC DPTR 指令)

其中,INC 是增 1 指令助记符;DEC 是减 1 指令助记符。

指令功能:增 1 指令组:操作数+1→操作数;减 1 指令组:操作数-1→操作数。

注 意:

① 对 ACC 操作只影响 P 标志,其他指令不影响标志。

② 对 8 位操作数:0FFH 增 1 后变为 0;对 0 减 1 后变为 0FFH。同理,对 16 位操作数(DPTR):0FFFFH 增 1 后变为 0。

③ 修改 Pi 口时,修改的是口锁存器内容,而不是引脚状态。

以下逐条介绍这些增 1 指令、减 1 指令。

```
INC  A        ;(A) + 1→A
INC  Rn       ;(Rn) + 1→Rn
INC  @Ri      ;((Ri)) + 1→(Ri)
INC  direct   ;(direct) + 1→direct
INC  DPTR     ;(DPTR) + 1→DPTR
DEC  A        ;(A) - 1→A
DEC  Rn       ;(Rn) - 1→Rn
DEC  @Ri      ;((Ri)) - 1→(Ri)
DEC  direct   ;(direc) - 1→direct
```

由于没有 DEC DPTR 指令,故当 DPTR 低 8 位不为 00H 时,可用 DEC DPL 指

令实现 DPTR－1→DPTR 的功能。

【例 3.24】 假设(A)＝30H,(R3)＝ABH,(R1)＝80H,(80H)＝0FFH,(72H)＝0,(DPTR)＝123H。求执行下列指令后的结果：

```
INC  A
INC  @R1
INC  DPTR
DEC  R3
DEC  72H
```

结果：(A)＝31H,(R3)＝AAH,(R1)＝80H,(80H)＝00H,(72H)＝0FFH,(DPTR)＝0124H。

3. 十进制调整指令

指令集合：DA A。其中，DA 是十进制调整指令助记符。

指令功能：当操作数采用 BCD 码进行加法运算时，这条指令是根据上一条加法指令(计算机内部执行的是二进制加法运算)的结果进行调整，将它重新调整为压缩 BCD 码表示的数。

这条指令执行的原理如下：当前面加法指令执行后累加器(A)的低 4 位大于 9 或辅助进位标志 AC＝1 时，对累加器(A)低 4 位执行加 6 操作；若加法指令执行后累加器(A)的高 4 位大于 9 或进位标志 CY＝1 时，对累加器(A)的高 4 位执行加 6 操作。因此，累加器(A)在本指令中实际执行的是加 00H 或 06H 或 60H 或 66H 的操作。

注　意：

① 紧跟加法指令之后。

② 影响所有标志。

【例 3.25】 假设(A)＝81H,(R5)＝89H。执行如下指令：

```
ADD  A,R5          ;(A) = 0AH(高 4 位<9,低 4 位>9),CY = 1,AC = 0
DA   A             ;A 的高 4 位和低 4 位都加 6
```

结果：(A)＝70H，CY＝1。即 BCD 码加法：81H＋89H＝170H，表示十进制数 170。

如果上例不用 DA A 指令调整，则认为是二进制数加法：81H＋89H＝10AH，相当于十进制数的 129＋137＝266。

3.5.2　乘除指令

指令集合：MUL/DIV AB。其中，MUL 是乘法指令助记符；DIV 是除法指令助记符。

指令功能：MUL 为无符号数整数乘法(A)(B)，16 位积的高、低字节分别在 B、ACC 中。DIV 为无符号数整数除法(A)/(B)，商的整数在 ACC 中，余数在 B 中。

注意:CY=0,影响 P 标志,不影响 AC 标志。对 OV 标志:乘法乘积大于 0FFH 时,OV=1(表示乘积超过一个字节十进制数能够表示的范围),否则 OV=0;除法若原来除数 B=0,则存放结果的 A 和 B 中内容都不确定,此时 OV=1,否则 OV=0。

【例 3.26】 假设(A)=0A0H,(B)=50H。执行如下指令:

```
MUL  AB        ;(A) × (B) = 0A0H50H→BA
```

结果:乘积高字节(B)=32H,乘积低字节(A)=00H,即 0A0H50H=3200H。相当于十进制数乘法 160×80=12 800。

【例 3.27】 假设(A)=0A0H,(B)=22H。执行如下指令:

```
DIV  AB        ;(A)/(B) = 0A0H/22H→A 及 B
```

结果:商整数(A)=4,余数(B)=18H。相当于十进制数乘法 160÷34,商整数=4,余数=24。

3.6 逻辑运算指令

3.6.1 ACC 的逻辑操作指令

1. 清 A 指令

指令集合:CLR A。其中,CLR 是清零指令助记符。

指令功能:将累加器(A)的内容清零,即 0→A。

注意:只影响 P 标志。

【例 3.28】 假设(A)=0A0H。执行如下指令:

```
CLR  A  ;0→A
```

结果:(A)=0。

2. A 内容取反指令

指令集合:CPL A。其中,CPL 是取反指令助记符。

指令功能:将累加器(A)的内容按位逐一取反,如果原来是 1 就变 0,原来是 0 就变 1,即$\overline{(A)}$→A。

注意:不影响标志。

【例 3.29】 假设(A)=0A0H=10100000 B。执行如下指令:

CPL A;　　　$\overline{(A)}$→A

结果:(A)=01011111 B=5FH。

3. A 内容循环移位指令

指令集合:RL/RR A。其中,RL 是左环移指令助记符;RR 是右环移指令助

记符。

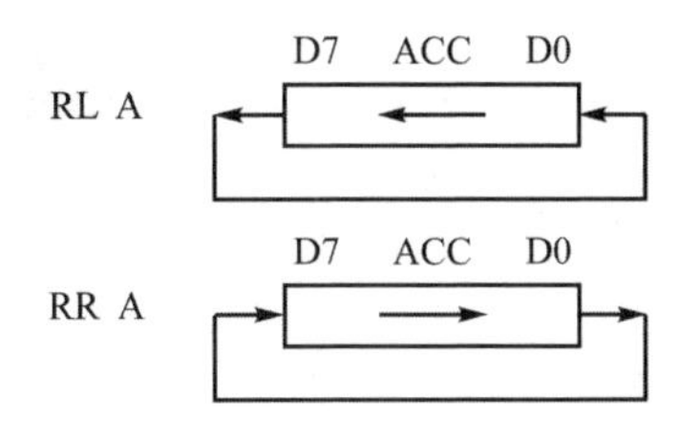

图 3－3　RL/RR A 指令执行示意图

指令功能：RL A 的功能是将累加器 ACC 的内容左循环移动一位，即位 0 移入位 1，位 1 移入位 2……位 7 移入位 0。RR A 的功能是将累加器(ACC)的内容右循环移动一位，即位 7 移入位 6，位 6 移入位 5……位 0 移入位 7。这两条指令执行的示意图如图 3－3 所示。

注意：不影响标志。

以下通过实际运算介绍这两条指令。

【例 3.30】　假设(A)＝66H。求执行以下两条指令后 A 的内容：

```
RL     A     ;(A) = 0CCH
RR     A     ;(A) = 66H
```

结果：(A)＝66H。

这两条指令执行前，如果 A 的内容不超过 127(7FH)，即位 7 为 0，则执行一次 RL A 相当 A 的内容乘 2。如果 A 的内容为偶数，即位 0 为 0，则执行一次 RR A 相当 A 的内容除 2。

4. A 内容带进位循环移位指令

指令集合：RLC/RRC　A

其中，RLC 是带进位左环移指令助记符；RRC 是带进位右环移指令助记符。

指令功能：RLC A 的功能是将累加器(ACC)的内容和进位标志 CY 一起左循环移动一位，即 CY 移入位 0、位 0 移入位 1……位 7 移入 CY。RRC A 的功能是将累加器(ACC)的内容和进位标志 CY 一起右循环移动一位，即 CY 移入位 7、位 7 移入位 6……位 0 移入位 CY。这两条指令执行的示意图如图 3－4 所示。

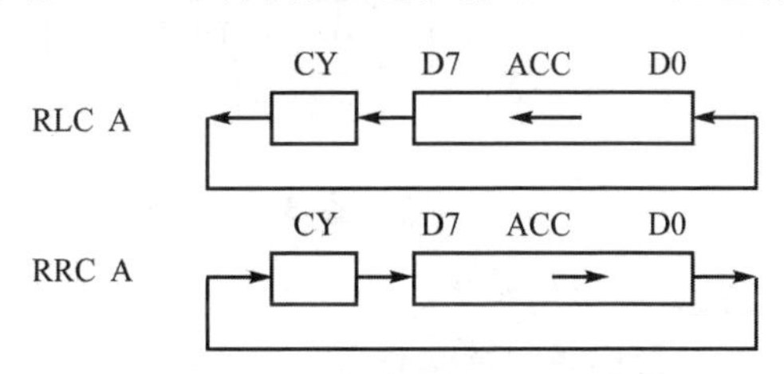

图 3－4　RLC/RRC A 指令执行示意图

注意：只影响 CY、P 标志。

以下通过实际运算介绍这两条指令。

【例 3.31】　假设(A)＝66H。CY＝1。求执行以下两条指令后 A 的内容。

```
RLC   A        ;(A) = 0CDH,CY = 0
RRC   A        ;(A) = 66H,CY = 1
```

结果：(A)＝66H，CY＝1。

这两条指令可用于多字节移位和连续乘除 2 的运算。

【例 3.32】　假设(R3)＝87H，(R4)＝65H，(R5)＝43H。以下是(R3)(R4)(R5)×2

的程序,其中进位部分存放在 R2 中。

```
CLR     C           ;清零 CY
MOV     R2,#0       ;清零 R2
MOV     A,R5
RLC     A           ;(A) = 86H,CY = 0
MOV     R5,A        ;(R5) = 86H
MOV     A,R4
RLC     A           ;(A) = 0CAH,CY = 0
MOV     R4,A        ;(R4) = 0CAH
MOV     A,R3
RLC     A           ;(A) = 0EH,CY = 1
MOV     R3,A        ;(R3) = 0EH
MOV     A,R2
RLC     A           ;(A) = 01H,CY = 0
MOV     R2,A        ;(R2) = 01H
```

结果:(R2)=01H,(R3)=0EH,(R4)=0CAH,(R5)=86H。

5. A 内容半字节交换指令

指令集合:SWAP A。其中,SWAP 是半字节交换指令助记符。

指令功能:这条指令是将累加器(ACC)的高半字节(ACC.7～ACC.4)与低半字节(ACC.3～ACC.0)相互交换。这条指令执行的示意图如图 3-5 所示。

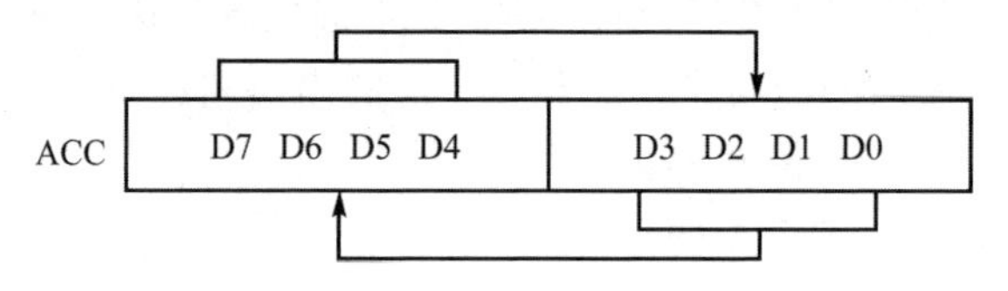

图 3-5 SWAP A 指令执行示意图

注意: 不影响标志。

以下举例介绍这条指令。

【例 3.33】 假设(A)=87H。执行如下指令:

```
SWAP  A       ;(A)0~3↔(A)4~7
```

结果:(A)=78H。

实现指令 SWAP A 的功能,也可用连续执行 4 次 RL A 或 RR A 指令来达到,但用 SWAP A 指令更便捷。

3.6.2 两个操作数的逻辑操作指令

指令集合:ANL/ORL/XRL A,Rn/@Ri/direct/#data

ANL/ORL/XRL direct,A/#data

其中，ANL 是逻辑与指令助记符；ORL 是逻辑或指令助记符；XRL 是逻辑异或指令助记符。

指令功能：逻辑与指令组的功能是将目的操作数与源操作数之间按位进行与操作，结果存入目的操作数中。逻辑或指令组的功能是将目的操作数与源操作数之间按位进行或操作，结果存入目的操作数中。逻辑异或指令组的功能是将目的操作数与源操作数之间按位进行异或操作，结果存入目的操作数中。

注　意：

① 上述指令中当目的操作数为 ACC 时，只影响 P 标志，其余指令不影响标志。

② 对 Pi 口的读操作，读出的是口锁存器内容，而不是引脚状态。

以下分别介绍这 3 组指令：

逻辑与指令组：

```
ANL   A,Rn             ;(A)∩(Rn)→A
ANL   A,@Ri            ;(A)∩((Ri))→A
ANL   A,direct         ;(A)∩(direct)→A
ANL   A,#data          ;(A)∩data→A
ANL   direct,A         ;(direct)∩(A)→direct
ANL   direct,#data     ;(direct)∩data→direct
```

逻辑或指令组：

```
ORL   A,Rn             ;(A)∪(Rn)→A
ORL   A,@Ri            ;(A)∪((Ri))→A
ORL   A,direct         ;(A)∪(direct)→A
ORL   A,#data          ;(A)∪data→A
ORL   direct,A         ;(direct)∪(A)→direct
ORL   direct,#data     ;(direct)∪data→direct
```

逻辑异或指令组：

```
XRL   A,Rn             ;(A)⊕(Rn)→A
XRL   A,@Ri            ;(A)⊕((Ri))→A
XRL   A,direct         ;(A)⊕(direct)→A
XRL   A,#data          ;(A)⊕ data→A
XRL   direct,A         ;(direct)⊕(A)→direct
XRL   direct,#data     ;(direct)⊕ data→direct
```

【例 3.34】 假设(A)＝70H，(R1)＝55H，(55H)＝22H。执行如下指令：

```
ANL   A,@R1            ;(A)∩((R1)) = (A)∩(55H) = 70H∩22H→A
```

结果：(A)＝20H。

从本例可以看出，两操作数相与，两数对应位均为 1，结果对应位为 1；两数对应位有一个 0，结果对应位为 0。简记：全 1 出 1，有 0 出 0。

【例 3.35】 假设(A)=70H,(R6)=55H。执行如下指令:

```
ORL  A,R6     ;(A)∪(R6) = 70H∪55H→ A。
```

结果:(A)=75H。

从本例可以看出,两操作数相或,两数对应位均为 0,结果对应位为 0;两数对应位有一个 1,结果对应位为 1。简记:全 0 出 0,有 1 出 1。

【例 3.36】 假设(50)=70。执行如下指令:

```
XRL  50,#100     ;(50)⊕ 100→50
```

求解此题,首先要将十进制数转换为二进制数(用十六进制数表达):50=32H,70=46H,100=64H,即将 46H 与 64H 相异或,结果存在 32H 单元。

结果:(32H)=22H。

从本例可以看出,操作数为十进制数时,必须先转换为二进制数后才能实现按位操作,并且两操作数相异或,两数对应位均相同,结果对应位为 0;两数对应位不同 1,结果对应位为 1。简记:相同出 0,相异出 1。

【例 3.37】 假设(A)=33H,(R4)=25H,(R0)=44H,(44H)=0ADH,(TCON)=5BH。求执行以下程序后 A、R4 和 TCON 的内容。

```
ANL     A,R4          ;(A)∩(R4) = 33H∩25H →A。(A) = 21H
ORL     A,@R0         ;(A)∪((R0)) = 21H∪0ADH→A。(A) = 0ADH
XRL     A,TCON        ;(A)⊕(TCON) = 0ADH ⊕ 5BH →A。(A) = 0F6H
MOV     R4,A          ;(R4) = 0F6H
ANL     TCON,#126     ;(TCON)∩126 = 5BH∩7EH→TCON。(TCON) = 5AH
XRL     A,#45H        ;(A)⊕ 45H = 0F6H ⊕ 45H→A。(A) = 0B3H
```

结果:(A)=0B3H,(R4)=0F6H,(TCON)=5AH。其中 SFR 的 TCON 字节地址为 88H。

3.7 位操作指令

3.7.1 位变量传送指令

指令集合:MOV C,bit

MOV bit,C

指令功能:实现任何可寻址位单元与位累加器 CY 之间位变量的相互传送,即 bit→C 与 C→bit。

注 意:

① 如果源操作数是 P0~P3 的相关位,则读出的是对应的引脚状态。目的操作数如果是 P0~P3 的相关位,数据将写入对应的口锁存器。

② 可寻址的位包括：内部 RAM 的 20H～2FH 这 16 个字节的 128 个位，对应位地址 00H～7FH；理论上 SFR 中能够被 8 整除这 16 个字节的 128 个位，对应位地址 80H～0FFH。实际 SFR 能够进行位寻址的字节数和位地址：对于以 8051 为代表的 51 系列单片机为 11 个字节（P0～P3、TCON、SCON、IE、IP、PSW、ACC、B）共 83 个位（其中 IE 的位 5、位 6 和 IP 的位 5、位～7 这 5 位没定义，不能用），并且 PSW.0（P 标志）只能读不能写；对于以 8052 为代表的 52 系列单片机为 12 个字节（增加了 T2CON）共 91 个位。

③ 位地址的表述方式可以有多种。

对于内部 RAM：可以用实际的位地址直接给出，如 00H，对应字节单元 20H 的位 0，也可用（20 H）.0 表示；又如 6CH，对应 2DH 的位 4，可用（2DH）.4 表示。

对于 SFR：可以用位地址直接给出，也可以用位单元所在字节的位表示，如上述内部 RAM 位单元的表示方式。但对 SFR，用得最多的是用 SFR 名所在的位或直接用位名来表示。若 PSW 对应的字节地址为 D0H，要表示其位 0 的地址，则可用 D0H、（D0H）.0、PSW.0 和 P 表示。而对 P0～P3，其各位没有命名位，就只能用其他 3 种方式表示，如 P3 的位 5，可表示为 B5H、（B5H）.5、P3.5。

位地址尽管有多种表述方式，但在程序中，bit 一般使用直接位地址（如 30H）、SFR 名所在的位（如 SCON.5）或位名（CY）表示。在机器代码中，存放的是实际位地址，如 20H、0EA H 等。

④bit 在位操作指令中是直接寻址方式，而 C 是位操作指令中的位累加器，在有关指令中是寄存器寻址方式，因此指令中的 C 不能用 PSW.7、CY 来表示。

以下通过实例介绍这两条指令。

【例 3.38】 假设（CY）＝1，（20H）.0＝0，（EA）＝0，P0.0（口锁存器）＝1。求执行下列指令后各位单元的值。

```
MOV   C,0          ;(20H).0 或(00H)→C
MOV   IE.7,C       ;(C)→EA 或 AFH 或(A8H).7
MOV   P0.0,C       ;(C)→(80H).0 或 80H
```

结果：（CY）＝0，（20H）.0＝0，（EA）＝0，P0.0（口锁存器）＝0。

3.7.2　位变量修改指令

指令集合：CLR　　C/bit
　　　　　SETB　C/bit
　　　　　CPL　　C/bit

其中，SETB 是置“1” 指令助记符。

指令功能：这组指令对给出的累加器 CY 或位单元执行清零、置“1”和取反操作。

注意：操作数中，如果是 P0～P3 的相关位，改变的是对应口锁存器的内容。

以下分别介绍这组指令：

```
CLR    C     ;0→C
CLR    bit   ;0→bit
SETB   C     ;1→C
SETB   bit   ;1→bit
CPL    C     ;(C)→C
CPL    bit   ;(bit)→bit
```

3.7.3 位变量逻辑操作指令

指令集合:ANL/ORL　C,bit

指令功能:逻辑与指令组的功能是将 CY 值与 SRC 指出的位单元中的值或其取反值进行与操作,结果存入 CY 中。逻辑或指令组的功能是将 CY 值与源操作数指出的位单元中的值进行或操作,结果存入 CY 中。

注意:对 Pi 口的相关位读操作,读出的是引脚状态,不是口锁存器内容。

以下通过实例介绍这两组指令的应用。

【例 3.39】 假设(CY)=1,(20H).1=0,(24H)=1,B.5=0。求执行下列程序后各位单元的值:

```
ANL  C,1       ;(C)∩(20H).1→C,   (CY) = 0
ORL  C,24H     ;(C)∪(24H)→C,     (CY) = 1
```

结果:(CY)=1,(20H).1=0,(24H)=1,(B.5)=0。

【例 3.40】 执行以下程序段,试说明其功能:

```
MOV  C,0
ANL  C,20H
ORL  C,30H
CPL C
MOV  P1.0,C
```

结果:$\overline{(00H)\cap(20H)\cup(30H)}$→P1.0　或　$\overline{(20H).0\cap(24H).0\cup(26H).0}$→P1.0。

3.8 控制转移指令

3.8.1 绝对转移指令

1. 相对转移指令

指令集合:SJMP　rel

指令功能:这是一条 256 B 范围内的无条件相对跳转指令。该指令执行时把当前 PC 值(指令执行后的 PC 值)加上偏移量 rel(8 位二进制补码)形成新的指令执行

地址，并转向该地址继续执行程序。

rel 为负数时，其高 8 位扩展位为 FFH；为正数时，高 8 位扩展位为 00H。

注　意：

① 当前 PC 值与执行相对转移指令（包括以下有条件的相对跳转指令）时的 PC 值和转移指令的指令长度（指令字节数 n）有关，即当前 PC＝原 PC＋n。本条指令机器代码为 2 个字节，所以新 PC＝当前 PC＋rel＝原 PC＋n＋rel ＝原 PC＋2＋ rel。

② 偏移量 rel（8 位补码）在当前 PC 条件下的寻址范围为－128B～＋127B。

③ 在实际程序中，操作数 rel 一般用标号来表示，即 SJMP 后面紧跟一个标号（代替 rel），然后在转移目的指令前用同一标号表示这段程序的开始。汇编程序时，相应的 rel 值会自动计算给出。

以下通过实例介绍本条指令。

【例 3.41】 假设指令 SJMP rel 的摆放地址为 1023H。在某一程序中执行指令：

```
SJMP   6FH      ;新 PC = 1023H + 2 + 6FH = 1094H
```

结果：指令转向 1094H 这一新的地址继续执行程序。

因为 rel 为 8 位补码，上例中 rel＝6FH 是正数，所以程序实现正向转移。即新 PC 值＞当前 PC 值；若 rel 为负数，程序将实现反向转移，即新 PC 值＜当前 PC 值。实际计算时，因 PC 地址为 16 位二进制数，rel 需要扩展为 16 位二进制补码。补码扩展方法：高位用符号位填充，即 rel 如果是负数，高位用“1”填充；rel 如果是正数，高位用“0”填充。

【例 3.42】 假设条件同【例 3.41】，关于偏移量 rel 不同的几个特殊新 PC 值的讨论。

① 若 rel＝80H（－128），是负数，也是 rel 的最小值，新 PC＝原 PC＋2＋rel＝1023H＋2＋FF80H＝10FA5H＝0FA5H（10FA5H 中的“1”超过 16 位二进制数的表示范围，自动舍弃），此时新 PC 值最小。

② 若 rel＝7FH（＋127），是正数，也是 rel 的最大值，新 PC＝1023H＋2＋007FH ＝10A4H，此时新 PC 值最大。

③ 若 rel＝0FEH，新 PC＝1023H＋2＋FFFEH＝1023H，此时新 PC 值＝原 PC 值，程序出现死循环。程序中一般用此方式实现暂停功能。

④ 若 rel＝0，新 PC＝1023H＋2＋0＝1025H，相对没有转移。

⑤ 若 rel＝0FFH，程序无法正常运行。这是因为 1023H＋2H＋FFFFH＝1024H，显然出错。

对于以下将要介绍的 3 B 有条件的相对转移指令，同样可作上述分析。请读者对 3B 转移指令自行分析：当 rel 为何值时，程序可以实现暂停功能，或程序无法正常运行。

2. 短跳转指令

指令集合：AJMP　addr11

指令功能：这是一条 2 KB 范围内的无条件跳转指令。该指令执行时把当前 PC

(原 PC+2,即指令执行后的 PC)的高 5 位作为新 PC 地址的高 5 位,与指令操作码字段和操作数字段共同给出的 11 位地址作为新 PC 地址的低 11 位,从而形成新的指令执行 16 位地址,并转向该地址继续执行程序。

机器代码构成:a10a9a800001 a7～a0B,2 个字节。

以上机器代码中,操作码字段中的 00001 是操作码,操作码字段中的 a10a9a8 和操作数字段中的 a7～a0 是操作数,即新 PC 地址低 11 位。新 PC=PC15～PC11 a10a9a8 a7～a0。

注　意:

① 本指令不改变当前 PC 地址的高 5 位,只能改变 PC 地址的低 11 位,故程序的转移范围为 2 KB(0～7FFH)。

② 在实际程序中,操作数 addr11 一般用标号来表示。就是 AJMP 后面紧跟一个标号(代替 addr11),然后在转移目的指令前用同一标号表示这段程序的开始。汇编程序时,相应的 addr11 值和机器代码会自动计算给出。

【例 3.43】 假设指令 AJMP addr11 存放在 1FFFH、2000H 单元,addr11=51AH=101 0001 1010B。试给出执行指令 AJMP addr11 后程序转移地址及相应指令的机器代码。

因当前 PC=1FFFH+2=2001H=0010 0000 0000 0001B,故新 PC 高 5 位为 00100。新 PC 的构成如图 3-6 所示,为 251AH。机器代码的构成如图 3-7 所示,为 A11AH。

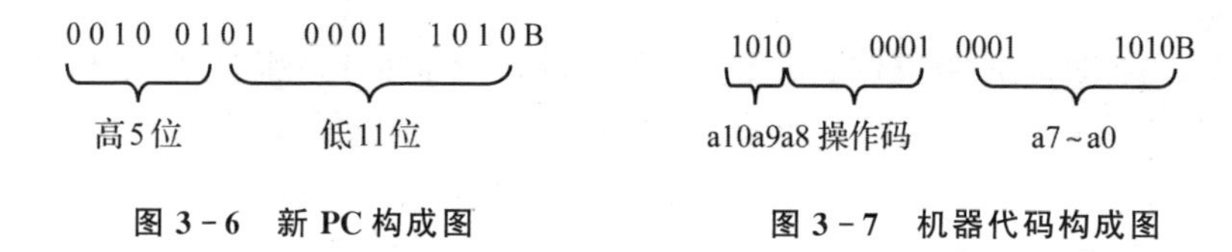

图 3-6　新 PC 构成图　　**图 3-7　机器代码构成图**

前已述及,在实际程序中,addr11 一般用标号表示,汇编程序时,相应的 addr11 值和机器代码会自动计算给出。此处只是介绍相应的 addr11 值和机器代码的形成原理。

3. 长跳转指令

指令集合:LJMP　addr16

指令功能:这是一条 64 KB 范围内的无条件跳转指令。该指令执行时把 addr16 作为新的指令执行地址,即新 PC=addr16= a15～a0,并转向该地址继续执行程序。

注　意:

① 本指令与当前 PC 的 16 位地址无关,故程序的转移范围为 64 KB(0000H～0FFFFH)。

② 在实际程序中,操作数 addr16 一般用标号来表示。也就是 LJMP 后面紧跟一个标号(代替 addr16),然后在转移目的指令前用同一标号表示这段程序的开始。

汇编程序时，相应的 addr16 值会自动给出。

以下通过实例介绍本条指令。

【例 3.44】 假设指令 LJMP addr16 存放在 3000H 开始的连续 3 个单元中，addr16＝1000H。试给出执行指令 LJMP 1000H 后程序的转移地址。

```
LJMP   1000H      ;新 PC = 1000H
```

结果：程序转向 1000H 继续执行程序。

4. 散转指令(基址寄存器＋变址寄存器间接转移指令)

指令集合：JMP　@A＋DPTR

指令功能：指令把累加器(ACC)中的 8 位无符号数与数据指针 DPTR 中的 16 位数相加，结果作为新的指令地址送 PC，即新 PC＝(A)＋(DPTR)，并转向该地址继续执行程序。

注意： 指令执行过程中不改变累加器(ACC)和数据指针 DPTR 的内容，利用这一特点，这条指令能够实现程序的散转。所谓散转，就是将 ACC 中的数据作为相应处理的序号，数据指针 DPTR 的内容作为基数(起始地址)，从而利用这条指令转向相应处理程序的功能。

以下通过两个实例来介绍这条指令。

【例 3.45】 假设指令 JMP @A＋DPTR 存放在 0242H 单元，(A)＝10H，(DPTR)＝556FH。试给出执行指令 JMP　@A＋DPTR 后程序的转移地址。

```
JMP   @A + DPTR   ;新 PC = 10H + 556FH = 557FH
```

结果：新 PC＝557FH。

【例 3.46】 假设 A 中存放了 3 个等待处理的命令(如按键值)编号(0～2)，程序存储器中相应存放了一个标号为 PMTB 的转移命令表，则执行下面的程序，将根据 A 的命令编号转向相应的命令处理程序：

```
PM:   MOV    R4,A            ;(A) →R4(暂存 A 内容于 R4)
      RL     A               ;(A) × 2
      ADD    A,R4            ;(A) = (A) × 2 + ( R4),即(A) × 3
      MOV    DPTR,#PMTB      ;表首地址 PMTB→DPTR
      JMP    @A + DPTR       ;转向 n 号命令地址执行程序
PMTB: LJMP   PM0             ;转向 0 号命令处理
      LJMP   PM1             ;转向 1 号命令处理
      LJMP   PM2             ;转向 2 号命令处理
                             ;其他程序
```

上述(A)×3，原因是命令处理的转移指令使用了 LJMP addr16 指令，这一指令有 3 个字节，因此 LJMP PM0、LJMP PM1 和 LJMP PM2 等 3 个指令的存放地址分别是 PMTB＋0、PMTB＋3 和 PMTB＋6。如果转移命令用 AJMP addr11 和 SJMP rel,则程序中 A 的内容只需要 2 即可。

3.8.2 条件转移指令

1. 测试条件符合转移指令

```
指令集合:JZ     rel         ;(A)=0 转移
         JNZ    rel         ;(A)≠0 转移
         JC     rel         ;CY=1 转移
         JNC    rel         ;CY=0 转移
         JB     bit,rel     ;(bit)=1 转移
         JNB    bit,rel     ;(bit)=0 转移
         JBC    bit,rel     ;(bit)=1 转移,转移后清零 bit 位
```

指令功能:这组指令满足条件就转移,不满足条件就顺序执行程序。

注　意:

① 与 SJMP rel 指令基本相同,其中新 PC=原 PC+2/3+ rel。

② 如果 bit 是 P0～P3 中的一位,那么测试的是引脚,而非端口锁存器。

【例 3.47】 假设(2CH).5=1,rel=0B0H,指令 JBC bit,rel 存放的地址是 1578H。试问执行以下指令后,程序是否转移?新 PC 值是多少?(2CH).5=?

```
JBC  33H,0B0H  或  JBC  65H,0B0H
```

结果:执行 JBC 33H,0B0H 时,没有发生转移,(2CH).5=1。因为 33H 对应的单元是(26H).3 而不是(2CH).5。

执行 JBC 65H,0B0H 时,发生了转移,新 PC=原 PC+3+ rel=1578H+3+FFB0H=152BH,(2CH).5=0。

2. 比较不相等转移指令

```
指令集合:CJNE   A,direct /#data,rel
         CJNE   Rn/@Ri,#data,rel
```

指令功能:执行这组指令时,当操作数 1 与操作数 2 不相等时转移,否则就顺序执行程序。同时对于无符号整数,当操作数 1<操作数 2 时,CY=1,否则 CY=0。

注　意:

① 与 SJMP rel 指令基本相同,其中新 PC=原 PC+3+ rel。

② 对 Pi 口的比较,比较的是引脚状态,不是口锁存器内容。

以下分别介绍这些指令:

```
CJNE  A,70H,7BH        ;(A) ≠(70H)转移
CJNE  R7,#0D7H,9H      ;(R7) ≠0D7H 转移
CJNE  @R0,#64H,80      ;((R0)) ≠64H 转移
```

【例 3.48】 执行以下程序后,将根据 A 的内容大于 60H、等于 60H 或小于 60H 这 3 种情况作不同的处理。

```
CJNE    A,#60H,NEQ      ;(A) ≠60H 转移,并且(A)<60H 时 CY = 1
EQ:…                    ;(A) = 60H 处理
NEQ:JC  LOW             ;CY = 1 即 (A)<60H 转移
…                       ;(A)>60H 处理
LOW:…                   ;(A)<60H 处理
```

3. 减 1 不为 0 转移指令

指令集合:DJNZ　Rn/direct,rel

指令功能:这两条指令先把操作数 1 减 1,结果回送到操作数 1 中去的同时,检查结果如果不为 0 就转移,否则顺序执行程序。

新 PC=PC+2/3+rel

注　意:

① 与 SJMP rel 指令基本相同,其中新 PC=原 PC+2/3+ rel。

② 这组指令操作数 1 有寄存器和直接寻址两种方式,允许采用内部 RAM 作为循环程序的计数器使用。

③ 对 Pi 口的减一比较,比较的是引脚状态,不是口锁存器内容。

以下介绍这两条指令:

```
DJNZ  R0,20H     ;(Rn) - 1→Rn,R0 不为 0 转移
DJNZ  7CH,20     ;(7CH) - 1→7CH,7CH 不为 0 转移
```

【例 3.49】 以下程序是利用软件延时原理设计的一个频率可调的方波信号发生器。

```
START:  CPL     P1.1        ;P1.1 取反,产生方波所需要的高、低电平
DL:     MOV     50H,#100    ;外循环计数器 50H 设置初值 100
DL0:    MOV     51H,#200    ;内循环计数器 51H 设置初值 200
DL1:    DJNZ    51H,DL1     ;(51H) - 1 不为 0 循环
        DJNZ    50H,DL0     ;(50H) - 1 不为 0 循环
        SJMP    START
```

以上程序是内循环 200 次,外循环 100 次。

【例 3.50】 假设以下减法运算结果有借位,试编写一个程序段完成(31H)(30H)−(34H)(33H)→(32H)(31H)(30H)的功能(借位位存放在 32H 单元)。相应循环程序如下:

```
SUB:   CLR    C          ;位累加器 CY 清零,使 CY = 0
       MOV    R0,#30H
       MOV    R1,#33H
       MOV    R7,#2
SUB1:  MOV    A,@R0
       SUBB   A,@R1
```

```
MOV     @R0,A
INC     R0
INC     R1
DJNZ    R7,SUB1
MOV     A,#0          ;累加器 A 清零,使(A) = 0
ADDC    A,#0          ;CY→A
MOV     @R0,A         ;借位位存放于 32H 单元
SJMP    $
```

本例与【例 3.23】假设条件完全一致,均为 2B 减法程序。本例指令条数 13 条,机器码长度 19B;【例 3.23】指令条数 11 条,机器码长度 19B。如果改为 3B 减法程序,【例 3.23】程序指令增加 3 条,机器码长度增加 6B。并且每增加一个字节的减法程序,【例 3.23】程序都要增加 3 条指令和 6 个字节。而本例程序中,只需要对 R7 计数器作出相应修改即可。这也是多字节加减法或多字节数据传送常采用循环程序的原因。

3.8.3 调用、返回及空操作指令

在程序设计过程中,经常会碰到几个地方都需要使用功能完全相同的程序段。为了减少程序编写和调试工作量,节省程序存储空间,使某一程序段能被公用,于是引进了主程序和子程序的概念。计算机指令系统中一般都有主程序调用子程序和子程序返回主程序的指令。

在子程序设计过程中,首先要考虑输入、输出参数的传递和子程序在程序存储器中的存放。主程序调用某一子程序时,在该子程序的末尾一定要安排一条返回主程序的命令。主程序调用子程序以及从子程序返回的过程如图 3-8 所示。图示中,当主程序 MAIN 执行到 A 点(断点),需要调用子程序 SUB 时,把下一条指令地址的 PC 值保留在堆栈中,子程序的起始地址送 PC,CPU 转向执行该子程序,碰到返回指令,就把 A 点下一条指令的地址(断点地址)从堆栈中取出并送回 PC,于是 CPU 又回到主程序继续执行程序。当执行到 B 点时又碰到调用子程序 SUB 时,两次重复以上过程。因而,子程序 SUB 被主程序多次调用。

在一个程序中,往往还会出现子程序调用其他子程序的现象,这称为子程序嵌套。子程序调用其他子程序的过程与主程序调用子程序的过程是相同的,需要利用堆栈依次保存调用时断点的地址,返回时按后进先出原则依次取出断点地址。如前所述,堆栈具有后进先出存取数据的功能,而调用指令和返回指令具有自动进栈保存和退栈恢复 PC 内容的功能。

图 3-9 为二级子程序嵌套的示意图。

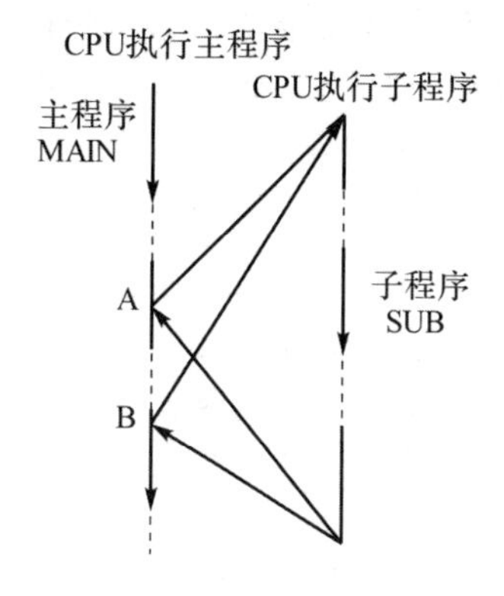

图 3-8　主程序二次调用子程序示意图

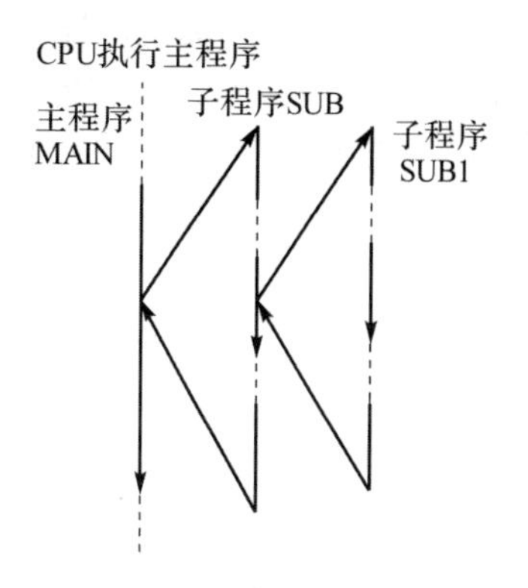

图 3-9　二级子程序嵌套示意图

事实上，在实际进行程序设计时，不仅功能相同的程序段会经常设计为子程序。在模块化结构程序中，往往一个单独的功能模块就可能设计为一个子程序，这主要是为了程序设计的方便和调试。而功能模块一般比较复杂，所以在程序设计时，可能会出现二级、三级甚至更多级的子程序嵌套。此外，在工程应用中，一个已经应用并被实际验证正确的功能程序段，在新的系统程序设计过程中，也经常会以子程序的方式出现在新的程序中。

1. 短调用指令

指令集合：ACALL　addr11

指令功能：这是一条 2 KB 范围内的无条件子程序调用指令。该指令执行时把断点 PC（原 PC+2，即指令执行后的 PC，在转移指令中称当前 PC）压栈（先 PCL 进栈，后 PCH 进栈）SP+2，并把断点 PC 的高 5 位作为新 PC 地址的高 5 位，与指令操作码字段和操作数字段共同给出的 11 位地址作为新 PC 地址的低 11 位，从而得到子程序 16 位起始地址，并转向执行子程序。

机器代码构成：a10a9a810001 a7～a0B，2 个字节。

本指令机器代码与短跳转指令 AJMP addr11 的机器代码组成相似，为 2 B 指令。操作码字段中的 10001 是操作码，子程序 16 位起始地址低 11 位的形成与 AJMP addr11 指令新 PC 低 11 位的形成完全相同。

注意：与短跳转指令 AJMP addr11 相同。

【例 3.51】　假设（SP）＝5FH，标号 SUB 所在地址为 2834H，addr11＝5BFH。执行以下指令后，求 PC、SP 和相关堆栈单元中的内容。

```
SUB:  ACALL  SUB0
```

结果：（SP）＝61H，（60H）＝36H，（61H）＝28H，（PC）＝2DBFH。

2. 长调用指令

指令集合：LCALL　addr16

指令功能:这是一条 64 KB 范围内的无条件子程序调用指令。该指令执行时把断点 PC(原 PC+3)压栈(先 PCL 进栈,后 PCH 进栈)SP+2,并把 addr16 作为新的 PC 地址,从而得到子程序 16 位起始地址,并转向执行子程序。

注意:与长跳转指令 LJMP addr16 相同。

以下通过实例介绍本条指令。

【例 3.52】 假设(SP)=5FH,标号 SUB 所在地址为 2834H,标号 SUB0 所在地址为 6BFH。执行以下指令后,求 PC、SP 和相关堆栈单元中的内容。

```
SUB:  LCALL  SUB0
```

结果:(SP)=61H,(60H) =37H,(61H) =28H,(PC)=06BFH。

3. 返回指令

指令集合:RET/RETI。其中,RET 是子程序返回指令助记符;RETI 是中断返回指令助记符。

指令功能:这组指令的相同点是从堆栈中退出原先保存的断点 PC (先 PCH 出栈,后 PCL 出栈)SP-2,并从这一退出的断点 PC 地址开始执行程序。不同点在于 RETI 指令还要同时清除内部相应的中断状态寄存器。

使用要求:RET 指令与 ACALL、LCALL 指令配合,在调用子程序结尾处使用。RETI 指令与中断操作配合,在中断服务程序结尾处使用。

机器代码:RET 指令为 22H,RETI 指令为 32H。

以下通过实例介绍 RET 指令的应用。

【例 3.53】 试编写一个用软件延时原理制作频率可调方波信号发生器的程序,其中要求软件延时采用子程序方式。

```
START:  CPL    P1.1        ;P1.1 取反,产生方波所需要的高、低电平
        ACALL  DL          ;调用延时子程序
        SJMP   START
DL:     MOV    50H,#100    ;外循环计数器 50H 设置初值 100
DL0:    MOV    51H,#200    ;内循环计数器 51H 设置初值 200
DL1:    DJNZ   51H,DL1     ;(51H) - 1 不为 0 循环
        DJNZ   50H,DL0     ;(50H) - 1 不为 0 循环
        RET                ;子程序返回
```

本例程序与【例 3.49】程序实现的功能完全相同。

4. 空操作指令

指令集合:NOP。其中,NOP 是空操作指令助记符。

指令功能:该指令存放占用存储空间,执行占用运行时间,但不进行任何操作。

应用场合:主要用于延迟等程序中用于调整 CPU 的执行时间而不影响有关状态。

指令对 Pi 口读/写情况的一般性总结:

① 对口锁存器内容进行读—写—修改的指令有：

```
INC/ DEC direct
ANL /ORL /XRL A, direct
ANL /ORL /XRL direct,A / #data
```

② 其他指令，对于读（包括保护、比较等）操作，读的是引脚状态，对于写（包括恢复等）操作，写的对象是口锁存器。

习　题

1. 简述 MCS－51 指令的格式。
2. 访问内外程序存储器，可使用哪些寻址方式？
3. 访问外部 RAM，可使用哪些寻址方式？
4. 访问特殊功能寄存器，可使用哪些寻址方式？
5. 说明源操作数的寻址方式和指令的功能。

```
① MOV    A,#40H
② MOV    A,40H
③ MOV    A,R0
④ MOV    A,@R0
⑤ MOVC   A,@A + DPTR
⑥ MOV    40H,A
```

6. 对 8051 片内 RAM 的高 128B 地址空间寻址要注意什么？

7. 写出下列每条指令的运行结果，其中（A）＝02H，（20H）＝25H，（40H）＝37H，（R0）＝70H，70H＝0AH。

```
① MOV    A,#70H
② MOV    A,20H
③ MOV    A,R0
④ MOV    A,@R0
⑤ MOV    @R0,20H
⑥ MOV    R0,20H
⑦ MOV    20H,#20H
⑧ MOV    20H,@R0
⑨ MOV    40H,A
```

8. 写出下列每条指令的机器码和运行结果，其中（A）＝02H，（20H）＝25H，（40H）＝37H，（R0）＝70H，70H＝0AH，（2FH）＝01H，（CY）＝0。

```
① ANL    A,R0
② ANL    A,#20H
```

```
③ ANL    A,@R0
④ ORL    20H,A
⑤ ORL    20H,#20H
⑥ ORL    C,2FH
⑦ ORL    C,/2FH
⑧ XRL    A,@R0
⑨ XCH    A,20H
⑩ XCHD   A,@R0
```

9. 编程完成如下功能:

① 使 40H 中数的最高位和最低位为 1,其他位不变。

② 使 40H 中数的最高位和为 0,其他位不变。

10. 设(R0)=20H,(DPTR)=10FEH,片内 RAM 中 20H 单元的内容为 0FFH,19H 单元的内容为 38H。试为以下程序的每条指令注释其执行结果:

```
INC    @R0
DEC    R0
INC    @R0
INC    DPTR
INC    DPTR
```

11. 设 R0 的内容为 32H,A 的内容为 48H,片内 RAM 的 32H 单元内容为 80H,40H 单元内容为 08H。请指出在执行以下程序段后上述各单元内容的变化:

```
MOV    A,@R0
MOV    @R0,40H
MOV    40H,A
MOV    R0,#35H
```

12. 试分析以下程序段的运行结果:

```
MOV    SP,#60H
MOV    A,#20H
MOV    B,#30H
PUSH   ACC
PUSH   B
POP    ACC
POP    B
```

13. 试编程,将内部 RAM 的 20H、21H、22H 连续单元的内容依次存入 2FH、2EH 和 2DH 中。

第4章　51系列单片机汇编语言程序设计方法及Keil调试

程序设计就是根据任务要求，编制计算机解决实际问题步骤的过程。MCS－51单片机利用指令助记符来描述解决问题的过程，即编写汇编语言程序。

4.1　单片机系统程序结构及设计过程

在MCS－51单片机应用系统中，有很多应用程序，如循环程序、查表程序、分支程序、数制转换程序等。软件一般由汇编语言或其他高级语言写成。一个完整的单片机程序由多个功能模块组成，包括主程序、若干个子程序、中断程序等，其中子程序由主程序调用，中断服务程序则根据中断条件由CPU硬件来调用。

4.1.1　程序总体构成

MCS－51单片机的汇编程序由主程序、若干个子程序及中断服务程序等构成。

1. 主程序

主程序一般是由一些顺序程序组成的，主程序的结构与单片机应用系统及编程者的习惯有关。一般在进入主程序后都要根据实际要求对所用的可编程的硬件资源进行初始化。

中断方式与循环方式的主程序比较：中断方式比循环调用方式复杂一些，程序调试也较难一些。定时中断方式各程序执行的时间间隔固定，要特别注意功能模块程序的执行时序和数据表等，因此主程序必须是一个无限循环程序，即主程序要在自己的程序循环。

2. 子程序

在程序设计中，经常会遇到通用的问题。在很多地方要执行同样的任务，但程序并不很规则，无法用循环程序来实现，这时就可以将通用的任务设计成子程序。编制子程序可以避免相同程序的重复编制，简化了程序的逻辑结构，便于阅读，缩短了程序长度，从而节省了程序存储空间，便于调试。子程序可被主程序与其他子程序调用。

子程序由子程序名、具体功能程序、子程序返回组成。子程序名在一个单片机程序中是唯一的，不能重复，在汇编语言编写的程序中，子程序名就是一个合法的标号。子程序实际上是由一系列指令构成的具有一定功能的程序片段。子程序调用由主程序执行LCALL或ACALL指令产生，返回由RET指令完成。在一个子程序中，不能向另一个子程序或主程序中转移。

3. 中断服务程序

单片机一共有 5 个中断,包括外部中断 0、定时器中断 0、外部中断 1、定时器中断 1 和串行接口中断。这 5 个中断中,只有两个中断优先级,因此在有多个中断情况下要注意安排好中断的优先级别和工作寄存器的保护,以防在中断嵌套时现场被破坏。在使用某一中断时,在中断开放状态下,一旦具备中断条件,无论程序运行到何处,程序将立即转入其相应中断的入口地址,在入口地址安排一条无条件转移指令,转到相应的中断服务程序,中断服务程序执行完后,由中断返回指令 RETI 返回断点处。

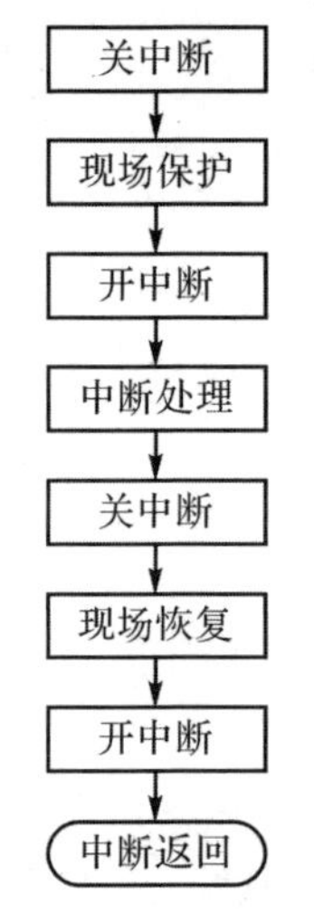

图 4-1 中断服务程序框图

需要注意的是,一个中断服务程序的运行时间不能太长,如果两次中断间隔时间小于中断程序的运行时间则会发生中断重入,导致系统瘫痪。因此,在设计中断服务程序时要尽量简短。单片机响应中断后就进入中断服务程序,中断服务程序的基本流程如图 4-1 所示。

现场是指中断时刻单片机中某些寄存器和存储器单元中的数据或状态,现场保护就是为了使中断服务程序的执行不破坏这些数据或状态,使中断返回后不影响主程序的运行,而把它们送入堆栈保存起来。现场恢复是指在中断结束后返回主程序前把保护的现场内容从堆栈中弹出,以恢复那些寄存器和存储器单元中的原有内容。

如图 4-1 所示,保护现场和恢复现场前关中断是为了防止此时有高一级的中断进入。避免现场破坏;在保护现场和恢复现场之后的开中断是为了下一次的中断做准备,也为了允许更高级的中断进入。这样保证了中断嵌套的功能。具体中断请求的关与开可通过 CLR 或 SETB 指令对中断允许寄存器 IE 中的有关位清零或置 1 来实现。

中断处理是中断源请求中断的具体目的,设计者应根据任务的具体要求来编写中断处理部分的程序。中断返回指令必须是 RETI,它是中断服务程序结束的标志。CPU 执行完这条指令后,把响应中断置 1 的优先级状态触发器清零,然后从堆栈中弹出栈顶上的两个字节的断点地址送到程序计数器(PC),弹出的第一个字节送入 PCH,弹出的第二个字节送入 PCL,CPU 从断点处重新执行被中断的主程序。

MCS-51 单片机主程序的开始地址一般安排在 0030H 之后的程序存储器中,这是因为单片机复位后 PC=0000H,也即程序从存储器的 0000H 开始执行,而且程序存储器的 000 3H、000BH、0013H、001BH 和 0023H 分别是外部中断 0、定时器 0、外部中断 1、定时器 1 和串行接口的中断入口地址。图 4-2 所示为 MCS-51 单片机的程序总体结构图。

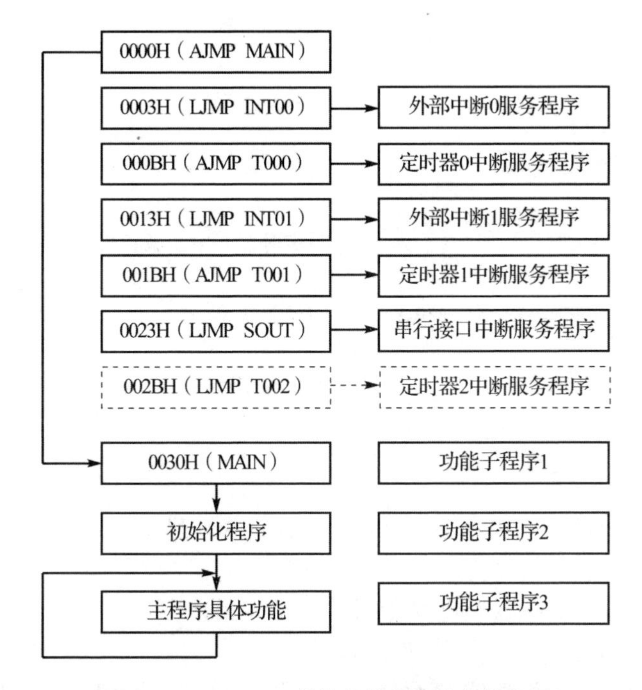

图 4－2　MCS－51 单片机的程序总体结构图

在 MCS－51 单片机汇编程序中，主程序是必需的，而子程序及中断服务程序则根据具体系统可有可无。如果系统功能比较简单，则不需要子程序，一些具体功能在主程序中就可实现。对于中断服务程序，在不用的中断入口处可以什么都不写，同时也要在程序中将对应的中断关闭。在图 4－2 中，中断服务程序与功能子程序依次安排在主程序的后面，如果有常数表，则一般安排在整个程序的最后面。

【例 4.1】　以下为某汇编程序的结构片段：

```
         ORG     0000H
         AJMP    MAIN                    ;转主程序
         ORG     0003H
         LJMP    INT00
         ORG     000BH
         LJMP    T000
         ORG     0030H
MAIN:    MOV     TMOD,#01H               ;主程序初始化
         MOV     TH0,#03H
         MOV     TL0,#0F8H
         …
MAIN1:   LCALL   KEY00                   ;调键盘子程序
         LCALL   DISP                    ;调用显示子程序
         AJMP    MAIN1                   ;主程序循环
```

```
KEY00:  …                                ;键盘子程序
        RET
DISP:   …                                ;显示子程序
        RET
INT00:  …                                ;外部中断服务程序
        RETI
T000:   …                                ;定时器 0 中断服务程序
        RETI
TAB:    DB      3FH,06H,5BH,4FH,66H      ;显示字模表
        …
        END                              ;汇编结束
```

4.1.2 程序设计过程

汇编语言程序设计就是采用汇编指令来编写计算机程序。对应用中需要使用的寄存器、存储单元、I/O 端口等要先做出具体安排。一个好的程序不但应该完成规定任务,更重要的是应该层次清晰、易于阅读、开发周期短。

用汇编语言编写程序时,一般步骤如下:

① 分析任务,确定算法或解题思路。首先应根据所要解决的实际问题仔细分析,明确问题的要求。根据要求和指令系统的特点,找出合理的算法或思路。

② 制定程序流程图。根据所选的算法,制定出运算步骤和顺序,把运算过程画成程序流程图。流程图可以直观地表达程序的执行过程和编程者的思路,有助于阅读程序、发现问题、减少错误。

③ 确定数据格式。合理地选择和分配内存单元以及工作寄存器。

④ 根据程序流程图编写程序。

⑤ 上机调试程序。将编好的源程序进行汇编,并执行目标程序,检查和修改程序中的错误,并优化程序,减小程序量,缩短运算时间,节省工作单元。

4.2 顺序程序结构设计

顺序结构程序的特点是最简单、最基本的程序。程序按编写的顺序依次往下执行每一条指令,直到最后一条。它能够解决某些实际问题,或成为复杂程序的子程序。

【例 4.2】 设 6 位十进制被加数存放在 32H～30H 中(十进制数的高位存在地址的高位,低位存在地址的低位),6 位十进制加数存放在 42H～40H 中,试编写程序完成 6 位十进制加法程序,结果存于 52H～50H。

```
MOV     A,30H           ;(30H) + (40H)→ACC
ADD     A,40H
```

```
DA      A               ;对(A)十进制调整后→50H
MOV     50H,A
MOV     A,31H           ;(31H)+(41H)+CY→ACC
ADDC    A,41H
DA      A               ;对(A)十进制调整后→51H
MOV     51H,A
MOV     A,32H           ;(32H)+(42H)+CY→ACC
ADDC    A,42H
DA      A               ;对(A)十进制调整后→52H
MOV     52H,A
```

图 4-3 所示为在 Keil μVision4 下运行结果，32H～30H 中预存的十进制被加数是 431 219，42H～40H 中存的十进制加数是 397 635，计算结果为 828 854。

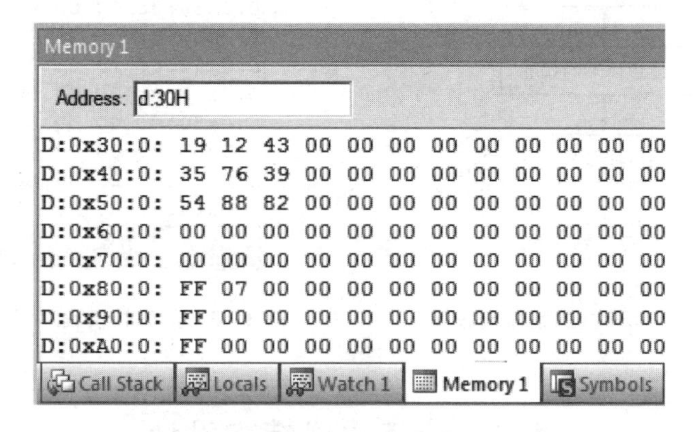

图 4-3　3 B 十进制数加法运行结果

【例 4.3】 将片内 RAM 的 30H 单元中的两位压缩 BCD 码转换成二进制数送到片内 RAM 的 40H 单元中。

两位压缩 BCD 码转换成二进制数的算法为

$$(A1A0)_{BCD}=A1\times10+A0$$

数码转换的程序流程图如图 4-4 所示。

```
        ORG     0000H
START:  MOV     A,30H       ;取 2 位 BCD 压缩码 A1A0 送 A
        ANL     A,#0F0H     ;取高 4 位 BCD 码 A1
        SWAP    A           ;高 4 位与低 4 位交换
        MOV     B,#0AH      ;将二进制数 10 送入 B
        MUL     AB          ;将 A1×10 送入 A 中
        MOV     R0,A        ;结果送入 R0 中保存
        MOV     A,30H       ;再取出 30H 中的 2 位 BCD 压缩码
        ANL     A,#0FH      ;取低 4 位 BCD 码 A0
        ADD     A,R0        ;求和 A1×10+A0
```

```
MOV    40H,A        ;结果送入 40H 中
SJMP   $            ;等待
END
```

如图 4-5 所示,数据存储器 30H 单元中预存了压缩 BCD 码 19H(十进制数 19),通过 BCD 码转二进制程序,将十进制数 19 变成十六进制数 13H 存于数据存储器的 40H 单元中。

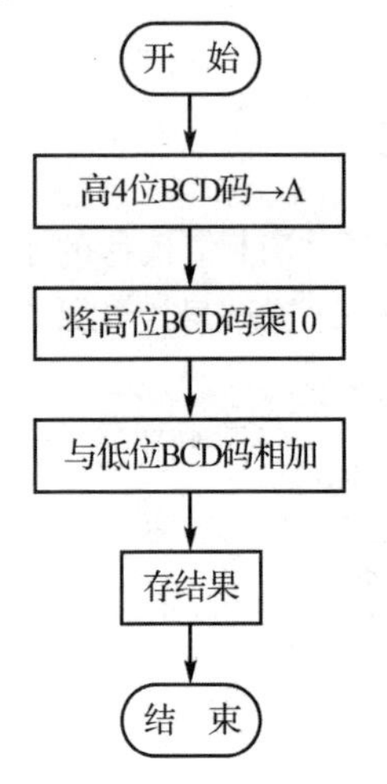

图 4-4 数码转换的程序流程图

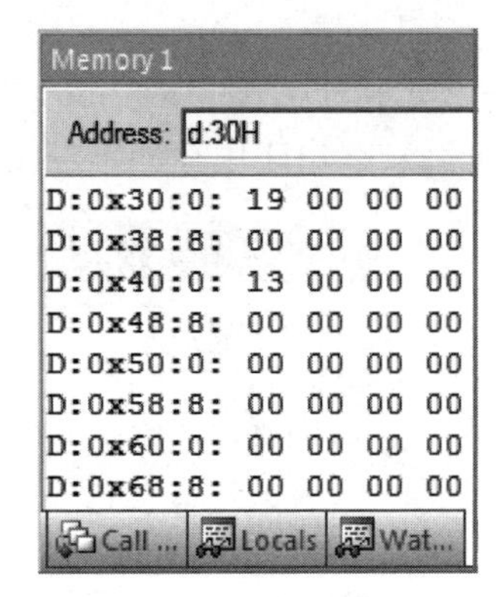

图 4-5 数码转换程序运行结果

4.3 分支程序结构设计

分支结构程序的特点是含有转移指令。转移指令有无条件转移和条件转移之分。只要执行无条件指令,程序就转向另一个分支;条件转移主要靠条件转移指令、比较转移指令和位转移指令来确定程序的流向,根据不同的条件,程序的流向有两个或两个以上出口。

分支程序的设计要点如下:

① 建立可供条件转移指令测试的条件;

② 选用合适的条件转移指令;

③ 在转移的目的地址处设定标号。

4.3.1 基本分支结构程序设计

【例 4.4】 求符号函数的值。已知片内 RAM 的 40H 单元内有一自变量 X,编制程序按如下条件求函数 Y 的值,并将其存入片内 RAM 的 41H 单元中。

这是一个三分支归一的条件转移问题,有 3 个分支程序。当 $X>0$ 时,Y 赋值 1;$X=0$ 时,Y 赋值 0;$X<0$ 时,Y 赋值 -1,即

$$Y=\begin{cases}1, & X>0\\0, & X=0\\-1, & X<0\end{cases}$$

X 是有符号数，判断符号位是 0 还是 1 可利用 JB 或 JNB 指令。判断 X 是否等于 0 可以直接使用累加器(A)的判 0 指令。符号函数求值程序流程图如图 4－6 所示。

```
        ORG   0000H
START:  MOV   A,40H         ;将 X 送入 A
        JZ    COMP          ;若 A 为 0 转 COMP
        JNB   ACC.7,POST    ;若 A 第 7 位不为 1
                            ;则程序转到 POST
                            ;处,否则程序顺序执行
        MOV   A,#0FFH       ;将－1(补码)送入 A 中
        SJMP  COMP          ;程序转到 COMP 处
POST:   MOV   A,#01H        ;将＋1 送入 A 中
COMP:   MOV   41H,A         ;结果存入 Y
        SJMP  $             ;等待
        END
```

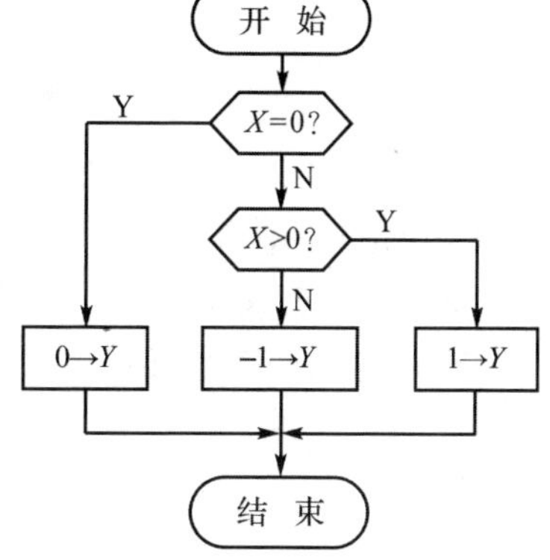

图 4－6　符号函数求值程序流程图

图 4－7 所示为程序运行结果。当 40H 中预置一个值为 57H 时，该数最高位 D7 为 0，因此是正数，即当 X 为正数时，程序运行后，41H 送了 01H，即 Y 为 1，如图 4－7(a)所示。当 40H 中预置一个值为 87H 时，该数最高位 D7 为 1，因此是负数的补码形式，即当 X 为负数时，程序运行后，41H 送了 FFH(－1 的补码是 FFH)，即 Y 为－1，如图 4－7(b)所示。当 40H 中预置一个值为 00H 时，即当 X 为 0 时，程序运行后，41H 送了 00H，即 Y 为 0，如图 4－7(c)所示。

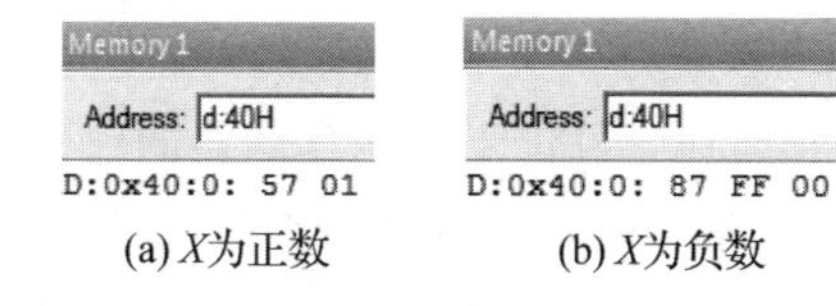

(a) X为正数　(b) X为负数

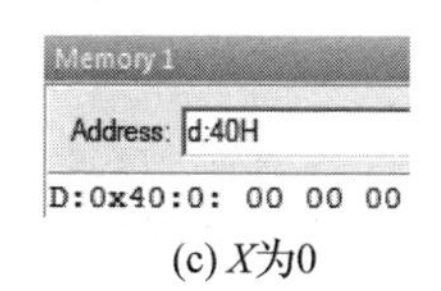

(c) X为0

图 4－7　运算结果

4.3.2　多分支结构程序设计

散转移程序是一种并行分支程序(即多分支程序)，是根据某种输入或运算结果，分别转向各个处理程序。在 MCS－51 单片机中采用 JMP @A＋DPTR 指令来实现程序的散转移。转移的地址最多为 256 个。散转移程序结构如图 4－8 所示。

散转移程序的设计方法如下：

① 应用转移指令表实现的散转移程序。直接利用转移指令(AJMP 或 LJMP)

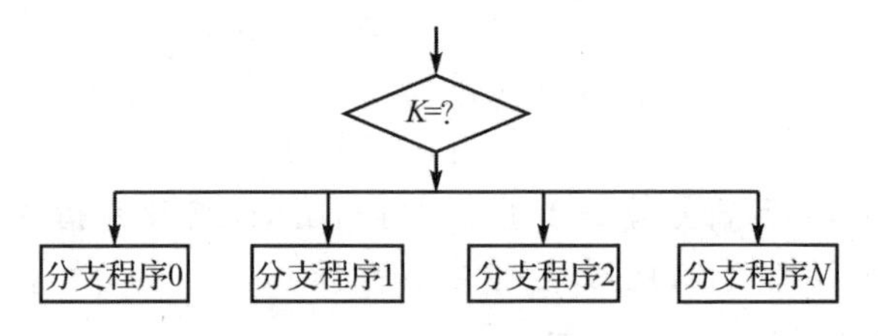

图 4-8　散转移程序结构图

将欲转移的程序组形成一个转移表,然后将标志单元内容读入累加器(A),转移表首地址送入 DPTR 中,再利用散转移指令 JMP　@A+DPTR 实现散转移。

【例 4.5】 假设 R3 内存放的是分支子程序的序号 00H～7FH,编写 JMP_128 程序实现根据入口条件转移到 128 个目的地址。

```
JMP_128:  MOV    A,R3
          RL     A
          MOV    DPTR,#JMPTAB
          JMP    @A + DPTR
JMPTAB:   AJMP   ROUT00        ;128 个子程序首地址构成的转移表
          AJMP   ROUT01
          …      …
          AJMP   ROUT7F
```

该程序的入口是 R3 中的序号,出口是转移到相应子程序入口。此程序要求 128 个转移目的地址(ROUT00～ROUT7F)必须驻留在与绝对转移指令 AJMP 同一个 2 KB 存储区内。RL 指令对变址部分乘以 2,这是因为每条 AJMP 指令占两个字节。若改用 LJMP 指令,则目的地址可以任意安排在 64 KB 的程序存储空间内,但程序应作相应修改。

② 应用地址偏移量表实现的散转移程序。直接利用地址偏移量形成转移表,特点是程序简单,转移表短,转移表和处理程序可位于程序存储器的任何地方。

【例 4.6】 设 R3 中存放了入口条件 0～3,R0 指向 RAM 的低 8 位地址,R1 指向 RAM 的高 8 位地址,根据入口条件编程实现转向 4 个分支程序,执行不同的分支程序后,累加器 A 中的内容为读取到的数。

```
N_JMP:   MOV   A,R3
         MOV   DPTR,#JMPTBL
         MOVC  A,@A + DPTR
         JMP   @A + DPTR
JMPTBL:  DB    MEM0 - JMPTBL    ;4 个子程序首地址与该表首址之间的偏移量构成的常数表
         DB    MEM1 - JMPTBL
         DB    MEM2 - JMPTBL
         DB    MEM3 - JMPTBL
```

```
MEM0:   MOV   A,@R0          ;从内部 RAM 读取数据
        RET
MEM1:   MOVX  A,@R0          ;从外部 256 B 的 RAM 中读取数据
        RET
MEM2:   MOV   DPL,R0         ;从外部 64 KB 的 RAM 中读取数据
        MOV   DPH,R1
        MOVX  A,@DPTR
        RET
MEM3:   MOV   A,R1           ;从外部 4 KB 的 RAM 中读取数据
        ANL   A,#0FH
        ANL   P1,#11110000B
        ORL   P1,A
        MOVX  A,@R0
        RET
```

根据 R3 中为 0、1、2、3，可以分别从 4 个不同的 RAM 空间读取数据。转移程序仅用 4 条指令，前 2 条指令形成转移表 JMPTBL 的首地址，用 MOVC 指令把表中的转移地址取到累加器(A)中。由于 MCS－51 没有简单的 JMP @A 指令，因此从转移目的地址中先减去转移表首址(分支程序与转移表首址的偏移量)，存放在 JMPTBL 表中，而在指令 JMP @A＋DPTR 中又把它加上，这样正好形成转移目的地址 MEM0～MEM3。

③ 应用转向地址表实现的散转移程序。直接使用转向地址表，其表中各项即为各转向程序的入口。散转移时，使用查表指令按某单元的内容查找到对应的转向地址，将它装入 DPTR，然后清零累加器(A)，再用 JMP @A＋DPTR 指令直接转向各个分支程序，这种方法 A 为 0 的不变地址，DPTR 为变址。

【例 4.7】 假设常数表 TAB 中存放的是各个分支程序的入口地址，A 中存放的是分支程序的序号，编程实现采用 JMP @A＋DPTR 指令跳转至相应分支程序。

```
        ORG     0000H
MAIN:   MOV     A,R3
        ADD     A,ACC           ;A×2
        MOV     DPTR,#TAB
        PUSH    ACC             ;保护 A 值
        MOVC    A,@A+DPTR       ;查表查分支程序 16 位入口地址的高 8 位
        MOV     B,A             ;暂存于 B 中
        INC     DPL             ;A 基址,DPTR 变址
        POP     ACC
        MOVC    A,@A+DPTR       ;查表查分支程序 16 位入口地址的低 8 位
        MOV     DPL,A           ;低 8 位地址送 DPL
        MOV     DPH,B           ;高 8 位地址送 DPH
        CLR     A
```

```
        JMP     @A+DPTR         ;跳转至相应分支程序入口
TAB:    DW      PR0
        DW      PR1
        DW      PR2
        …       …
        DW      PRn
        END
```

④ 应用 RET 指令实现的散转移程序。用子程序返回指令 RET 实现散转移。其方法是:在查找到转移地址后,不是将其装入 DPTR 中,而是将它压入堆栈中(先低位字节,后高位字节,即模仿调用指令);然后通过执行 RET 指令,将堆栈中的地址弹回 PC 中转移。

【例 4.8】 设入口 R3 存放了转移目的地址的序号(00H～FFH),出口 SP 中的内容是以当前栈顶内容为转移子程序的入口地址(高位),根据入口条件转移到 256 个目的地址。

```
JMP256: MOV     A,R3            ;取地址
        MOV     DPTR,#TBL       ;装转移表基址
        CLR     C
        RLC     A               ;变址乘 2
        INC     A
        JNC     LOW128          ;若是前 128 个子程序则转移
        INC     DPH             ;若不是则基址加 256
LOW128: MOV     SAVE,A          ;暂存变址
        MOVC    A,@A+DPTR
        PUSH    ACC             ;子程序首地址低 8 位进栈
        MOV     A,SAVE
        DEC     A
        MOVC    A,@A+DPTR
        PUSH    ACC             ;子程序首地址高 8 位进栈
        RET                     ;子程序首地址弹入 PC
TBL:    DW      ROUT0           ;256 个子程序首地址组成的表
        DW      ROUT1
        …       …
        DW      ROUT255
```

在某些应用中,128 个分支程序尚嫌不够,本程序为 256 个分支程序,其算法只要区别开第 0～127 和第 128～255 号分支程序。当算出的入口地址为第 128～255 号分支程序时,基址寄存器的高位 DPH 加 1。当程序入口时(R3)=130,则进入以 LOW128 为标号的指令前,(DPTR)=256+#TBL,(A)=4。这一段程序执行的结果恰好把入口地址 ROUT130(两个字节)弹入 PC。本例采用跳转指令进入分支,利

用堆栈，把计算出的子程序入口地址先压入堆栈，然后利用 RET 指令再把栈顶的内容弹入 PC，以实现程序分支。执行这段程序后，堆栈针 SP 并不受影响，仍恢复为原来的值。

4.4　循环结构程序设计

循环结构程序的特点：程序中含有可以重复执行的程序段（循环体），采用循环程序可以有效地缩短程序，减少程序占用的内在空间，使程序的结构紧凑，可读性好。

循环程序一般由以下 4 部分组成：

① 循环初始化：位于循环程序开头，用于完成循环前的准备工作，如设置各工作单元的初始值以及循环次数。

② 循环体：循环程序的主体，位于循环程序的工作程序，在执行中会被多次重复使用。要求编写得尽可能简练，以提高程序的执行速度。

③ 循环控制：位于循环体内，一般由循环次数修改、循环修改和条件语句等组成，用于控制循环次数和修改每次循环时的参数。

④ 循环结束：用于存放执行循环程序所得的结果，以及恢复各工作单元的初值。

循环结构的程序流程如下：

① 先循环处理，后循环控制（即先处理后控制），如图 4－9(a)所示。

② 先循环控制，后循环处理（即先控制后处理），如图 4－9(b)所示。

循环程序按结构形式分为单重循环和多重循环；按循环次数是否已知分为已知循环次数循环程序和未知循环次数循环程序。

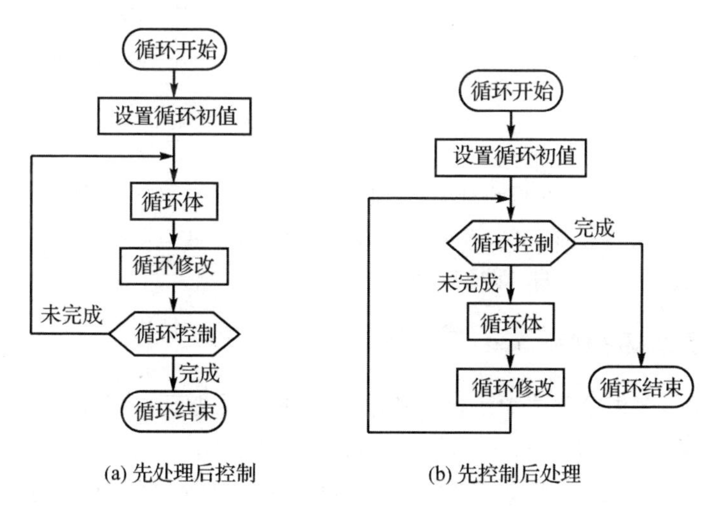

图 4－9　循环结构程序流程图

4.4.1 单重循环程序

单重循环程序指循环体内部不包括其他任何循环程序。

【例 4.9】 已知片内 RAM 的 30H～3FH 单元中存放了 16 个二进制无符号数，编写程序求它们的累加和，并将其和数存放在 R4、R5 中。

16 个二进制无符号数求和，循环程序的循环次数应为 16 次(存放在 R2 中)，它们的和的高位存在 R4 中，低位在于 R5 中。图 4－10 为数值求和程序流程图。

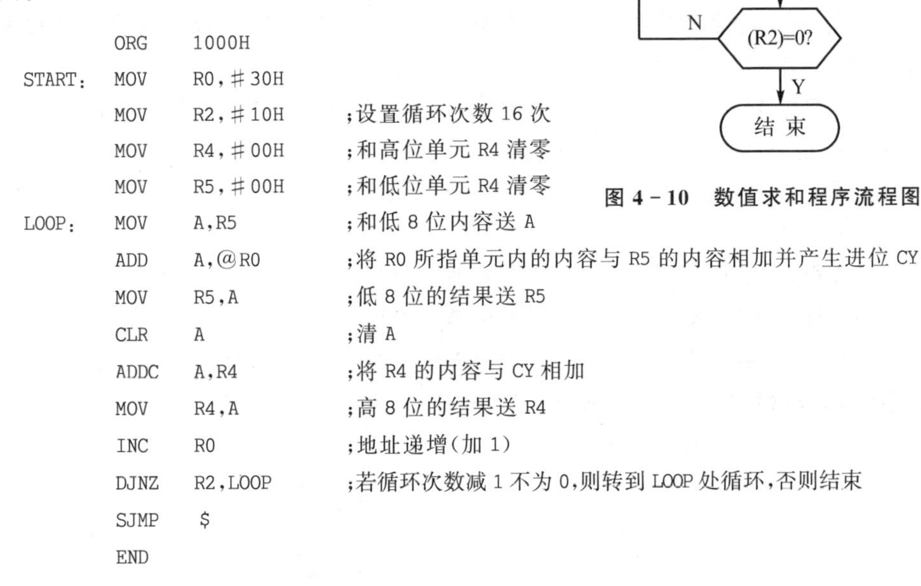

图 4－10 数值求和程序流程图

```
        ORG     1000H
START:  MOV     R0,#30H
        MOV     R2,#10H         ;设置循环次数 16 次
        MOV     R4,#00H         ;和高位单元 R4 清零
        MOV     R5,#00H         ;和低位单元 R4 清零
LOOP:   MOV     A,R5            ;和低 8 位内容送 A
        ADD     A,@R0           ;将 R0 所指单元内的内容与 R5 的内容相加并产生进位 CY
        MOV     R5,A            ;低 8 位的结果送 R5
        CLR     A               ;清 A
        ADDC    A,R4            ;将 R4 的内容与 CY 相加
        MOV     R4,A            ;高 8 位的结果送 R4
        INC     R0              ;地址递增(加 1)
        DJNZ    R2,LOOP         ;若循环次数减 1 不为 0,则转到 LOOP 处循环,否则结束
        SJMP    $
        END
```

如图 4－11 所示，在 30H～3FH 中预先设置了 2H～11H 这 16 个数，数值求和程序运行结束后，结果存在 R4R5 中(R4 存高位，R5 存低位)。由图 4－11 可知，运行结束后，(R4R5)＝0098H，即结果为 152。

4.4.2 多重循环程序

多重循环程序指循环体中还包括其他循环，也称为循环嵌套。

【例 4.10】 编程设计 50 ms 延时子程序，假设晶振频率 f_{osc}＝12 MHz。

由于 f_{osc}＝12 MHz，因此一个机器周期为 1 μs，执行一条 DJNZ 指令需要两个机器周期，执行一条 MOV 指令需要一个机器周期。延时要求 50 ms，即 50 ms÷2 μs＝25 000>255，故单重循环无法实现，可采用双重循环的方法编写。

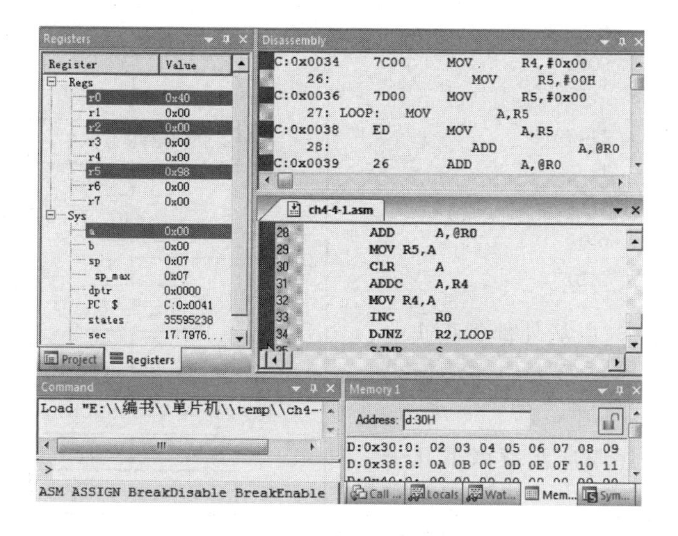

图 4 - 11　数值求和程序运行结果

参考程序如下：

```
DELAY： MOV  R7,＃200    ;设置外循环次数,需 1 个机器周期
DLY1：  MOV  R6,＃123    ;设置内循环次数,需 1 个机器周期
DLY2：  DJNZ R6,DLY2     ;R6 减 1 不为 0 转向 DLY2,为 0 顺序执行
                         ;内循环延时为 2 μs × 123 = 246 μs
        NOP              ;1 个机器周期
        DJNZ R7,DLY1     ;R7 减 1 不为 0 转向 DLY1,为 0 结束
                         ;循环延时为(246 + 2 + 1 + 1) × 200 + 2 + 1 = 50 003 μs = 50.003 ms
        RET
```

4.4.3　已知循环次数结构程序设计

很多情况下,一个循环程序的循环次数可以事先已知,如例 4.9 和例 4.10。这时,可以用计数方法来控制循环的终止。

4.4.4　未知循环次数结构程序设计

在有些情况下,我们无法事先知道循环次数,这时就不能用循环次数来控制。例如,近似计算中用误差小于给定值这一条件来控制循环的结束。对于这类问题,往往需要根据某种条件来判断是否应该终止循环。这时可以用条件转移指令来控制循环的结束。下面举例来说明这种循环程序的设计方法。

【例 4.11】 设在外部 RAM 中有一个 ASCII 字符串,它的首地址在 DPTR 中,字符串以 0 结尾。现在要求用串行口把它发送出去。在串行口已经初始化(TI 初值置为 1)的前提下,该操作流程可以用图 4 - 12 所示框图来描述。

```
SOUT:  MOVX    A,@DPTR
       JNZ     SOT1
       RET
SOT1:  JNB     TI,SOT1
       CLR     TI
       MOV     SBUF,A
       INC     DPTR
       SJMP    SOUT
```

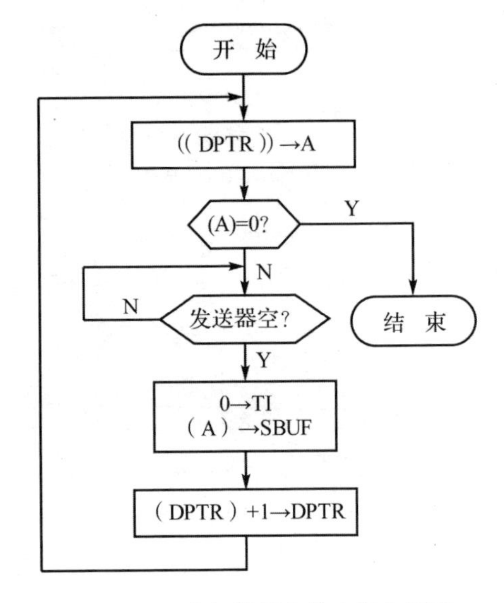

图 4-12 串行发送字符串程序框图

在这个程序中,以从外部 RAM 中取出的字符是否为字符串的结尾标志"0"作为循环终止控制。

编写循环程序时应注意以下几个问题:

① 循环程序是一个有始有终的整体,它的执行是有条件的,所以要避免从循环体外部直接转到循环体内部。

② 多重循环程序是从外向内逐层进入,循环结束时是由内到外逐层退出的。在多生循环中,只允许外重循环嵌套内重循环,不允许循环相互交叉,也不允许从循环程序的外部跳入循环程序的内部。

③ 编写循环程序时,首先要确定程序结构,处理好逻辑关系。一般情况下,一个循环体的设计可以从第一次执行情况入手,先画出重复执行的程序框图,然后加上循环控制和置循环初值部分,使其成为一个完整的循环程序。

④ 循环体是循环程序中重复执行的部分,应仔细推敲,合理安排,应从改进算法、选择合适的指令入手对其进行优化,以达到缩短程序执行时间的目的。

4.5 子程序设计及参数传递方法

在一个程序中,往往有许多地方需要执行同样的一种操作,但程序并不很规则,不能用循环程序来实现。这时我们可以把这个操作单独编制成一个子程序,在原来程序中(主程序)需要执行这种操作的地方执行一条调用指令,转到子程序完成规定操作以后又返回到原来的程序(主程序)继续执行下去,这种编程处理方法称为子程序结构。主程序与子程序之间的关系如图 4-13 所示。

子程序具有如下特点:

① 重复性:一个子程序只占用一段存储区域,但可以多次被调用,避免了编程人员的重复劳动,又节省程序的存储空间,由于增加了调用、返回等指令,因此程序执行时间会长些。如果一个程序段只用到一次,就没有必要编写成子程序的形式。

② 通用性:只能完成特定功能的子程序用处不大。例如,只能实现 5 个字节加

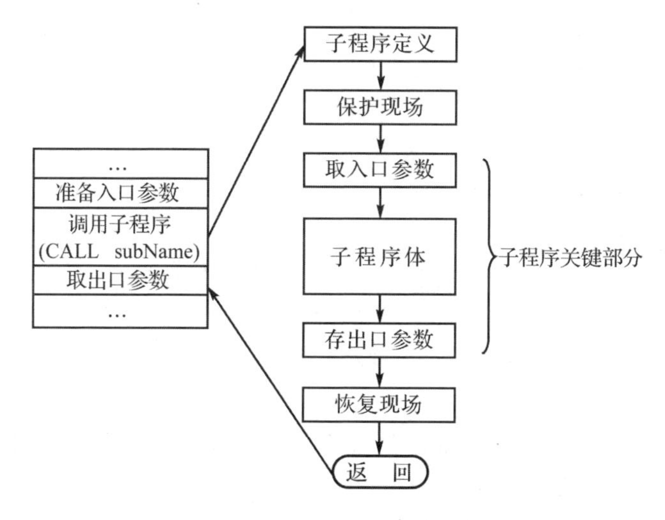

图 4-13　主程序与子程序的关系

法运算的多字节加法子程序和只能在定长字符串上查找某一固定字符的子程序都没有通用性，因而用处不大。要能够得到广泛应用的通用的多字节加法子程序，字节数应该是任意的；用字符查找子程序，字符串的长度和查找的字符都应是任意的。

③ 可浮动性：所谓可浮动性，就是说子程序可以存放在存储区的任何地址处。假如子程序只存放在固定的地址处，则在编写主程序时要特别注意存储单元的分配，不要使主程序占用了子程序的存储单元而破坏掉子程序，这样就会给编程人员带来很大麻烦，而且在装配主程序和子程序时往往造成存储空间的冲突或浪费。

④ 可递归和可重入性：如果子程序能够调用其本身，则称其可递归调用。如果子程序可被中断，在中断处理中被中断服务程序调用，并且能为中断服务程序和已中断的子程序两者都提供正确的结果，那么称该子程序是可重入的。为使子程序具有可递归和可重入性，应当利用堆栈和寄存器作为中间结果的暂存器，而不能用固定的存储单元作暂存器。

4.5.1　子程序的调用与返回

如图 4-13 所示，在主程序中需要执行子程序的地方执行一条调用指令(ACALL 或 LCALL)转到子程序，完成规定的操作后，再在子程序最后应用返回指令 RET 返回到主程序断点处，继续执行下去。

1. 子程序的调用

主程序执行 ACALL 或 LCALL 指令后，单片机首先将当前 PC 值(即调用指令的下一条指令的首地址)压入堆栈保存(低 8 位 PCL 先入栈，高 8 位 PCH 后入栈)，然后将子程序的入口地址送入 PC，转去执行子程序。子程序入口地址是指子程序的第一条指令地址，常用标号表示。这部分内容已在第 2 章中讲述。

2. 子程序的返回

子程序执行到 RET 指令后,将压入堆栈的断点地址弹出给 PC(即将保存的原 PCH 出栈,后将原 PCL 出栈),使程序回到原先被中断的主程序地址(断点地址),继续执行。主程序的断点地址是指子程序执行完毕后,返回主程序的地址称为主程序的断点地址,它在堆栈中保存。这部分内容已在第 2 章中讲述。

3. 现场保护和恢复

在子程序的运行过程中,可能会改变一些标志寄存器或某一存储单元的值,如果这些内容恰好是主程序要用到的,则需要在使用之前对其保护,使用完后,再将它们恢复。因此,在子程序中,一般应包含现场保护和现场恢复两个部分。但由于子程序调用与中断响应有所不同;中断响应的发生是随机的(任意的),转向中断处理的时刻与主程序无直接关系,故一般一定要有现场保护与现场恢复;对于子程序来说,它的发生是由主程序决定的,故现场保护可以按实际情况灵活处理。

(1) 保护现场

主程序转入子程序后,保护主程序的信息不会在运行子程序时丢失的过程称为保护现场。保护现场通常在进入子程序的开始时,由堆栈完成。例如:

```
PUSH   PSW
PUSH   ACC
```

(2) 恢复现场

从子程序返回时,将保存在堆栈中的主程序的信息还原的过程称为恢复现场。恢复现场通常在从子程序返回之前将堆栈中保存的内容弹回各自的寄存器。例如:

```
POP   ACC
POP   PSW
```

4. 子程序的嵌套

在子程序中若再调用子程序,称为子程序的嵌套,如图 4-14 所示。MCS-51 单片机允许多重嵌套。

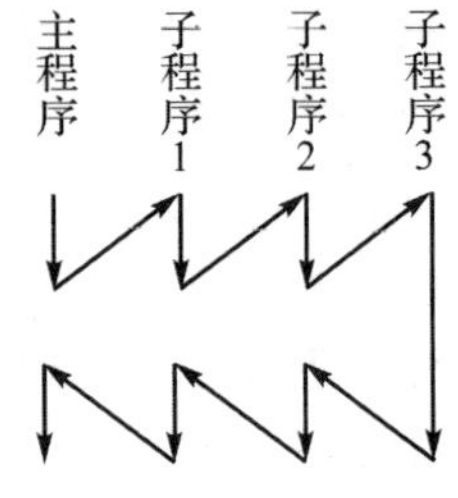

图 4-14 子程序嵌套结构图

4.5.2 子程序的参数传递

子程序调用中有一个特别的问题,就是参数传递。

在调用子程序时,主程序应先把需要子程序处理的有关参数(即入口参数)放到某些约定的位置,子程序在运行时,可以从约定的位置得到有关的参数。同样,子程序在运行结束前,也应该把处理结果(出口参数)送到约定位置。在返回主程序后,主程序可以从这些地方得到需要的结果,这就是参数传递。

实际实现参数传递时,可采用多种约定方法。下面依 51 系列单片机的特点介绍几种常用的方法。

1. 用工作寄存器或累加器来传递参数

这种方法就是把入口参数或出口参数放在工作寄存器或累加器中。使用这种方法,程序最简单,运算速度也最高。它的缺点如下:工作寄存器数量有限,不能传递太多的数据;主程序必须先把数据送到工作寄存器;参数个数固定,不能由主程序任意设定。

【例 4.12】 累加器(ACC)内的一个十六进制数的 ASCII 码转换为十六进制数存放于 A。

根据十六进制数和它的 ASCII 码之间的关系,可以得出图 4-15 所示的程序框图。

```
ASCH:  CLR    C
       SUBB   A,#30H
       CJNE   A,#10,$ +3
       JC     AH10
       SUBB   A,#07
AH10:  RET
```

思考:如何在主程序调该子程序实现将 30H～3FH 的十六进制 ASCII 码转化成十六进制制,结果存放在 40H～4FH。

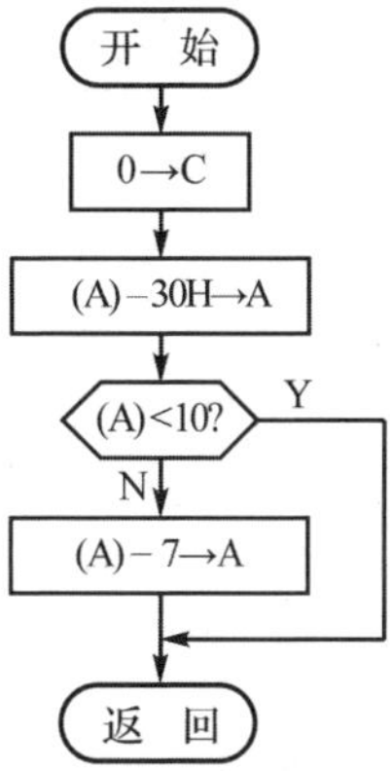

开　始
0→C
(A)－30H→A
(A)<10?
Y
N
(A)－7→A
返　回

图 4-15　ASCII 字符转换为十六进制数制程序框图

2. 用指针寄存器来传递参数

由于数据一般存放在存储器中,而不是工作寄存器中,故可用指针来指示数据的位置,这样可大节省传递数据的工作量,并可实现可变长度运算。一般如参数在内部 RAM 中,可用 R0 或 R1 作指针;参数在外部 RAM 或程序存储器中,可用 DPTR 作指针。可变长度运算时,可用一个寄存器来指出数据长度,也可在数据中指出其长度(如使用结束标记等)。

【例 4.13】 将 R0 和 R1 所指向的内部 RAM 中两个 3B 无符号整数相加,结果送 R0 所指向的内部 RAM 中。入口时,R0、R1 分别指向加数和被加数的低位字节(高位字节存在低地址单元),出口时 R0 指向结果的高位字节。利用 51 单片机的带进位加法指令,可以直接编写出下面的程序:

```
NADD:  MOV    R7,#3
       CLR    C
NADD1: MOV    A,@R0
       ADDC   A,@R1
       MOV    @R0,A
       DEC    R0
       DEC    R1
       DJNZ   R7,NADD1
       INC    R0
       RET
```

思考:若 2 个 3 字节数相加,考虑最高位的进位位,则程序应做何修改?

3. 用堆栈来传递参数

堆栈可以用于传递参数。调用时,主程序可用 PUSH 指令把参数压入堆栈中。以后子程序可按栈指针来间接访问堆栈中的参数,同时可把结果参数送回堆栈中。返回主程序后,可用 POP 指令得到这些结果参数。这种方法的优点如下:①简单;②能传递大量参数;③不必要为特定的参数分配存储单元。使用这种方法时,由于参数在堆栈中,因此大大简化了中断响应时的现场保护。

在实际使用时,不同的调用程序可使用不同的技术来处理这些参数。下面以几个简单的例子来说明用堆栈来传递参数的方法。

【例 4.14】 一位十六进制的数转换为 ASCII 码子程序。

```
HASC:  MOV    R0,SP
       DEC    R0
       DEC    R0              ;R0 为参数指针
       XCH    A,@R0           ;保护 ACC,取出参数
       ANL    A,#0FH          ;只取(A)0～3
       ADD    A,#2            ;加偏移量
       MOVC   A,@A+PC
       XCH    A,@R0           ;查表结果放回堆栈并恢复 ACC
       RET
       DB     '0123456789'    ;十六进制数的 ASCII 字符表
       DB     'ABCDEF'
```

子程序 HASC 把堆栈中的一位十六进制数变成 ASCII 码。它先从堆栈中读出调用程序存放的数据,然后用它的低 4 位去访问一个局部的 16 项的 ASCII 码表,把得到的 ASCII 码放回堆栈中,然后返回,不改变累加器的值。可以按不同的情况来调用这个子程序。

【例 4.15】 把内部 RAM 中 50H,51H 的双字节十六进制数转换为 4 位 ASCII 码,存放于 R1 所指向的 4 个内部 RAM 单元,可以用如下方法调用【例 4.14】中的子程序:

```
HA24:  MOV    A,50H
       SWAP   A
       PUSH   ACC
       ACALL  HASC      ;(50H)4～7→ASCII 码
       POP    ACC
       MOV    @R1,A
       INC    R1
       PUSH   50H
       ACALL  HASC      ;(50H)0～3→ASCII 码
       POP    ACC
```

```
        MOV     @R1,A
        INC     R1
        MOV     A,51H
        SWAP    A
        PUSH    ACC
        ACALL   HASC        ;(51H)4～7→ASCII 码
        POP     ACC
        MOV     @R1,A
        INC     R1
        PUSH    51H
        ACALL   HASC        ;(51H)0～3→ASCII 码
        POP     ACC
        MOV     @R1,A
        …
```

图 4-16 所示为将 2B 十六进制数转换成 4 个 ASCII 码的程序运行结果。当 50H～51H 中预置了 4DEAH 时，通过调用 HASC 子程序，在 60H～63H 中得到 34H、44H、45H 和 41H，它们分别为“4”“D”“E”“A”字符的 ASCII 码。

图 4-16　调用 HASC 子程序运行结果

HASC 子程序只完成了一位十六进制数到 ASCII 码的转换，对于 1 B 中两位十六进制数，须由主程序把它分成两个一位十六进制数，然后两次调用 HASC，才能完成转换。对于须多次使用该功能的程序场合，须占用很多程序空间。下面介绍将 1 B 的两位十六进制数变成两个 ASCII 码的子程序。

该子程序仍采用堆栈来传递参数，但现在传到子程序的参数为 1 B，传回到主程序的参数为 2 B，这样堆栈的大小在调用前后是不一样的。在子程序中，必须对堆栈内的返回地址和栈指针进行修改。

【例 4.16】　一个字节单元中的两位十六进制数转换为两个 ASCII 码子程序。

```
HTA2:   MOV  R0,SP
        DEC  R0
        DEC  R0
        PUSH ACC                    ;保护累加器内容，堆栈指针加 1
        MOV  A,@R0                  ;取出参数
        ANL  A,#0FH
        ADD  A,#(ATAB-HTA20)        ;加偏移量
        MOVC A,@A+PC
HTA20:  XCH  A,@R0                  ;低位 HEX 的 ASCII 码放入堆栈中并取参数
        SWAP A
        ANL  A,#0FH
        ADD  A,#(ATAB-HTA21)        ;加偏移量
```

```
        MOVC A,@A+PC
HTA21:  INC  R0
        XCH  A,@R0               ;高位 HEX 的 ASCII 码放入堆栈中并取 PCL
        INC  R0
        XCH  A,@R0               ;低位返回地址放入堆栈中并取 PCH
        INC  R0
        XCH  A,@R0               ;高位返回地址放入堆栈并恢复累加器内容
        RET
ATAB:   DB   '0123456789'
        DB   'ABCDEF'
```

【例 4.17】 将内部 RAM 中 50H、51H 中的内容以 4 位十六进制数的 ASCII 形式在串行口发送出去,可调用 HTA2 程序:

```
SCOT4:  PUSH    50H
        ACALL   HTA2
        POP     ACC
        ACALL   COUT
        POP     ACC
        ACALL   COUT
        PUSH    51H
        ACALL   HTA2
        POP     ACC
        ACALL   COUT
        POP     ACC
        ACALL   COUT
        …
COUT:   JNB     TI,COUT          ;字符发送子程序
        CLR     TI
        MOV     SBUF,A
        RET
```

如图 4-17 所示,在数据存储器 50H 和 51H 单元中预置了十六进制数 D5H 和 2FH,运行 SCOT4 后,这 2 B 的十六制数以 4 个 ASCII 字符形式通过串口发送出去。UART#1 窗口中显示的就是发送出去的 4 个字符"D""5""2""F"。它们的十六进制形式分别对应于 44H、35H、32H 和 46H。

4. 程序段参数传递

上面这些参数的传递案例多数是在调用子程序前,把值装入适当的寄存器来传递参数。如果有许多常数参数,则这种方法不太有效,这是因为每个参数需要一个寄存器来传递,并且在每次调用子程序时需分别用指令把它们装入寄存器中。

如果需要大量参数,并且这些参数均为常数时,则程序段参数传递方法(有时也称为直接参数传递)是传递常数的有效方法。调用时,常数作为程序代码的一部分,

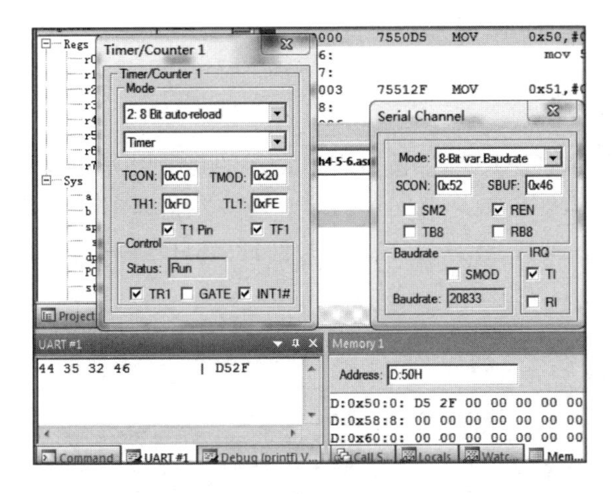

图 4－17　调用 HTA2 将 4 位十六进制数的 ASCII 形式在串行口发送的结果

紧跟在调用子程序后面。子程序根据栈内的返回地址，决定从何处找到这些常数，然后在需要时，从程序存储器中读出这些参数。

【例 4.18】 字符串发送子程序。

在实际应用中，经常需要发送各种字符串，而这些字符串，通常放在程序存储器中。按通常的方法，需要先把这些字符装入 RAM 中，然后用传递指针的方法来实现参数传递。为了简便，也可把字符串放在程序存储器的独立区域中，然后用传递字符串首地址的方法来传递参数。以后子程序可按该地址用 MOVC 指令从程序存储器中读出并发送该字符串。但是，最简单的方法是采用程序段参数传递方法。以下程序段中，字符串以 0 作为结束标志：

```
SOUT:   POP     DPH
        POP     DPL
SOT1:   CLR     A
        MOVC    A,@A+DPTR
        INC     DPTR
        JZ      SEND
        JNB     TI,$
        CLR     TI
        MOV     SBUF,A
        SJMP    SOT1
SEND:   JMP     @A+DPTR
```

下面以发送字符串“AT89C52 CONTROLLER ↵ ”为例，说明该子程序调用的方法。

```
MP1:   ACALL   SOUT
       DB      'AT89C52 CONTROLLER'
```

```
        DB    0AH,0DH,0
MP2:    …
```

后面紧接其他程序。

如图 4-18 所示,UART#1 窗口右边显示的是通过串口发送的 ASCII 字符串“AT89C52 CONTROLLER.. ”,UART#1 窗口左边是对应于字符串的十六进制数:41H、54H、38H、39H、43H、35H、32H、20H、43H、4FH、4EH、54H、52H、4FH、4CH、45H、52H、0AH、0DH。

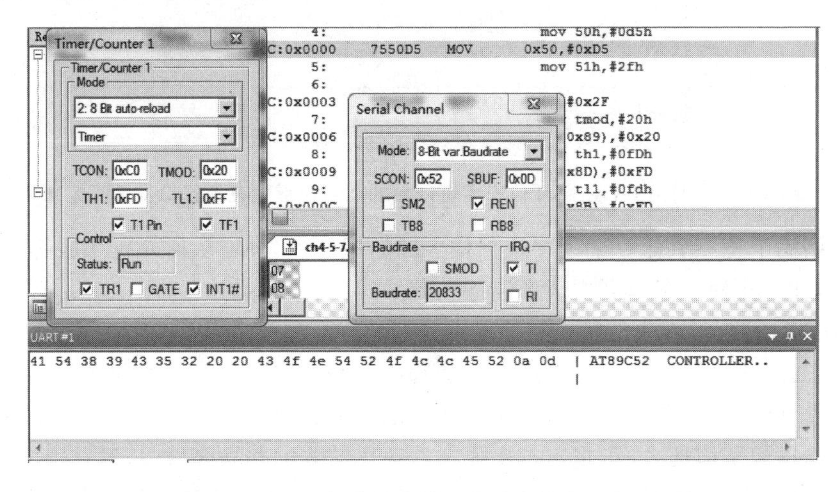

图 4-18　采用程序段参数传递法发送字符串程序运行结果

上面这段子程序具有如下特点:

① 它不以一般的返回指令结尾,而是采用基址寄存器加变址寄存器间接寻址转移指令来返回到参数表后的第一条指令。一开始的两条 POP 指令已调整了堆栈指针的内容。

② 它可适用于 ACALL 或 LCALL,这是因为这两种调用指令均把下一条指令或数据字节的地址压入堆栈中。调用程序可位于程序存储器地址空间的任何地方,因为该查表指令能访问所有 64 KB。

③ 传递到子程序的参数可按最方便的次序列表,而不必按使用的次序排列。子程序在每一条 MOVC 指令前向累加器装入适当的值,这样基本上可以“随机访问”参数。

④ 子程序只使用累加器(A)和数据指针 DPTR,应用程序可以在调用前,把这些寄存器压入堆栈中来保护它们的内容。

前面介绍了 4 种基本的参数传递方法,实际上可以按需要合并使用两种或几种参数传递方法,以达到缩短程序长度,加快运行速度,节省工作单元等目的。

4.6　查表程序

查表程序主要应用于 LED 显示控制、打印机打印控制、数据补偿、数值计算及转换等功能程序中。

所谓查表，就是预先将满足一定精度要求的表示变量与函数值之间关系的一张表求出，然后把这张表存于单片机的程序存储器中，这时自变量值为单元地址，相应的函数值为该地址单元中的内容。根据变量 X 在表格中查找对应的函数值 Y，使 $Y=f(X)$。

查表程序主要应用 MOVC A,@A+DPTR 和 MOVC A,@A+PC 两条指令。

1. 采用 MOVC A,@A+DPTR 指令查表程序的设计方法

① 在程序存储器中建立相应的函数表(设自变量为 X)。

② 计算出这个表中所有的函数值 Y，将这些函数值按顺序存放在起始(基)地址为 TABLE 的程序存储器中。

③ 将表格首地址 TABLE 送入 DPTR，X 送入 A，采用查表指令 MOVC A,@A+DPTR 完成查表，就可以得到与 X 相对应的 Y 值存于累加器(A)中。

【例 4.19】 利用查表指令将内部 RAM 中 20H 单元的压缩 BCD 码拆开，转换成相应的 ASCII，存入 21H 和 22H 中，高位存在 22H 中。

BCD 码的 0～9 对应 ASCII 码为 30H～39H，将 30H～39H 按大小顺序排列放入表 TABLE 中，先将 BCD 码拆分，将拆分后的 BCD 码送入 A，表首地址送入 DPTR，然后利用查表指令 MOVC A,@A+DPTR，查表即得结果，然后存入 21H 和 22H 中。

```
        MOV     DPTR,#TABLE
        MOV     A,20H
        ANL     A,#0FH
        MOVC    A,@A+DPTR
        MOV     21H,A
        MOV     A,20H
        ANL     A,#0F0H
        SWAP    A
        MOVC    A,@A+DPTR
        MOV     22H,A
TABLE:  DB      30H,31H,32H,33H,34H
        DB      35H,36H,37H,38H,39H
```

2. 采用 MOVC A,@A+PC 指令查表程序的设计方法

当使用 PC 作为基地寄存器时，由于 PC 本身是一个程序计数器，与指令的存放地址有关，故查表时其操作有所不同。

① 在程序存储器中建立相应的函数表(设自变量为 X)。

② 计算出该函数表中所有的函数值 Y,将这些函数值按顺序存放在基址为 TABLE 的程序存储器中。

③ X 送入 A,使用 ADD A,＃data 指令对累加器(A)的内容进行修正,偏移量 data 由式(4-1)确定,即 data 值等于查表指令和函数表之间的字节数。

$$data = 函数数据表首地址 - PC - 1 \tag{4-1}$$

④ 采用查表指令 MOVC A,@A＋PC 完成查表,就可得到与 X 相对应的 Y 值并存于累加器 A 中。

参见【例 4.16】,此处就不另外给出例题了。

4.7 数制转换程序

【例 4.20】 将 8 位二进制数转换为 BCD 数子程序。

完成功能:将 00H～FFH 范围内的二进制数转换为 BCD 码(0～255)。此程序中 A 中存储的是入口二进制数;R0 中存放的是十位数和个位数的地址。

```
BINBCD1:  MOV   B,＃100
          DIV   AB          ;(A) = 百位数
          MOV   @R0,A       ;存入 RAM
          INC   R0
          MOV   A,＃10
          XCH   A,B
          DIV   AB          ;(A) = 十位数,(B) = 个位数
          SWAP  A
          ADD   A,B         ;合成到(A)
          MOV   @R0,A       ;存入 RAM
          RET
```

二进制数转换为 BCD 码的一般算法是把二进制数除以 1 000、100、10 等 10 的各次幂,所得的商即为千、百、十位数,余数为个位数。这种算法在被转换数较大时,需进行多字节除法运算,运算速度较慢,程序的通用性欠佳。

下面介绍另一种方法实现二进制数转换为 BCD 码,其算法如图 4-19 所示。

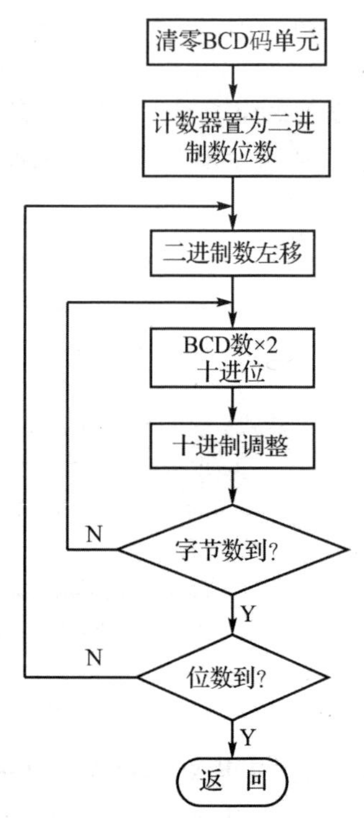

图 4-19 BINBCD2 算法框图

【例 4.21】 编程实现多字节二进制数转换为 BCD 码子程序。设 BINADDR 中存放的是二进制数低位字节地址指针;BCDADDR 中存放的是 BCD 码的个位数地址指针;BYTES 中存放的是二进制数字节数。

```
BINBCD2:      MOV     R1,#BCDADDR
              MOV     R2,#BYTES
              INC     R2
              CLR     A
BB0:          MOV     @R1,A            ;以下三行为清零BCD码结果单元
              INC     R1
              DJNZ    R2,BB0
              MOV     A,#BYTES
              MOV     B,#8
              MUL     AB               ;BYTES×8 = 位数
              MOV     R3,A
BB3:          MOV     R0,#BINADDR
              MOV     R2,#BYTES
              CLR     C
BB1:          MOV     A,@R0            ;以下5行为n字节的二进制左移n次,实现左移1位
                                       ;的目的。将最高位移入CY中
              RLC     A
              MOV     @R0,A
              INC     R0
              DJNZ    R2,BB1
              MOV     R2,#BYTES;       以下2行为n字节+1,得到BCD码的字节数
              INC     R2
              MOV     R1,#BCDADDR
BB2:          MOV     A,@R1
              ADDC    A,@R1
              DA      A
              MOV     @R1,A
              INC     R1
              DJNZ    R2,BB2
              DJNZ    R3,BB3
              RET
```

说　明:

① 当采用一个单元存放两个BCD码时,转换后的BCD码可能比二进制数多一个单元;

② BCD码乘2没有用RLC指令,而是用ADDC指令对BCD码自身相加一次,这是因为RLC指令将破坏进位标志,而且不能产生DA A指令所需要的辅助进位和进位标志。本程序具有较大的通用性。

【例4.22】 编写主程序调用上例中的子程序实现将2字节的十六进制数2EA3H转换成BCD码。

```
        BYTES    EQU 2                ;二进制数字节数
```

```
        ORG     0000H
        LJMP    MAIN
        ORG     0100H
MAIN:
        MOV     31H,#2EH
        MOV     30H,#0A3H
        MOV     R0,#30H             ;二进制数低字节地址
        MOV     R1,#50H             ;转成 BCD 码低字节地址
        LCALL   BINBCD2             ;调用二进制数转成 BCD 码
        SJMP $
        END
```

如图 4-20 所示,十六进制数 2EA3H 转换成 BCD 码$(011939)_{8421BCD}$后,存放在数据存储器的 52H、51H、50H 三个单元中。

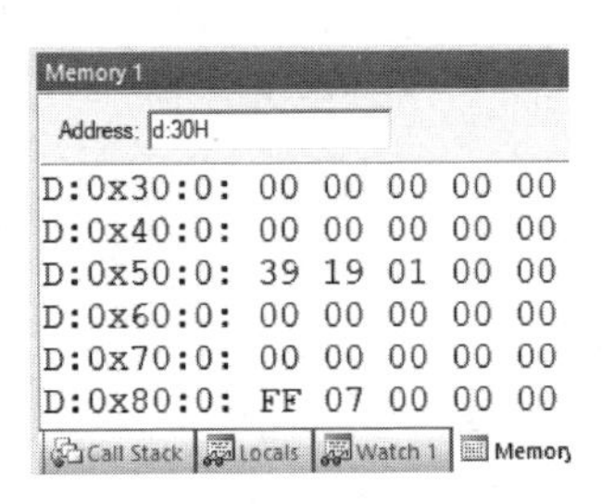

图 4.20　2 字节十六进制数转换成 BCD 码后的结果

习　题

1. 片内 RAM 的 30H 开始的单元中有 10 个字节的二进制数,编程求它们之和(和小于 256)。

2. 用查表法编一个子程序,将 R3 中的 BCD 码转换成 ASCII 码。

3. 片内 RAM 的 40H 开始的单元内有二进制数 10B,编程找出其中最大值并存入 50H 单元中。

4. 编程序实现两个无符号数相加。

5. 试编写一个程序段,其功能如下:30H(高)~32H(低)和 33H(高)~35H(低)两个 3 B 字节无符号数相加,结果写入 30H(高)~32H(低),设 3 个字节数相加时无进位。

6. 试编写一个子程序,其功能为将内部 RAM 中 30H~32H 的内容左移 1 位。

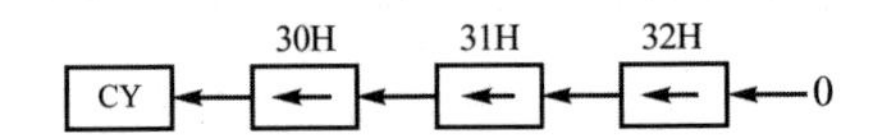

7. 试编写一个子程序，其功能如下：

(A)→(30H)→(31H)→(32H)→ …… →(3EH)→(3FH)→丢失

8. 试编写一个子程序，其功能为将 30H～32H 中压缩 BCD 码拆成 6 位单字节 BCD 码存入 33H～38H 单元；

9. 试编写一个子程序，其功能为将 33H～38H 单元的 6 个单字节 BCD 码拼成 3 字节压缩 BCD 码存入 40H～42H 单元；

10. 试编写一个子程序，将内部 RAM 中 30H～4FH 单元的内容传送到外部 RAM 中 7E00H～7E1FH 单元。

第5章　51系列单片机并行接口应用及Proteus仿真

51单片机有4个并行I/O端口，分别命名为P0、P1、P2和P3。它们共有3种操作方式：输出数据方式、读端口数据方式和读端口引脚方式。

在数据输出方式下，CPU通过一条数据操作指令就可以把输出数据写入P0～P3的端口锁存器，然后通过输出驱动器送到端口引脚线。因此，凡是端口操作指令都能达到从端口引脚线上输出数据的目的。例如，以下指令均可在P0口输出数据：

```
MOV  P0,A          ;累加器A中内容送P0口
ORL  P0,#data      ;P0或data的结果送P0口
ANL  P0,A          ;P0与A的内容送P0口
XOR  P0,#data      ;P0异或data的结果送P0口
```

读端口数据方式是一种仅对端口锁存器中数据进行读入的操作方式，CPU读入的这个数据并非端口引脚线上输入的数据。因此，CPU只要用一条传送指令就可把端口锁存器中数据读入累加器A或内部RAM中来。例如，以下指令可以从P1口输入数据：

```
MOV  A,P1          ;P1锁存器中数据送A
MOV  R1,P1         ;P1锁存器中数据送R1
MOV  20H,P1        ;P1锁存器中数据送20H
MOV  @R,P1         ;P1锁存器中数据送R0指向的单元
```

读引脚方式可以从端口引脚线上读入信息。在这种方式下，CPU首先必须使欲读端口引脚所对应的锁存器置位。因此，用户在读引脚时必须连续使用两条指令。例如读P1口低4位引脚线上信号的程序为：

```
MOV  P1,#0FH       ;使P1口低4位锁存器置位
MOV  A,P1          ;读P1口低4位引脚线信号
```

应当指出，51单片机内部4个I/O端口既可以字节寻址，也可以对它们进行位寻址，每一位既可以用作输入，也可以用作输出。现分别对它们的使用方法进行讨论。

1. I/O接口直接用于输入/输出口

在I/O接口直接用作输入/输出时，CPU既可以把它们看作数据口，也可以看作状态口，这由用户根据实际情况决定。

【例5.1】 如图5-1所示，P1.3～P1.0作为输出线，分别接指示灯的L3～L0，P1.7～P1.4作为输入线，分别接开关K3～K0，试编写程序实现K1闭合，L1亮。

```
     ORG     0000H
KLA: MOV     A,P1
     SWAP    A
     ORL     A,#0F0H
     MOV     P1,A
     LJMP    KLA
     END
```

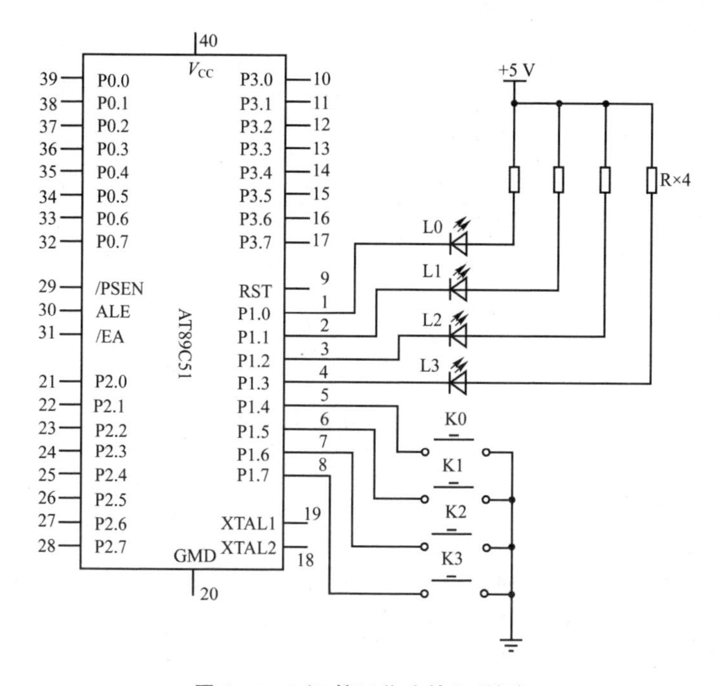

图 5-1　I/O 接口作为输入/输出

将上述程序存成.ASM 文件后，编译成.HEX 文件，然后在 Proteus 中加载进 AT89C51 单片机中，则仿真结果如图 5-2 所示，当按下开关 K1 时，发光二极管 L1 亮。

【例 5.2】 图 5-3 所示为 51 单片机和蜂鸣器的接口电路，当 P1.0 输出 0 时，晶体管导通，在蜂鸣器两端加上工作电压 5 V，蜂鸣器发声，P1.0 输出 1 时，晶体管截止，蜂鸣器不发声。编程序实现使蜂鸣器响 5 次，约 0.5 s 响，1 s 停。

```
BEEP:    MOV      R7,#5
BEEPL:   CLR      P2.2
         LCALL    DEL5
         SETB     P2.2
         LCALL    DEL10
         DJNZ     R7,BEEPL
         SJMP     BEEP
```

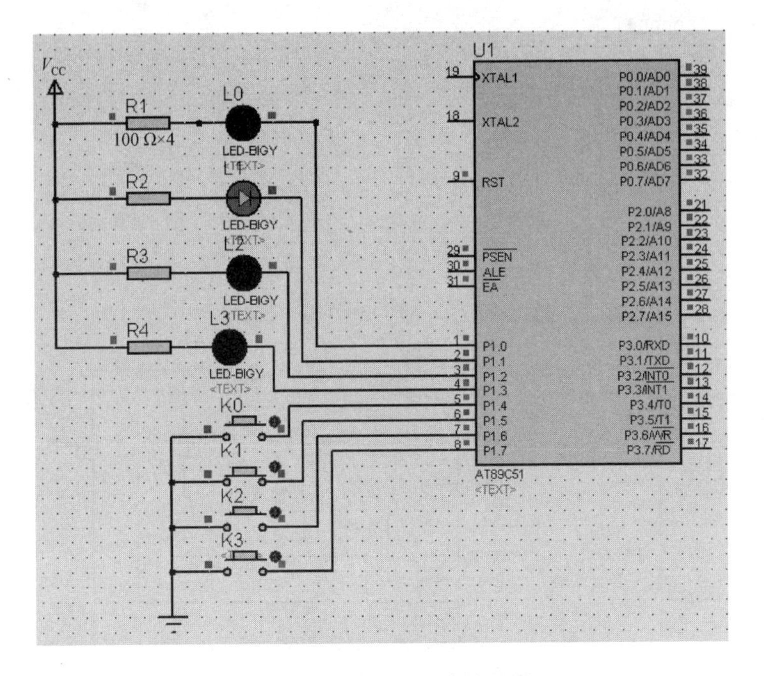

图 5-2 【例 5.1】仿真结果图

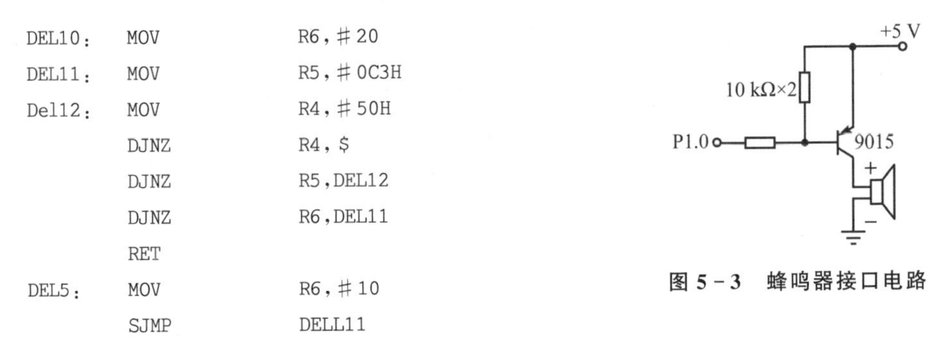


```
DEL10:  MOV     R6,#20
DEL11:  MOV     R5,#0C3H
Del12:  MOV     R4,#50H
        DJNZ    R4,$
        DJNZ    R5,DEL12
        DJNZ    R6,DEL11
        RET
DEL5:   MOV     R6,#10
        SJMP    DELL11
```

图 5-3 蜂鸣器接口电路

图 5-4 所示为仿真结果,单击运行,电脑音箱连续发出停 0.5 s、响 1 s 的“嘟嘟”声。

2. 并行口接串行接口器件

51 单片机并行口的另一个应用是用并行口的口线,由软件模拟串行接口时序、外接串行接口的器件和设备组成。下面以移位寄存器 74LS164 为例,说明串行接口时序的模拟和数据传送方法。

【例 5.3】 图 5-5 给出了两片 74LS164 的一种接口方法,图中两片 74LS164 作为两个 8 位输出口,接 16 个指示灯,P1.7 作为移位时钟输出线,P1.6 作为串行数据输出线,P1.7(CLK)上的脉冲上升沿将数据移入移位寄存器,原来内容依次向右移一位。数据从低位开始串行输出,经 8 次移位后,一个字节数据移入 1#74LS164,原 1#74LS164 内容移入 0#74LS164,经 16 次移位后,两片 74LS164 内容(指示灯

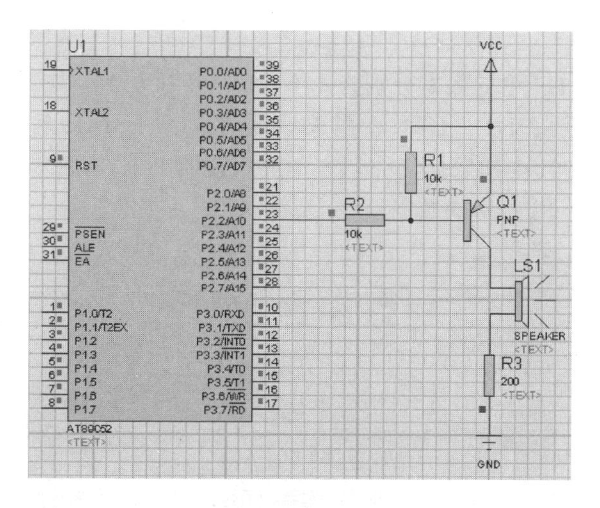

图 5－4　蜂鸣器接口电路仿真

L15～L0 状态）全部刷新。试编写程序将 30H、31H 单元内容串行输出至两片 74LS164 的子程序。

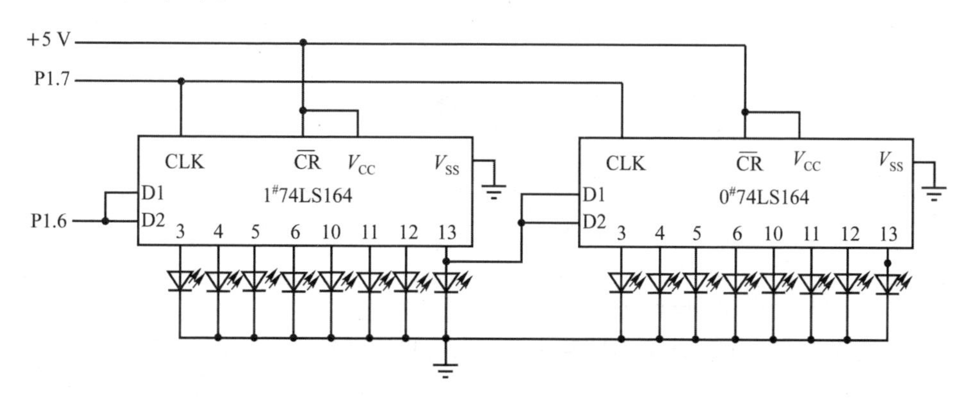

图 5－5　两片 74LS164 的一种接口方法

```
SO164:    MOV     R7,#2
          MOV     R0,#30H
SO164_1:  MOV     R6,#8
          MOV     A,@R0
SO164_2:  CLR     P1.7
          RLC     A
          MOV     P1.6,C
          CLR     CY
          SETB    P1.7
          DJNZ    R6,SO164_2
          INC     R0
          DJNZ    R7,SO164_1
```

```
        LJMP      S0164
```

假设 30H 和 31H 中的数据分别为 1100,1010B 和 0110,1011B,如图 5-6 所示仿真可知发光二极管 D9～D16 的亮灭说明 U3(74LS164)输出的并行数据为 11001010B,即为 30H 中的数据;D1～D8 的亮灭说明 U2(74LS164)输出的并行数据为 01101011B,即为 31H 中的数据。

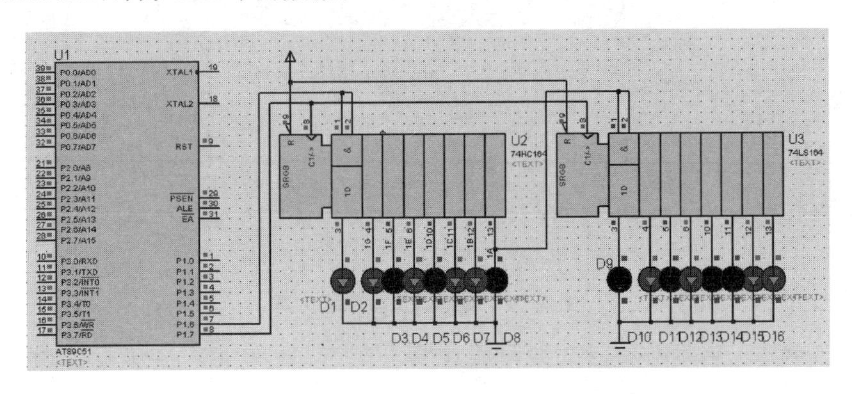

图 5-6　两片 74LS164 的一种接口方法

习　题

1. 51 单片机有几个并行口?其中哪个并口内部无上拉电阻?

2. 51 单片机有 2 个系列,分别是 51 系列和 52 系列。51 系列中哪个并行口是单一功能?

3. 51 单片机的 P0 口如何实现数据/地址复用?

4. 编程实现 8 个独立按键控制 8 个 LED 灯的亮灭,并画出原理图。

第 6 章　51 系列单片机中断系统的结构功能及应用

单片机与外部设备交换信息的方法主要有以下 4 种：

① 无条件交换方式；

② 查询交换方式；

③ 中断交换方式；

④ DMA 交换方式。

在单片机应用系统中，主要使用前 3 种方式，其中中断交换方式最灵活、及时和高效率，应用最为广泛。除了数据交换广泛应用中断外，凡是需要及时进行处理的工作都可以应用中断技术。因此，中断在计算机(包括计算机)中是一个重要的技术。

6.1　中断系统的结构及功能

6.1.1　中断系统结构

中断是指中央处理器 CPU 正在处理某件事情的时候，外部发生了某一事件(如定时/计数器溢出)，请求 CPU 迅速去处理，CPU 暂时中断当前的工作，转入处理所发生的事件，处理完后，再回到原来被中断的地方，继续原来的工作，这个过程称为中断。实现这种功能的部件称为中断系统，产生中断的请求源称为中断源。

51 系列有 5 个中断源，52 系列有 6 个中断源，可分为两个优先级，其中每一个中断源的优先级都可以由程序设置。

当 CPU 正在处理一个中断源请求的时候，又发生了另一个优先级比它高的中断源请求，如果 CPU 能够暂时中止执行对原来中断源的处理程序，转而去处理优先级更高的中断请求，待处理完以后，再继续执行原来的低级中断处理程序，这样的过程称为中断嵌套，这样的中断系统称为多级中断系统。没有中断嵌套功能的中断系统称为单级中断系统。图 6－1 所示为二级中断嵌套的中断过程。

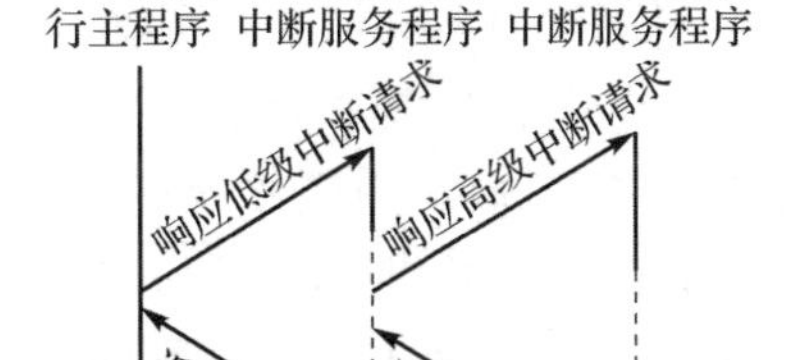

图 6－1　二级中断嵌套的中断过程

6.1.2　中断源

如图 6－2 所示，51 系列的中断系统，提供 5 个中断请求源，52 系列有 6 个中断请求源,它们分别锁存在 TCON、SCON、T2CON 的相应位中。

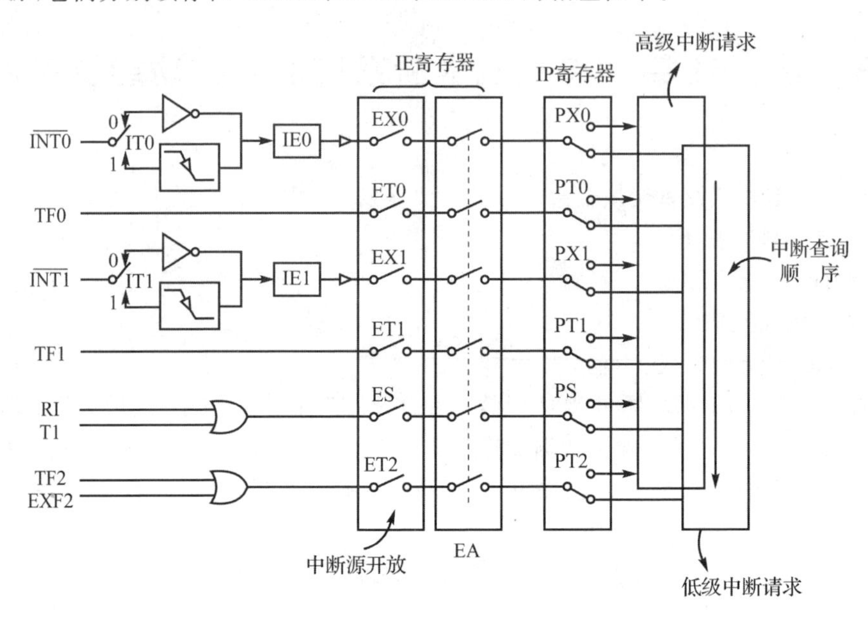

图 6-2 51 单片机的中断系统

1. 外部中断源

$\overline{\text{INT0}}$(P3.2)和 $\overline{\text{INT1}}$(P3.3)上输入的两个外部中断标志和它们的触发方式控制位在特殊功能寄存器 TCON 的低 4 位。

D7	D6	D5	D4	D3	D2	D1	D0
TF1	TR1	TF0	TR0	IE1	IT1	IE0	IT0

IT0:外部中断 0($\overline{\text{INT0}}$,P3.2)触发方式控制位。当 IT0=0 时,设置外部中断 0 为电平触发方式;IT0=1 时,外部中断 0 为边沿触发方式。

IE0:外部中断 0 请求源标志。IE0=1 时,外部中断 0 向 CPU 请求中断,当 CPU 响应外部中断时,由硬件清零 IE0。

IT1:外部中断 1($\overline{\text{INT1}}$,P3.3)触发方式控制位。当 IT1=0 时,设置外部中断 1 为电平触发方式,IT1=1 时,外部中断 1 为边沿触发方式。

IE1:外部中断 1 请求源标志。IE1=1 时,外部中断 1 向 CPU 请求中断,当 CPU 响应外部中断时,由硬件清零 IE1。

由上述可知,外部中断的触发方式分为两种:电平触发和边沿触发。当 ITx=0 时(x 为 0 或 1,在后续叙述中会用到类似的符号,其含义相似),设置外部中断 x 采用电平触发方式,即在 $\overline{\text{INTx}}$ 引脚上检测到低电平时,将触发外部中断 x;当 ITx=1 时,外部中断 x 采用边沿触发方式,即在相继的 2 个周期中,对 $\overline{\text{INTx}}$ 引脚进行连续 2 次采样,若第一次采样值为高,第二次为低,则 TCON 寄存器中的中断请求 IEx 置

1，向 CPU 发出中断请求。

由于外部中断引脚每个机器周期被采样一次，为确保采样，由引脚 $\overline{\mathrm{INTx}}$ 输入的信号应至少保持一个机器周期，即 12 个振荡器周期。如果外部中断为边沿触发方式，则引脚处的高电平和低电平值至少各保持一个机器周期，才能确保 CPU 检测到电平的跳变，而把中断请求 IEx 置 1。

如果采用电平触发外部中断方式，则外部中断源应一直保持中断请求有效，直至所请求的中断得到响应。

2. 内部中断源

51 系列有 3 个内部中断源为定时器 T0、定时器 T1 溢出中断和串行口中断；52 系列增加了 1 个定时器 T2 溢出中断。

D7	D6	D5	D4	D3	D2	D1	D0
TF1		TF0		IE1	IT1	IE0	IT0

TF0：定时器 T0 的溢出中断标志。T0 允许计数以后，从初值开始加 1 计数；当产生溢出时将 TF0 置 1，向 CPU 发出中断请求；当 CPU 响应该中断时，由硬件清零 TF0（也可以由查询程序清零 TF0）。

TF1：定时器 T0 的溢出中断标志。T0 允许计数以后，从初值开始加 1 计数；当产生溢出时将 TF0 置 1，向 CPU 发出中断请求；当 CPU 响应该中断时，由硬件清零 TF0（也可以由查询程序清零 TF0）。

D7	D6	D5	D4	D3	D2	D1	D0
SM0	SM1	SM2	REN	TB8	RB8	TI	RI

串行口中断请求位锁存在串行口控制寄存器 SCON 的低二位。

RI：接收中断标志。若串口接收器允许接收，并以方式 0 工作，每当接收到第 9 位数据时 RI 置“1”。当以方式 1、2、3 工作且 SM2＝0 时，每当接收到停止位的中间时置“1”。当以方式 2、3 工作且 SM2＝1 时，仅接到第 9 位数据 RB8 为 1 且同时还要在接收到停止位的中间位时，才置“1”。

TI：发送中断标志。在串行口以方式 0 发送时，每当发送完 8 位数据由硬件置“1”；以方式 1，方式 2 或方式 3 发送时，在发送停止位的开始时置“1”，TI＝1 表示串行发送正向 CPU 申请中断。

注意：CPU 响应发送中断请求或接收中断请求，转向执行中断服务程序时并不清零相应的中断请求标志位，即中断服务程序中必须用位操作指令 CLR TI（或 RI）或字节操作指令 ANL SCON，＃0FDH（或 ANL SCON，＃0FEH）等命令清零 TI 或 RI。

D7	D6	D5	D4	D3	D2	D1	D0
TF2	EXF2	RCLK	TCLK	EXEN2	TR2	$C/\overline{T2}$	$CP/\overline{RL2}$

52 系列比 51 系列多 1 个内部中断,即 T2 中断,它的中断源锁存在 T2CON 的高两位中。如图 6-2 所示,T2 计数溢出标志 TF2 和 T2 外部中断标志 EXF2 逻辑或以后作为一个中断源。CPU 响应中断时不清零 TF2 和 EXF2,它们必须由软件清零。

6.1.3 中断控制

1. 中断使能控制 IE

D7	D6	D5	D4	D3	D2	D1	D0
EA	—	ET2	ES	ET1	EX1	ET0	EX0

EX0:外部中断 0 允许位。EX0=0,禁止外部中断 0;EX0=1,允许外部中断 0。

ET0:定时器 0 中断允许位。ET0=0,禁止定时器 0 中断;ET0=1,允许定时器 0 中断。

EX1:外部中断 1 允许位。EX1=0,禁止外部中断 1;EX1=1,允许外部中断 1。

ET1:定时器 1 中断允许位。ET1=0,禁止定时器 1 中断;ET1=1,允许定时器 1 中断。

ES:串行口中断允许位。ES=0,禁止串行口中断;ES=1,允许串行口中断。

ET2:定时器 2 中断允许位。ET2=0,禁止定时器 2 中断;ET2=1,允许定时器 2 中断。

EA:总允许位。EA=0,禁止一切中断;EA=1,则每个中断源是允许还是禁止,分别由各自的允许位确定。

更新 IE 的内容可由位操作指令来实现(SETB BIT;CLR BIT),也可用字节指令(MOV IE,#DATA,ANL IE,#DATA)。

【例 6.1】 要求 $\overline{\text{INT0}}$、T1 允许中断,其他禁止,请写出 IE 字。

1 0 0 0 1 0 0 1 B=89H

可以采用两种方式法对 IE 进行设置:

```
方法 1: MOV     IE,#89H      ;3B 指令
方法 2: SETB    EA
        SETB    ET1
        SETB    EX0          ;共 6B
```

2. 中断优先级控制寄存器(IP)

MCS-51 的中断分为两个优先级。每个中断源的优先级都可以通过中断优先级寄存器 IP 中的相应位来设定。

D7	D6	D5	D4	D3	D2	D1	D0
—	—	PT2	PS	PT1	PX1	PT0	PX0

PX0:外部中断 0 优先级设定位。若 PX0=1,设定为高优先级。

PT0:定时器 0 中断优先级设定位。若 PT0=1,设定为高优先级。

PX1:外部中断 1 优先级设定位。若 PX1=1,则设定为高优先级。

PT1:定时器 1 中断优先级设定位。若 PT1=1,则设定为高优先级。

PS:串行口中断优先级设定位。若 PS=1,则设定为高优先级。

PT2:定时器 2 中断优先级设定位。若 PT2=1,则设定为高优先级。

靠 IP 寄存器把各中断源的优先级分为高、低两挡。它们遵循以下两条基本规则:

① 低优先级中断可被高优先级中断所中断,反之不能;

② 一种中断(不管是什么优先级)一旦得到响应,与它同级的中断将不能再中断它。

为了实现这两条规则,中断系统内部包含两个不可寻址的"优先级激活"触发器。其中一个触发器指示某高优先级的中断正在得到服务,所有后来的中断都被阻断;另一个触发器指示某低优先级的中断正得到服务,所有同级的中断都被阻断,但不阻断高优先级的中断。

当同时收到几个同一优先级的中断要求时,哪一个要求得到服务,取决于内部的查询顺序,相当于在每个优先级内,还同时存在另一个辅助优先结构。如图 6-3 所示,同级内的优先权从高到低的顺序依次为外部中断 0($\overline{INT0}$)、定时/计数器 0(T0)、外部中断 1($\overline{INT1}$)、定时/计数器 1(T1)、串行口、定时/计数器 2(T2)。

中断源	引脚	入口地址	优先级
$\overline{INT0}$	(P3.2)	0003H	高
T0	P3.4	000BH	↓
$\overline{INT1}$	(P3.3)	0013H	↓
T1	P3.5	001BH	↓
串口	P3.0、P3.1	0023H	↓
(52) ← T2		002BH	低

图 6-3　中断查询顺序

【例 6.2】 某系统要求串行口,定时器 1,外部中断 0、1 均具有中断请求功能,并要求定时器 1 具有高优先级,请给出 IE 字和 IP 字。

IE:1 0 0 1 1 1 0 1B=9DH;　IP:0 0 0 0 1 0 0 0B=08H

6.1.4　中断响应过程

在每一个机器周期中,所有中断源都顺序被检查一遍,这样到任一周期的 S6 状态时,找到了所有已激活的中断请求,并排好了优先权。在下一机器周期的 S1 状态,只要不受阻断就开始响应其中最高优先级的中断请求。若发生下列情况,则中断响应会受到阻断:

① 同级或高优先级的中断已在进行中。

② 现在的机器周期还不是执行中指令的最后一个机器周期(换言之,正在执行的指令完成前,任何中断请求都得不到响应)。

③ 正在执行的是一条 RETI 或者访问专用寄存器 IE 或 IP 的指令(换言之,在 RETI 或读/写 IE 或 IP 之后,不会马上响应中断请求,而至少在执行一条其他指令之后才会响应)。

若存在上述任一种情况，中断查询结果就被取消；否则，在紧接着的下一个机器周期，中断查询结果变为有效。

1. 中断协议

CPU 响应中断时，先置位“优先级激活”触发器，然后执行一条硬件子程序调用，使控制转移到相应的中断入口，清零中断请求源申请标志(TF2、EXF2、TI 和 RI 除外)。接着把程序计数器的内容压入堆栈，将被响应的中断服务程序的入口地址送程序计数器(PC)。

中断源	入口地址
外部中断 0($\overline{INT0}$)	0003H
定时器 T0	000BH
外部中断 1($\overline{INT1}$)	0013H
定时器 T1	001BH
串行口中断	0023H
* 定时器 T2	002BH

注:52 系列才具有的中断源及入口地址。

通常在中断入口，安排一条相应的跳转指令，以跳到用户设计的中断处理程序。

CPU 执行中断处理程序一直到 RETI 指令为止。RETI 指令是表示中断服务程序的结束，CPU 执行完这条指令后，清零响应中断时所置位的“优先级激活”触发器，然后从堆栈中弹出栈顶的两个字节到程序计数器 PC，CPU 从原来被打断处重新执行被中断的程序。由此可见，用户中断服务程序末尾必须安排一条返回指令 RETI，CPU 现场的保护和恢复必须由用户的中断服务程序处理。

2. 外部中断响应时间

在每个机器周期的 S5P2，$\overline{INT0}$ 和 $\overline{INT1}$ 电平被采样并锁存到 IE0、IE1 中，这个新置入的 IE0、IE1 状态要等到下一个机器周期才被查询。如果中断请求有效，一般情况下，下一条要执行的指令将是一条硬件子程序调用指令，转到相应的服务程序入口，该调用指令本身需要两个机器周期。这样，在产生外部中断请求到开始执行中断服务程序的第一条指令之间，最少需要 3 个完整的机器周期。

如果中断请求被前面列出的 3 个条件之一所阻止，则需要更长的响应时间。如果已经在处理同级或更高级中断，额外的等待时间明显地取决于别的中断服务程序的处理过程。如果正在处理的指令没有执行到最后的机器周期，则所需的额外等待时间不会多于 3 个机器周期(因为最长的乘法指令 MUL 或除法指令 DIV 也只有 4 个机器周期)；如果正在执行的指令为 RETI 或访问 IE、IP 的指令，则额外的等待时间不会多于 5 个机器周期，最多需一个周期完成正在处理的指令，完成下一条 MUL 或 DIV 的 4 个机器周期。这样，在一个单一中断的系统中，外部中断响应时间总是 3～8 个机器周期。

6.1.5　中断服务程序的现场保护和恢复

中断现场指的是发生中断时 CPU 的主要状态，其中最重要的是断点，另外还有一些通用寄存器的状态。之所以需要保护和恢复现场，是因为 CPU 要先后执行两个完全不同的程序（现行程序和中断服务程序），必须进行两种程序运行状态的转换。

现代计算机一般都采用硬件方法来自动快速地保护和恢复部分重要的现场，其余寄存器的状态再由软件完成保护和恢复，这种方法的硬件支持是堆栈。

CPU 执行中断服务程序之前，自动将程序计数器（PC）内容（即断点）压入堆栈保护。若在中断服务程序中要用到某些通用寄存器，那么在进入中断服务程序以前，也需要这些通用寄存器的内容保护起来。

中断服务程序是以中断返回指令 RETI 为结束标志。RETI 指令的执行，一方面告诉中断系统该中断服务程序已经结束，另一方面要进行现场的恢复，也就是把原来压入堆栈的断点地址从栈顶弹出，装入 PC 中，使程序回到断点处继续执行。

要使计算机具有多重中断的能力，首先要能保护多个断点，先发生的中断请求的断点先保护后恢复，后发生的中断请求的断点后恢复，堆栈的先进后出特点为正好满足多重中断这一先后次序的需要。

6.1.6　中断请求的撤出

某个中断请求被响应后，在中断返回前，应该撤消该中断请求，否则会再次引起中断。

对于定时/计数器 0 或 1 的溢出中断，CPU 响应中断后，就自动使用硬件清除了中断请求标志 TF0 或 TF1，即中断请求的撤出是自动的，无须人为干预。

对于边沿触发的外部中断，CPU 响应中断后，也自动使用硬件清除中断请求标志 IE0 或 IE1，无须采取任何措施。

对于串行口中断，CPU 响应中断后，没有用硬件清除中断 TI、RI，要使用软件清除它们。

外部中断 0 或 1，在电平触发方式下，中断标志是靠 CPU 检测 $\overline{\text{INT0}}$ 或 $\overline{\text{INT1}}$ 上的低电平而置位的，尽管响应中断时能自动清除中断标志 IE0 或 IE1，但是外部中断源若不及时撤除它在 $\overline{\text{INT0}}$ 或 $\overline{\text{INT1}}$ 上的低电平，就会使已经清零的中断标志 IE0 或 IE1 再次被置位。这就会造成一个中断信号引起两次或两次以上的中断请求，这是不允许的。因此，电平触发型外部中断，在 CPU 响应中断后，必须立即使 $\overline{\text{INT0}}$ 或 $\overline{\text{INT1}}$ 上的中断请求撤出，也就是使 $\overline{\text{INT0}}$ 或 $\overline{\text{INT1}}$ 上的低电平变成高电平。这通常需要采用软件和硬件联合的措施，图 6-4 所示就是一种实用的电路。

电路的工作原理如下：当外部中断源产生中断时，D 触发器的 Q 端输出为 0，Q 端与 $\overline{\text{INT0}}$ 相连，Q 端的低电平被 8051 检测到后就使中断标志 IE0 置位（使 IE0＝1），8051 响应中断请求后便可以转入 $\overline{\text{INT0}}$ 中断服务程序。中断请求的撤出可以在

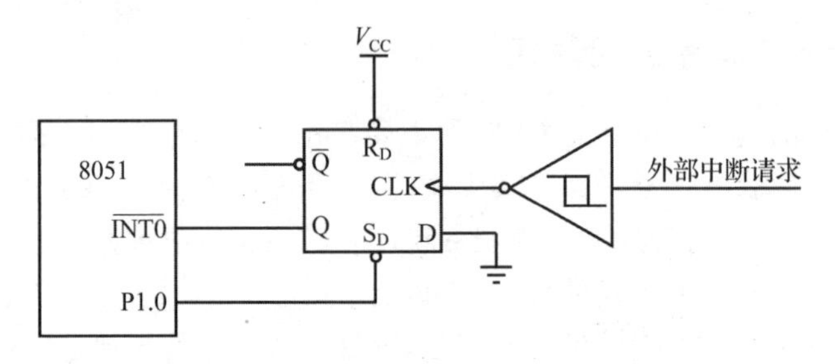

图 6-4 电平触发的外部中断请求的撤除电路

中断服务程序的开头用软件实现,具体如下:

```
INTSER:SETB     P1.0
       CLR      P1.0
       SETB     P1.0
       RET
```

8051 执行上述程序就在 P1.0 上产生一个负脉冲,该脉冲使 D 触发器的输出 Q 端输出为 1,引脚上的电平变高,也就是撤出了其上的中断请求。

6.2 中断程序设计

中断程序主要是在理解中断系统的工作原理基础上,编写好中断的初始化程序和中断服务程序。

6.2.1 中断的初始化

中断的初始化实际上就是对 4 个与中断有关的特殊功能寄存器 TCON、SCON、IE 和 IP 进行编程。只要这些寄存器的相应位按照要求进行状态预置,CPU 就按照人们的意志对中断进行管理和控制。初始化的主要步骤如下:

① CPU 开中断与关中断;

② 相应中断源的请求允许与禁止;

③ 各中断源优先级的设定;

④ 外部中断的触发方式设定。

【例 6.3】 请写出 $\overline{INT0}$ 为边沿触发、高优先级的中断初始化程序。

解:① 采用位操作指令。

```
SETB   EX0           ;INT0 开中断
SETB   PX0           ;设置 INT0 为高优先级
SETB   IT0           ;设置 INT0 为边沿触发
SETB   EA            ;CPU 开中断
```

② 采用字节操作指令

```
MOV    IE,#81H         ;INT0 及 CPU 开中断
ORL    IP,#01H         ;设置 INT0 为高优先级
ORL    TCON,#01H       ;设置 INT0 为边沿触发
```

由上面的两段程序的比较可以看出，采用位操作指令进行初始化比较简单，编程人员无须记住各控制位在寄存器中的具体位置，只须记住各控制位的名称，而这是较容易的。

中断的初始化程序一般处于主程序的开始位置，即单片机在工作前，就必须进行初始化。

6.2.2　中断服务程序

CPU 响应中断源的中断请求后，就把当前的 PC 值压入堆栈中，然后转到相应的中断服务程序入口处执行。前面讲过，相邻的两个中断源的入口地址相距很近(只有 8 个字节)，通常中断服务程序所占据的地址空间远大于 8 个字节，因此在中断服务程序的入口处安排一条跳转指令，跳转到中断服务程序的开头处(中断服务程序通常安排在主程序的后面)。

在编写中断服务程序时，应注意以下问题：

① 注意保护现场。对于在中断服务程序中用到的寄存器等资源应进行保护，以免执行完中断服务程序后，再执行原来的程序时出错。

② 在中断服务程序中，及时清除那些不能被硬件自动清除的中断标志，以免产生错误的中断。

③ 中断服务程序中的压栈(PUSH)和弹出(POP)指令应成对使用，以确保中断服务程序执行完返回原来程序后能正确执行。

④ 主程序与中断服务程序间的参数传递和主程序与子程序间的参数传递相同。

6.2.3　外部中断程序

【例 6.4】 如图 6-5 所示，用中断的方式实现由按键 S 控制发光二极管 LED。

```
        ORG     0000H
        AJMP    START
        ORG     0003H           ;外部中断 0 入口地址
        AJMP    INT_0
        ORG     0030H
START:  MOV     SP,#5FH
        MOV     P1,#0FFH        ;灯全灭
        MOV     P3,#0FFH        ;P3 口置高电平，使 P3 作为输入口
        SETB    EA
```

```
        SETB    EX0
        SETB    IT0
        AJMP    $
INT_0:  PUSH    ACC
        PUSH    PSW
        CPL     P1.0
        POP     PSW
        POP     ACC
        RETI
        END
```

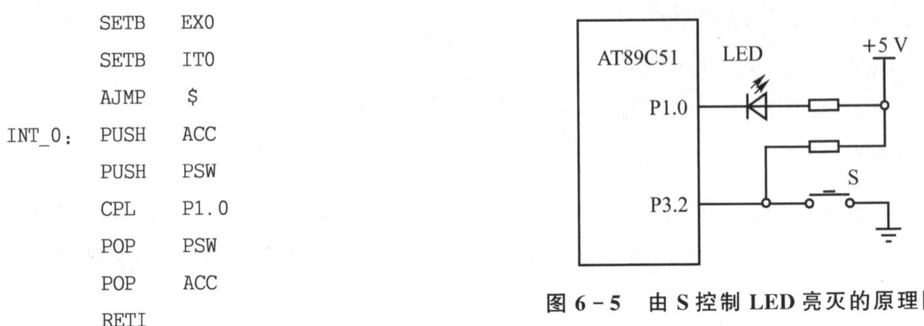

图 6-5　由 S 控制 LED 亮灭的原理图

如图 6-6 所示,按一次 S 键,P3.2 就接收一个下降沿,就触发一次外部中断 0,就会取反一次 P1.0。结果是按一次 S 键就会使 LED 灯亮,再按一次 S 键,LED 灯灭。如图 6-6(a)所示,当 P3.2 的引脚状态为 1(模拟 S 键断开)时,P1.0 为 0(灯亮);如图 6-6(b)所示,当将 P3.2 的引脚状态变为 0(模拟 S 键按下)时,P1.0 为 1(灯灭)。重复刚才过程,当再次让 P3.2 的引脚状态从 1 变为 0(模拟 S 键从断开到按下)时,P1.0 为 0(灯亮)。

定时中断和串行中断程序的设计在第 7 章和第 8 章给出。

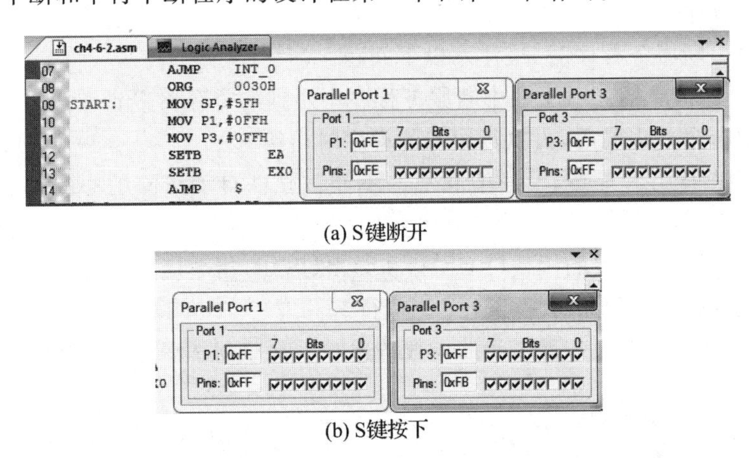

图 6-6　利用外部中断实现由 S 控制 LED 亮灭程序运行结果

习　题

1. MCS-51 系列单片机具有几个中断源,中断入口地址分别是什么?

2. MCS-51 系列单片机中的中断源中哪些是内部中断源?哪些是外部中断源?

3. MCS-51 系列单片机各中断源的优先级如何确定?同一优先级中各个中断源和优先级以如何确定?

4. 什么叫外部中断？有几个外部中断源？请求信号由什么引脚引入？

5. 简述中断响应的主要内容。

6. 使用外中断 0 来控制，实现以下功能（其中按键 K1 按单片机的 P3.2 口，8 个发光二极管接 P1 口）：

	P1.0	P1.1	P1.2	P1.3	P1.4	P1.5	P1.6	P1.7
无按键按下（循环）	●	●	○	○	●	●	○	○
	●	●	●	●	○	○	●	●
有按键按下	●	●	●	●	○	○	○	○

7. 单片机 P0 和 P1 口各驱动两只共阳数码管，用外部中断 1 实现加计数功能，并将计数值输出到数码管上显示。

第7章　定时/计数器的结构应用及Proteus仿真

定时/计数器是计算机控制系统中的重要功能，在实际系统中应用极为普遍，常见的定时/计数器专用芯片主要有MC6840、Z80－CTC、8253、8254等。许多计算机系列，本身带有定时/计数器，使用时不需要附加专用的定时计数芯片。MCS－51系列单片机内部有两个16位可编程定时/计数器，即定时器T0和定时器T1，52系列除这两个定时器外，还有一个定时/计数器T2。它们都具有定时和计数功能，并有4种工作方式可供选择。

在工业检测、控制中，许多场合都要用到计数或定时功能。例如，对某个外部事件进行计数。

在单片机内，定时器非常有用，它的核心部件是二进制加1计数器（TH0、TL0或TH1、TL1），其功能如下：

① 定时功能：计数输入信号是内部时钟脉冲，每个机器周期使寄存器的值加1。计数频率是振荡频率的1/12。

② 计数功能：计数脉冲来自相应的外部输入引脚，T0为P3.4，T1为P3.5，可以测量相应输入信号的周期等参数。

③ 定时输出：定时触发输出引脚的电平，使输出脉冲的宽度、占空比、周期达到预定值，其精度不受程序状态的影响。

④ 监视系统正常工作：系统工作异常时自动产生复位，重新启动系统使其正常工作。

7.1　定时/计数器的一般结构

如图7－1所示，定时器的一般结构由计数时钟源控制电路、一个N位加1计数器、TMOD工作方式寄存器和TCON控制寄存器组成。计数时钟源有两个：一个是由系统的时钟输出脉冲经12分频后送来；一个是T0(P3.4)或T1(P3.5)引脚外部脉冲源。定时/计数器使用哪种时钟源是由方式控制开关进行选择的。

1. 定时方式

如图7－1所示，若方式控制开关选择了内部时钟，则定时/计数器设定为定时器方式。启动计数后，计数控制的电子开关吸合，则每来一个脉冲，则N位计数器内容加1，当加到计数器为全1时，再输入一个脉冲就使计数器回到0，且同时计数器溢出产生一个溢出标志，向CPU发出中断请求。对于一个N位的加1计数器，若计数时钟的频率f是已知的，则从初值a开始加1计数至溢出所占用的时间为T，其表达

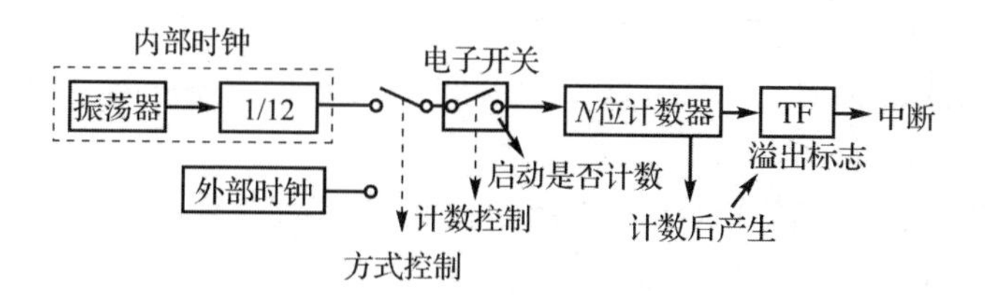

图 7-1　定时/计数器的一般结构

式为

$$T=\frac{1}{f}\times(2^N-a)=\frac{12}{f_{osc}}\times(2^N-a) \tag{7-1}$$

式中：T 为定时长度；f 为计数时钟频率；a 为计数初值；f_{osc} 为晶振频率；N 为计数器的位数。

当 $N=8$，$a=0$ 时，$f_{osc}=12$ MHz 存在最大定时长度，为 $T=256$。

这种工作方式称为定时器方式，其计数的目的就是定时。例如，每当计数器从初值计数至溢出时，P1.0 求反，则 P1.0 输出一个周期为 $2T$ 的方波。

2. 计数器方式

如图 7-1 所示，若方式控制开关选择了外部时钟，则定时/计数器设定为计数器方式。此时，计数脉冲来自相应的外部输入引脚 T0(P3.4)或 T1(P3.5)，当输入信号产生由 1 至 0 的跳变时，计数寄存器的值加 1。每个机器周期的 S5P2 期间，对外部输入进行采样，如果在第一个周期中采得的值为 1，而在下一个周期中采得的值为 0，说明检测到一个下跳变，则在紧跟着的再下一个周期的 S3P1 期间，计数值就会加 1。由于确认一次下跳变要花 2 个机器周期，即 24 个振荡器周期，故外部输入的计数脉冲的最高频率为振荡器频率的 1/24。对外部输入信号的占空比并没有什么限制，但为了确保某一给定的电平在变化之前至少被采样一次，则这一电平至少要保持一个机器周期。因此，对输入信号的基本要求如图 7-2 所示，图中 T_{cy} 为机器周期。

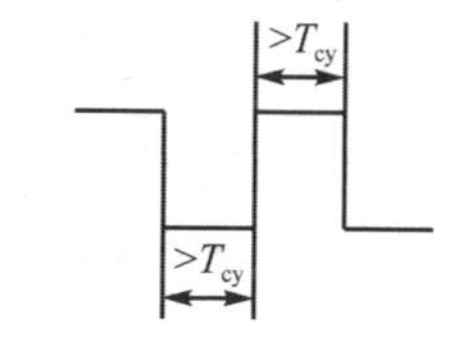

图 7-2　对输入信号的基本要求

这种方式可实现对外部时钟累加统计或测量外部输入时钟的参数。例如，对电表脉冲计数是为了统计用电量；如果在规定时间测得外部输入脉冲数，则可求得脉冲的平均周期。

7.2　定时/计数器方式寄存器和控制寄存器

51 系列单片机中与定时器相关的特殊功能寄存器有 TH0、TL0、TH1、TL1、TMOD、TCON、IE、IP 等。TH0、TL0 为定时/计数器 T0 的 16 位计数器的高 8 位和低 8 位,TH1、TL1 为定时/计数器 T1 的 16 位计数器的高 8 位和低 8 位,TMOD 为 T0、T1 的方式寄存器,TCON 为 T0、T1 的状态和控制寄存器,存放 T0、T1 的运行控制位和溢出中断标志位。

通过对 TH0、TL0 和 TH1、TL1 的初始化编程来设置 T0、T1 定时/计数器初值,通过对 TMOD 和 TCON 的编程来选择 T0、T1 的工作方式和控制 T0、T1 的运行。

1. 方式寄存器 TMOD

TMOD 用于控制 T0、T1 的工作方式和 4 种工作模式,其中低 4 位用于控制 T0,高 4 位用于控制 T1,其格式如下:

D7	D6	D5	D4	D3	D2	D1	D0
GATE	$C/\overline{T}$	M1	M0	GATE	$C/\overline{T}$	M1	M0

(1) 方式选择位 M1M0

M1M0 为方式选择位,2 位可形成 4 种编码,分别对应于 4 种方式,如表 7-1 所列。

表 7-1 定时器的方式选择

M1	M0	功能说明
0	0	方式 0 13 位计数方式(低 5 位与高 8 位)
0	1	方式 1 16 位计数方式
1	0	方式 2 自动重装 8 位计数方式
1	1	方式 3 只适用于 T0,当 T1 作为波特率发生器时,T0 分为 2 个 8 位计数器

(2) 定时器方式和外部事件计数方式选择位 $C/\overline{T}$

如前所述,定时器方式和外部事件计数方式的差别是计数脉冲源和用途不同,$C/\overline{T}$ 实际上是用来选择计数脉冲源的。

$C/\overline{T}=0$,设置为定时器方式,内部计数器的输入是内部脉冲,其周期等于机器周期。也就是说,以振荡器输出的时钟脉冲的 12 分频信号作为计数信号。例如,晶振为 12 MHz,则定时器计数频率为 1 MHz,计数的脉冲周期为 1 μs。

$C/\overline{T}=1$,设置为外部事件计数方式,计数脉冲信号来自 T0、T1(P3.4、P3.5)引脚上的输入脉冲,以此作为计数脉冲。

(3) 门控位 GATE

GATE=0,定时器的运行只受 TRx(x=0、1)位的控制,TRx 为 1,则相应定时/计数器就被选通。

GATE=1,定时器的运行将同时受 TRx 位和 $\overline{INTx}$ 引脚电平的控制。在 TRx=1 时,若 $\overline{INTx}=1$,则相应的定时/计数器被选通,启动计数。若 $\overline{INTx}=0$,则停止计数。这一特点可以极为方便地用于测量在 $\overline{INTx}$ 端出现的正脉冲宽度。

2. 控制寄存器TCON

控制寄存器TCON的高4位为定时器的计数控制位和溢出标志位,低4位为外部中断的触发方式控制位和外部中断请求标志,它的格式如下:

D7	D6	D5	D4	D3	D2	D1	D0
TF1	TR1	TF0	TR0	IE1	IT1	IE0	IT0

(1) 定时器运行控制位TRx(x=0,1)

GATE=0时,TRx=1,允许相应定时器计数,否则禁止计数。

GATE=1时,TRx=1且$\overline{INTx}$=1时允许相应定时器计数;当TRx=0或$\overline{INTx}$=0时禁止计数。

TRx由软件置位和清零。

(2) 溢出标志TFx

TRx允许计数后,TRx从初值开始加"1"计数,至最高位产生溢出时置位TFx;TFx可以由程序查询和清零。TFx也是中断申请源,若允许Tx中断,则在CPU响应Tx中断时由硬件清零。

7.3 T0、T1的工作方式、内部结构及应用

定时器T0有4种工作方式:方式0～方式3;定时器T1有3种工作方式:方式0～方式2。不同的工作方式计数器的结构不同,功能上也有差别,除方式3外,T0和T1的功能相同。下面以T0为例,说明各种工作方式的结构和工作原理。

7.3.1 方式0

如表7-1所列,当M1M0为00时,定时器工作在方式0。方法为通过编程把TMOD寄存器中的D1D0设置成00时,即把定时器0设置为工作方式0。图7-3所示为定时/计数器T0方式0的结构。

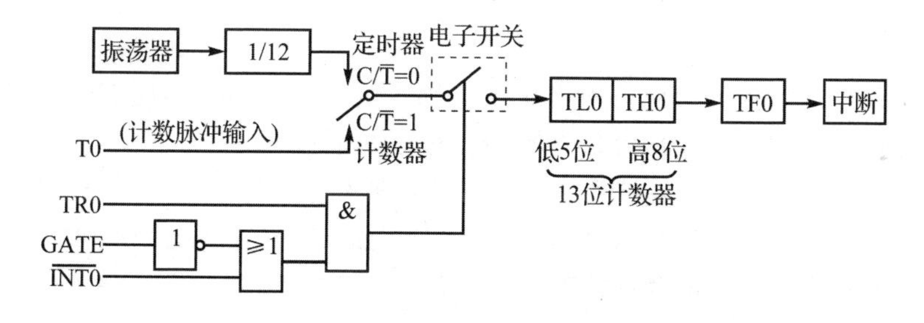

图7-3 定时/计数器T0方式0的结构

在方式0下,16位寄存器只用了13位,为13位计数器,由TL0的低5位和

TH0 的高 8 位组成，TL0 低 5 位计数溢出时向 TH0 进位，TH0 计数溢出时置 1 溢出标志位 TF0。图 7-3 中的 $C/\overline{T}$ 是 TMOD 中的控制位，当 $C/\overline{T}=0$ 时，选择定时器方式，计数脉冲为振荡器的 12 分频信号，T0 对该脉冲进行计数，其定时时间如下所示：

$$T=\frac{12}{f_{osc}}(2^{13}-a) \tag{7-2}$$

式中，T 的单位是 μs。

当 $C/\overline{T}=1$ 时，选择计数器方式，引脚 T0(P3.4)上的信号作为计数脉冲信号。TR0 是控制寄存器 TCON 中的一个控制位，GATE 是 TMOD 中的另一个控制位，引脚 $\overline{INT0}$(P3.2)是外部中断 0 的输入端，这 3 个位共同作用控制电子开关的吸合。电子开关吸合接通计数输入，在计数脉冲信号的作用下，13 位计数器进行加 1 操作，直至溢出使定时器溢出标志 TF0 置 1，向 CPU 发出中断请求。

【例 7.1】 已知晶振频率 $f_{osc}=6$ MHz，若使用 T0 方式 0 产生 10 ms 定时中断，试对 T0 进行初始化编程。

首先求出 TL0、TH0 初值，根据式(7-2)可得

$$a=2^{13}-\frac{f_{osc}}{12}\times T \tag{7-3}$$

其中，$T=10$ ms，$f_{osc}=6$ MHz，代入式(7-3)，得

$$a=2^{13}-5\ 000=3\ 192$$

将 a 以二进制数据表示，得

$$a=110001111000B$$

取 a 的低 5 位 11000B(18H)作为 TL0 的初值，a 的高 8 位 01100011B(63H)作为 TH0 的初值。对 T0 进行初始化的程序如下：

```
INIT0:  MOV     TH0,#63H
        MOV     TL0,#18H
        MOV     TMOD,#00H
        SETB    TR0
        MOV     IE,#82H
        RET
```

由于定时/计数器的功能是由软件编程确定的，因此一般在使用定时/计数器前都要对其进行初始化。定时/计数器初始化过程如下：

① 根据定时时间要求或计数要求计算计数器初值；

② 填写工作方式控制字送 TMOD 寄存器，如 MOV TMOD，#10H，说明定时器 1 工作在方式 1，且工作在定时器方式；

③ 送计数初值到 THx 和 TLx 寄存器(x=0,1)；

④ 启动定时(或计数)，即将 TRx 置位(x=0,1)；

⑤ 设置允许中断寄存器(IE)；

⑥ 必要时还可以设置中断优先级寄存器(IP)。

定时器初值计算方法:在定时器模式下,计数器的计数脉冲来自于晶振脉冲的 12 分频信号,即对机器周期进行计数,根据式(7-1),则初值 a 的表达式为

$$a = 2^N - \frac{f_{osc}}{12} \times T \tag{7-4}$$

若已知计数器位数 N、晶振频率 f_{osc} 和定时时间 T,则初值 a 可计算出来。

7.3.2　方式 1

如表 7-1 所列,当 M1M0 为 01 时,定时器工作在方式 1。方式 1 和方式 0 几乎完全相同,唯一的差别是方式 0 时计数位数是 13 位,而方式 1 时是 16 位,由 TL0 作为低 8 位,TH0 作为高 8 位组成 16 位加 1 计数器,图 7-4 所示为定时/计数器 T0 工作方式 1 的结构图。

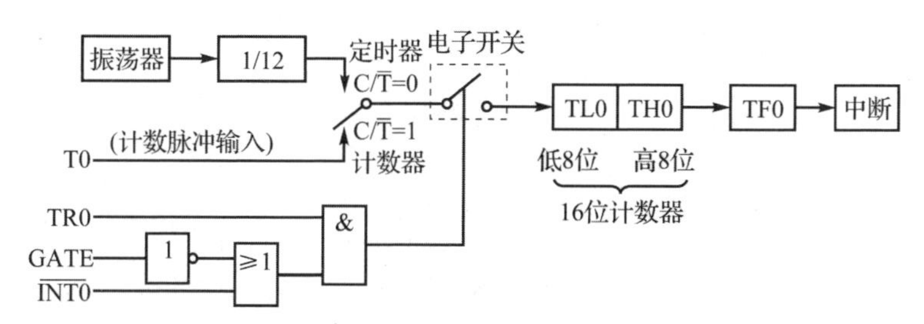

图 7-4　定时/计数器 T0 方式 1 结构

在方式 1 下,当 $C/\overline{T}=0$ 选择定时器方式时,定时时间与初值的关系如下:

$$T = \frac{12}{f_{osc}}(2^{16} - a) \tag{7-5}$$

式中,T 的单位为 μs。

【例 7.2】　设 $f_{osc}=12$ MHz,T0 工作于方式 1,产生 50 ms 的定时中断,TF0 为高级中断源,试编写主程序中的初始化程序和中断服务程序,使 P1.0 产生周期为 1 s 的方波,并在 Proteus 软件中进行仿真。

根据式(7-5)可得初值,即

$$a = 2^{16} - \frac{f_{osc}}{12} \times T \tag{7-6}$$

把 $T=50$ ms,$f_{osc}=12$ MHz 代入式(7-6),可得

$$a = 2^{16} - 50\ 000 = 15\ 536$$

将十进制数转换为十六进制数,得 $a=$3CB0H。因此,TH0 的初值为 3CH,TL0 的初值为 0B0H。

P1.0 产生周期为 1 s 的方波,也就是说,每 0.5 s P1.0 上的高低电平要发生一次翻转。而每过 50 ms 就要中断一次,进入中断 10 次就是 0.5 s。因此,在中断服务

程序中要完成计数进入中断的次数,如果进入中断 10 次,则让 P1.0 的状态发生一次翻转。

```
        ORG     0000H           ;程序入口
        LJMP    START           ;跳转至主程序
        ORG     000BH           ;定时器 T0 中断入口
        LJMP    T0S             ;跳转至中断服务程序
        ORG     0100H           ;主程序
START:  MOV     TMOD,#1         ;设置 T0 为工作方式
        MOV     TL0,#0B0H       ;给定时器赋初值
        MOV     TH0,#3CH
        MOV     IE,#82H         ;允许 T0 中断,开总中断
        MOV     IP,#2H          ;设置 T0 中断为高优先级
        SETB    TR0             ;允许 T0 计数
        MOV     30H,#10         ;设置中断次数为 10
WAIT:   LJMP    WAIT            ;等待中断
T0S:                            ;中断服务程序
        ORL     TL0,#0B0H       ;重新赋定时器初值
        MOV     TH0,#3CH
        DJNZ    30H,T0SOUT      ;中断次数不到 10 次,则退出中断
        MOV     30H,#10         ;中断次数到 10 次,则重新赋中断次数为 10
        CPL     P1.0            ;P1.0 输出状态反相
T0SOUT: RETI                    ;中断返回
        END                     ;程序结束
```

将上述程序存成.asm 文件,通过 Keil 编译成.hex 文件。根据题意,硬件电路包括主芯片 51 单片机、时钟电路、复位电路以及电源供电,在 Proteus 仿真软件中,搭建出如图 7-5(a)所示的硬件电路,其中晶振 X1 和电容 C_1、C_2 构成时钟电路,C_3 和 R1 构成复位电路,单片机的 P1.0 连接到虚拟示波器的 A 通道上。

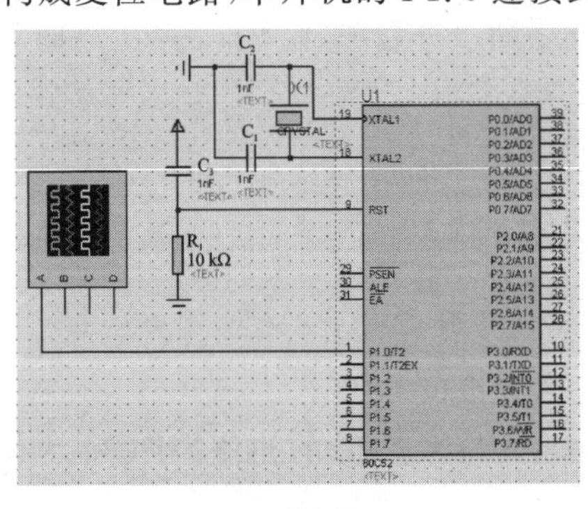

(a) 电路图

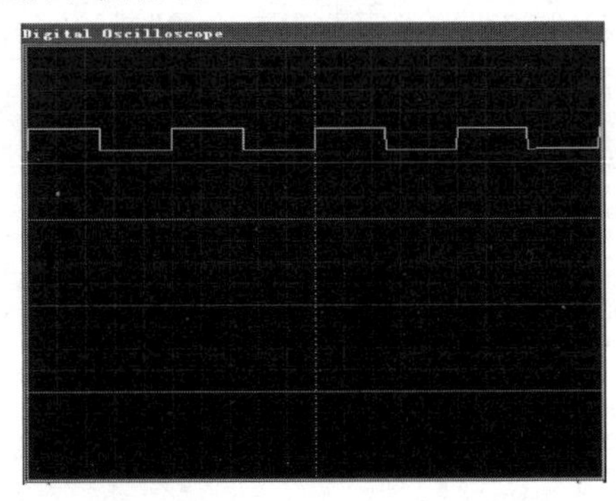

(b) 仿真结果

图 7-5 【例 7.2】方波仿真结果

将编译好的.hex 文件加载到单片机中，此过程类似于程序的烧录。单击 Play 按钮即可看到仿真结果(如图 7-5(b)所示)，黄色曲线代表 A 通道信号。该仿真图说明，此程序确实能使 P1.0 输出周期为 1 s 的方波信号。

7.3.3　方式 2

T0 工作于方式 0 和方式 1 时，初值 a 是由中断服务程序恢复的，而 CPU 响应 T0 溢出中断的时间随程序状态不同而不同(CPU 所执行指令不同或者在执行其他中断程序都影响 CPU 响应中断的时间)，CPU 响应中断之前 T0 从 0 开始继续计数，CPU 响应中断时又从初值开始计数，这样使定时产生误差。

如表 7-1 所列，当 M1M0 为 10 时，定时器工作在方式 2。如图 7-6 所示，方式 2 把定时器寄存器 TL0 配置成一个可以自动重装载的 8 位计数器，TH0 作为计数初值寄存器，用于存储 8 位的初值。当 TL0 计数溢出时，一方面使 TF0 置 1，向 CPU 发出中断请求，另一方面使三态门开启，将 TH0 中存储的初值送到 TL0，使 TL0 从初值开始重新加 1 计数。因此，T0 工作于方式 2 时，定时精确，但定时时间短。

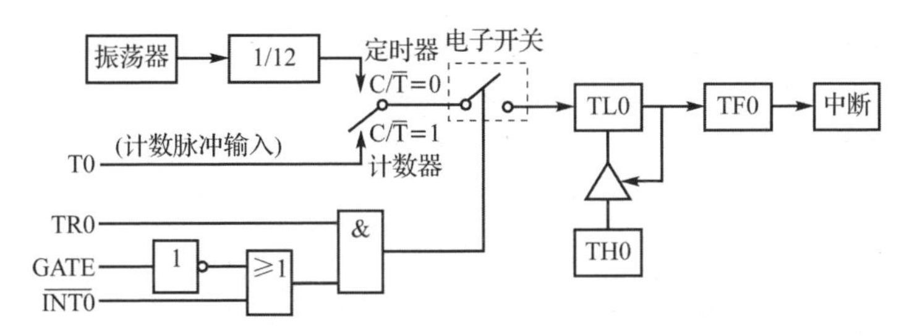

图 7-6　定时/计数器 T0 方式 2 的结构

在方式 2 下，当 $C/\overline{T}=0$ 选择定时器方式时，定时时间与初值的关系为

$$T=\frac{12}{f_{osc}}(2^{8}-a) \tag{7-7}$$

式中，T 的单位是 μs。

【例 7.3】　设 $f_{osc}=12$ MHz，T0 工作于方式 2，产生 250 μs 定时中断(高级)，试编写主程序中的初始化程序和中断程序，每 1 s 使时钟显示缓冲器 32H～30H 实时计数，缓冲器分配如下：

32H	十	个	31H	十	个	30H	十	个
	时			分			秒	

根据式(7-7)可得初值，即

$$a=2^{8}-\frac{f_{osc}}{12}\times T \tag{7-8}$$

把 $T=250$ μs，$f_{osc}=12$ MHz 代入式(7-8)，可得

$$a=256-250=6$$

T0 在 1 s 内产生 4 000(0FAH)次中断。

```
        ORG     0000H           ;程序入口
        LJMP    START           ;跳转至主程序
        ORG     000BH           ;定时器 T0 的中断入口
        LJMP    T0S             ;跳转至中断服务程序
        ORG     0100H           ;主程序
;初始化部分
START:  MOV     36H,#0FH        ;赋中断次数 4 000
        MOV     37H,#0A0H
        MOV     TMOD,#2         ;设置定时器 T0 为工作方式 2
        MOV     TL0,#6          ;赋定时器初值
        MOV     TH0,#6
        SETB    TR0             ;允许定时器 T0 计数
        MOV     IE,#82H         ;允许定时器 T0 中断,开总中断
        MOV     IP,#2           ;设置定时器 T0 为高优先级
;显示部分
DIS:    MOV     R0,#48H         ;DIS 为显示部分,R0 指向显示缓冲器 48H 单元
        MOV     R2,#20H         ;R2 为扫描值
DS2:    MOV     A,R2
        CPL     A
        MOV     P1,A            ;送扫描值给 P1 口
        MOV     DPTR,#TABLE     ;查表
        MOV     A,@R0
        MOVC    A,@A+DPTR
        MOV     P0,A            ;把段码值送 P0 口,即将查表内容进行显示
        MOV     46H,#4H         ;延时
        MOV     47H,#0BH
DEL:    NOP
        DJNZ    47H,DEL
        DJNZ    46H,DEL
        INC     R0
        CLR     C               ;改变扫描值
        MOV     A,R2
        RRC     A
        MOV     R2,A
        JNZ     DS2             ;若扫描没结束,则返回到 DS2 进行查表显示
        MOV     R0,#48H         ;若扫描结束,则将 R0 重新指向显示缓冲单元 48H
        MOV     R1,#30H         ;取秒的实时值
        MOV     R7,#3
        LCALL   GET             ;调用 GET 子程序
        LJMP    DIS             ;跳转于 DIS,实现主程序的死循环
```

```
TABLE:DB 3FH,06H,5BH,4FH,66H,6DH,7DH,07H,7FH,6FH
;将 32H～30H 中的时、分、秒值分成两个字节,存放于 48H～4DH
GET:     MOV     A,@R1
         ANL     A,#0FH
         MOV     @R0,A
         INC     R0
         MOV     A,@R1
         SWAP    A
         ANL     A,#0FH
         MOV     @R0,A
         INC     R0
         INC     R1
         DJNZ    R7,GET
         RET
;中断服务程序
TOS:     PUSH    PSW
         PUSH    ACC
         MOV     PSW,#8            ;中断服务程序
         DJNZ    37H,TOSOUT        ;判断是否中断了 4 000 次? 如果没有则中断返回
         DJNZ    36H,TOSOUT
         MOV     36H,#0FH          ;如果中断了 4 000 次,则重新赋中断次数 4 000
         MOV     37H,#0A0H
         MOV     A,30H             ;中断了 4 000 次,说明经过了时间 1 s
         ADD     A,#1              ;30H(秒)内的内容加 1
         DA      A                 ;进行十进制调整
         MOV     30H,A             ;调整后的值存入 30H
         CJNE    A,#60H,TOSOUT     ;30H 的内容是不是等于 60H? 若不等则中断返回
         MOV     30H,#0            ;30H 的内容如果等于 60H,则清 30H 中的内容
         MOV     A,31H             ;取 31H(分)的值
         ADD     A,#1              ;31H(分)内的内容加 1
         DA      A                 ;进行十进制调整
         MOV     31H,A             ;调整后的值存入 31H
         CJNE    A,#60H,TOSOUT     ;31H 的内容是不是等于 60H? 若不等则中断返回
         MOV     31H,#0            ;31H 的内容如果等于 60H,则清 31H 中的内容
         MOV     A,32H             ;取 32H(小时)的值
         ADD     A,#1              ;32H(小时)的内容加 1
         DA      A                 ;进行十进制调整
         MOV     32H,A             ;调整后的值存入 32H
         CJNE    A,#24H,TOSOUT     ;32H 的内容是不是等于 24H? 若不等则中断返回
         MOV     32H,#0            ;32H 的内容如果等于 24H,则清 32H 中的内容
TOSOUT:  POP     ACC               ;中断返回
```

```
        POP     PSW
        RETI
        END
```

将在 Keil 软件中编译好的.hex 文件加载到 Protues 中的单片机中，单击 Play 按钮即可看到仿真结果(见图 7-7)，6 位数码管从左到右每 2 位分别代表小时、分钟和秒。

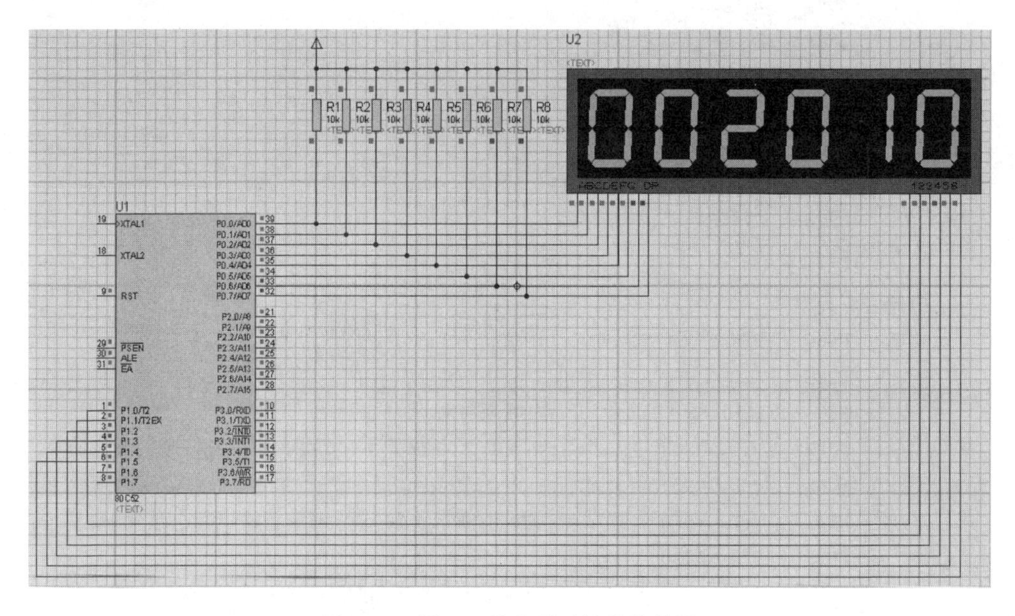

图 7-7　例 7.3 的电子时钟仿真结果

7.3.4　方式 3

方式 3 只适用于定时/计数器 T0。T1 处于方式 3 时，相当于 TR1=0，即停止计数。T0 在需要时才选择工作方式 3。如图 7-8 所示，当 T0 设置为模式 3 时，将使 TL0 和 TH0 成为两个互相独立的 8 位计数器，其中 TL0 利用了定时/计数器 0 本身的一些控制位：C/$\overline{T}$、GATE、TR0、$\overline{INT0}$ 和 TF0。它的操作情况与方式 0 和方式 1 类似。但 TH0 被规定只用作定时器，对机器周期计数，它借用了定时器 1 的控制位 TR1 和 TF1，故这时 TH0 控制了定时器 1 的中断。

方式 3 适用于要求增加一个额外的 8 位定时器的场合。把定时/计数器 T0 设置于工作方式 3，TH0 控制了定时器 1 的中断，而定时/计数器还可以设置于工作方式 0～2，用在任何不需要中断控制的场合，比如将 T1 用于串行口的波特率发生器。

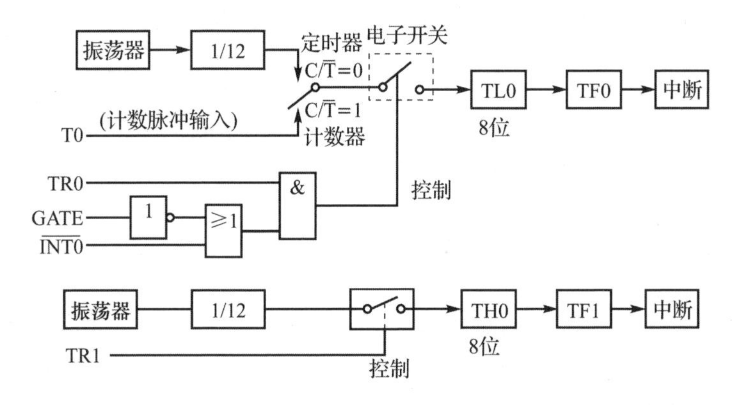

图 7-8　定时/计数器 T0 方式 3 的结构

7.4　T2 的功能和使用方法

定时/计数器 T2 是一个具有 16 位自动重装载或捕获能力的定时/计数器，相应地增加了 6 个特殊功能寄存器：TH2(0CDH)、TL2(0CCH)、RCAP2H(0CBH)、RCAP2L(0CAH)、T2MOD(0C9H)和 T2CON(0C8H)。T2 主要有 3 种工作方式：捕捉方式、常数自动再装入方式和串行口的波特率发生器方式。在捕捉方式中，当外部输入端 T2EX(P1.1)发生负跳变时，将 TH2、TL2 的当前计数值锁存到 RCAP2H、RCAP2L 中，在常数自动再装入方式中，RCAP2H、RCAP2L 作为 16 位计数初值常数寄存器。

1. T2 的特殊功能寄存器

(1) 状态控制寄存器 T2CON

T2CON 为 T2 的状态控制寄存器，其格式如下：

D7	D6	D5	D4	D3	D2	D1	D0
TF2	EXF2	RCLK	TCLK	EXEN2	TR2	C/$\overline{T2}$	CP/$\overline{RL2}$

T2 的工作方式主要由 T2CON 的 D0、D2、D4、D5 位控制，对应关系如表 7-2 所列，具体如下：

TF2：T2 的溢出中断标志。在捕捉方式和常数自动再装入方式中，T2 计数溢出时，置 1 中断标志 TF2，CPU 响应中断转向 T2 中断入口(002BH)时，TF2 并不清零，必须由用户程序清零。当 T2 作为串行口波特率发生器或工作于时钟输出方式时，TF2 不会被置 1。

EXF2：定时器 T2 外部中断标志。EXEN2 为 1 时，当 T2EX(P1.1)发生负跳变时，置 1 中断标志 EXF2，CPU 响应中断转 T2 中断入口(002BH)时，并不清零 EXF2，EXF2 必须由用户程序清零。在加减计数方式中，EXF2 不产生中断。

表 7-2 定时器 T2 方式选择

RCLK+TCLK	CP/$\overline{RL2}$	TR2	工作方式
0	0	1	16 位常数自动再装入方式
0	1	1	16 位捕捉方式
1	×	1	串行口波特率发生器方式
×	×	0	停止计数

TCLK:串行接口的发送时钟选择标志。TCLK=1 时,T2 工作于波特率发生器方式,使定时器 T2 的溢出脉冲作为串行口方式 1、方式 3 时的发送时钟。TCLK=0 时,定时器 T1 的溢出脉冲作为串行口方式 1、方式 3 时的发送时钟。

RCLK:串行接口的接收时钟选择标志位。RCLK=1 时,T2 工作于波特率发生器方式,使定时器 T2 的溢出脉冲作为串行口方式 1 和方式 3 时的接收时钟;RCLK=0 时,定时器 T1 的溢出脉冲作为串行口方式 1、方式 3 时的接收时钟。

EXEN2:T2 的外部允许标志。T2 工作于捕捉方式,EXEN2 为 1 时,当 T2EX(P1.1)发生高到低的跳变时,TL2 和 TH2 的当前值自动地捕捉到 RCAP2L 和 RCAP2H 中,同时还置 1 中断标志 EXF2(T2CON.6);T2 工作于常数自动装入方式,EXEN2 为 1 时,当 T2EX(P1.1)输入端发生高到低的跳变时,常数寄存器 RCAP2L、RCAP2H 的值自动装入 TL2、TH2,同时置 1 中断标志 EXF2,向 CPU 申请中断。EXEN2=0 时,T2EX 电平的变化对定时器 T2 没有影响。

C/$\overline{T2}$:定时/计数器选择位。C/$\overline{T2}$=1 时,T2 为外部事件计数器,计数脉冲来自 T2(P1.0);C/$\overline{T2}$=0 时,T2 为定时器,以振荡脉冲的 12 分频信号作为计数信号。

TR2:T2 的计数控制位。TR2 为 1 时允许计数,为 0 时禁止计数。

CP/$\overline{RL2}$:捕捉和常数自动再装入方式选择位。CP/$\overline{RL2}$=1 时工作于捕捉方式,CP/$\overline{RL2}$=0 时 T2 工作于常数自动再装入方式。当 TCLK 或 RCLK 为 1 时,CP/$\overline{RL2}$ 被忽略,T2 强制工作于重装载方式。重装载发生于 T2 溢出时,常用作波特率发生器。

(2) 方式寄存器 T2MOD

T2 还有可编程的时钟输出方式,在 16 位常数自动再装入方式中可控制为加 1 计数或减 1 计数。它们由 T2MOD 控制,其格式如下:

D7	D6	D5	D4	D3	D2	D1	D0
—	—	—	—	—	—	T2OE	DCEN

T2OE:T2 时钟输出,C/$\overline{T2}$=0、T2OE=1 时,T2(P1.0)输出可编程时钟。

DCEN:DCEN=1 时,T2 可构成加减计数器。在 16 位常数自动再装入方式中,若 DCEN=1、T2EX=1 时,T2 为加 1 计数器;DCEN=1、T2EX=0 时,T2 为减 1 计数器。

2. T2的工作方式

(1) 常数自动重装载方式(DCEN=0)

DCEN=0时的16位常数自动再装入方式的逻辑结构如图7-9所示，这种方式主要用于定时。$C/\overline{T2}=0$时为定时方式，以振荡器的12分频信号作为T2的计数信号；$C/\overline{T2}=1$时为外部事件计数方式，外部引脚T2(P1.0)上的输入脉冲作为T2的计数信号(负跳变时T2加1)。

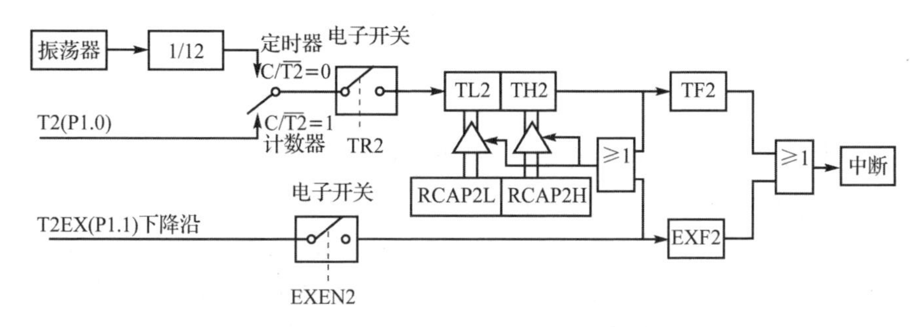

图7-9　定时/计数器T2的16位常数自动重装载(DCEN=0)方式结构

TR2置“1”后，T2从初值开始加1计数，计数溢出时将RCAP2H、RCAP2L中的计数初值常数自动重装入TH2、TL2，使T2从该初值开始重新加1计数，同时置“1”溢出标志TF2，向CPU发出中断请求。

当EXEN2=1时，除上述功能外，还有一个附加的功能：当T2EX(P1.1)引脚输入电平发生“1”至“0”的跳变时，也将RCAP2H、RCAP2L中的常数重新装入TH2、TL2，使T2重新从初值开始计数，同时置“1”标志EXF2，向CPU发出中断请求。

T2的16位常数自动重装载方式是一种高精度的16位定时方式，计数初值由初始化程序一次设定后，在计数过程中不需要由软件再设定。若计数初值为a，则定时时间精确值为

$$T=\frac{12}{f_{osc}}(2^{16}-a) \tag{7-9}$$

式中，T的单位是μs。

(2) 常数自动重装载方式(DCEN=1)

DCEN=1时的16位常数自动重装载方式的逻辑结构如图7-10所示。当DCEN=1，T2EX(P1.1)输入高电平时，T2加1计数，这时的T2功能和DCEN=0时的常数自动重装载方式相似，只是EXN2不起控制作用。当DCEN=1，T2EX输入低电平时，T2为减1计数器，溢出时0FFFFH自动装入T2。

(3) 16位捕捉方式

T2的16位捕捉方式的逻辑结构如图7-11所示。16位捕捉方式的计数脉冲也由$C/\overline{T2}$选择，$C/\overline{T2}=0$时的振荡器的12分频信号作为T2的计数信号，$C/\overline{T2}=1$时以T2引脚上的输入脉冲作为T2的计数信号。TR2置1时，T2从初值开始加1

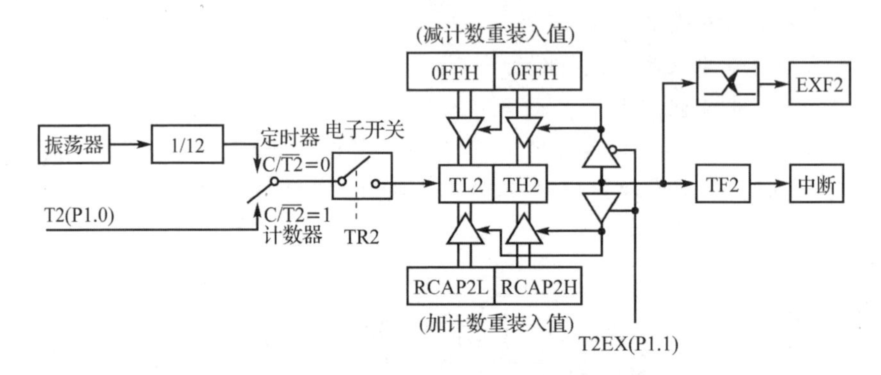

图 7-10　定时/计数器 T2 的 16 位常数自动重装载(DCEN=1)方式结构

计数,计数溢出时仅置 1 溢出标志 TF2。

EXEN2 为 1 时,除上述功能外,还有一项附加的功能:当 T2EX(P1.1)输入电平发生负跳变时,将 TH2、TL2 的当前计数值锁存到 RCAP2H、RCAP2L,并置 1 中断标志 EXF2,向 CPU 请求中断。

T2 的 16 位捕捉方式主要用于测试外部事件的发生时间,可用于测试输入脉冲的频率、周期等。工作于捕捉方式时,T2 计数初值一般取 0,使 T2 循环地从 0 开始计数,每次溢出将 TF2 置 1,溢出周期是固定的。

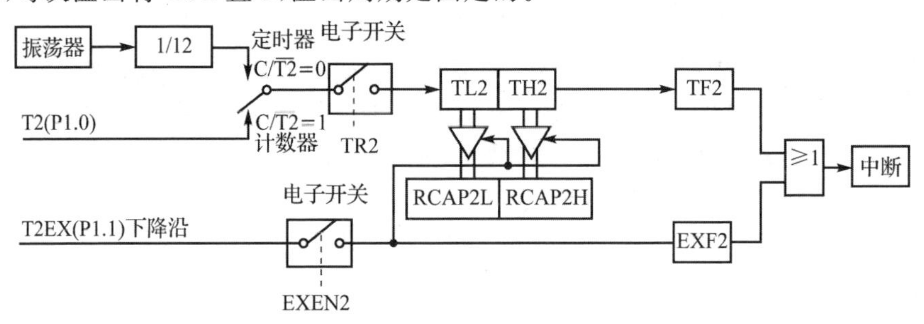

图 7-11　定时/计数器 T2 的 16 位捕捉方式结构

(4) 可编程时钟输出方式

当 C/$\overline{T2}$=0、T2OE=1 时,T2 工作于可编程时钟输出方式,T2(P1.0)输出占空比为 50%的时钟脉冲。其频率为

$$f_{clockout}=\frac{f_{osc}}{4(65\,536-RCAP2)} \tag{7-10}$$

若晶振频率 f_{osc}=16 MHz,则 $f_{clockout}$ 为 61 Hz～4 MHz。在时钟输出方式中,T2 计数溢出时不产生中断。若 EXN2=1,则 T2EX(P1.1)可以作为负跳变触发的外部中断输入线,EXF2 为中断标志。定时/计数器 T2 时钟输出方式结构如图 7-12 所示。

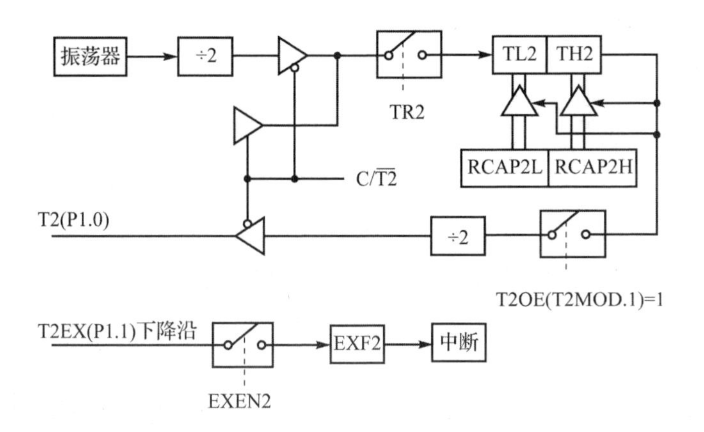

图 7-12　定时/计数器 T2 时钟输出方式结构

(5)异步串行口的波特率发生器方式

当 TCLK 或 RCLK 为 1 时,T2 工作于串行口的波特率发生器方式,这种方式将在 8.2.3 小节中讨论。

习　题

1. 如果定时器的中断服务子程序执行时间超出了定时器的定时时间,将会造成什么后果?

2. 若 51 单片机的晶振频率为 6 MHz,定时/计数器的外部输入最高计数频率是多少?

3. 编程实现以下功能:单片机系统时钟频率为 6 MHz,采用定时器 0,工作方式 2,控制 P2.1 口,使其输出周期为 60 ms 的方波信号。

4. 编制一个循环闪烁的程序,有 8 个发光二极管,每次其中某个灯闪烁点亮 10 次后,转到下一个闪烁 10 次,循环不止,画出电路图。

5. 用定时器 T1,工作方式 0,在 P1.0 产生周期为 500 μs 的连续方波,时钟振荡频率为 6 MHz,用查询方式编写程序。

6. 用定时器定时,设计一个 10 s 倒计时器,数码管从“10”“09”……显示到“00”。

7. 检测 P3.4 口上的 7 ms 的脉冲数,并将其显示在数码管上(4 位)。

第 8 章　串行接口结构功能应用及 Proteus 仿真

串行通信是 CPU 与外界进行信息交换的一种方式。51 系列单片机内部有一个全双工串行接口。一般只能接收或只能发送的称为单工串行接口；既能接收又能发送的，但接收和发送不能同时进行的称为半双工串行接口；能同时接收和发送的称为全双工串行接口。

51 单片机内部有一个可编程的全双工串行接口，可以同时接收和发送数据。通过软件编程即可作为通用异步接收器和发送器（Universal Asynchronous Receiver/Transmitter，UART），也可以作为同步移位寄存器使用。其数据帧的格式可以是 8 位、10 位或 11 位，其波特率可以通过软件设置。

8.1　串行接口的结构

图 8-1 所示为 MCS-51 单片机的串行口结构框图。8051 的串行口主要由串行口控制寄存器 SCON、发送控制器、发送缓冲器、接收控制器、接收缓冲器及输入移位寄存器组成。

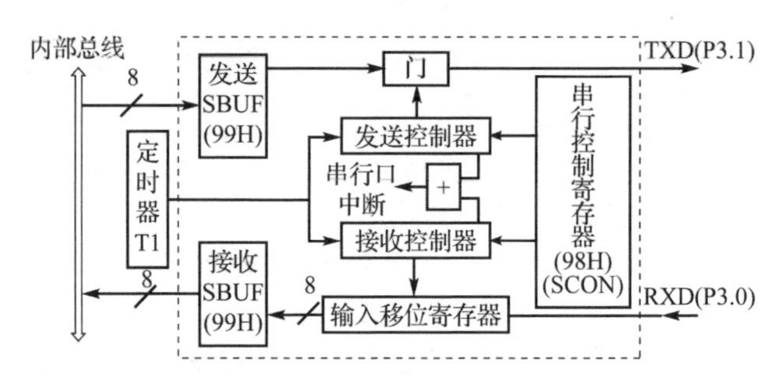

图 8-1　串行口结构框图

串行控制器的功能是对串行口的工作进行控制。接收缓冲器和发送缓冲器共用一个地址 99H，其代号均为 SBUF。

串行口发送数据时，CPU 将数据写入发送缓冲器 SBUF，只要执行一条以发送缓冲器为目标的指令（例如 MOV SBUF，A），就启动了数据发送。待发送的数据在发送控制器的控制下，经过控制门电路，在输出引脚 TXD 上输出。数据发送完成后，自动置位发送中断标志 TI，并向 CPU 申请中断。

串行口接收数据时，外界数据通过引脚 RXD 进入输入移位寄存器，输入移位寄存器是串行输入、并行输出的。当收满一帧数据时，就把该数据送入接收缓冲器，同

时置位接收缓冲器 RI，并向 CPU 申请中断。只要执行 1 条读输入缓冲器的命令（例如 MOV A，SBUF），就可以得到待接收的数据。

在异步通信中，发送和接收都是在发送时钟和接收时钟的统一协调下进行的。8051 串行口的发送时钟和接收时钟既可以由主机频率 f_{osc} 经分频后提供（图 8－1 中未画出），也可以由内部定时器 T1 的溢出率经过分频（或不分频，由软件控制）后，作为串行发送或接收的移位脉冲。移位脉冲的频率就是波特率。

8.2　串行接口的应用

串行通信是指数据一位一位地按顺序传送的通信方式。它的优点是只需要一根传输线即可完成，硬件成本低，抗干扰能力强，特别适合远距离传送，但缺点是数据传送速度慢。1 s 内接收或发送二进制数据的位数称为波特率。若发送一位的时间为 t，则波特率为 $1/t$。

8.2.1　串行通信的两种基本方式

按照串行数据是否同步，串行通信可分为异步通信和同步通信两类。

1. 异步通信

异步通信是以字符为单位逐个发送和接收的。字符用帧表示，帧的格式如图 8－2(a)所示。首先是一位以逻辑“0”表示的起始位，用于向接收设备表示发送端开始发送一帧信息，后面紧跟着要传送的 7 位或 8 位有效数据。接下来是 1 位奇偶校验位（可省略）用于表示串行通信中采用奇校验还是偶校验，通常由用户根据需要设定。最后是用逻辑“1”表示字符结束的停止位，其长度可以是一位、一位半或两位。

在异步通信中字符间隔是不固定。在停止位后可以加空闲位，空闲位用高电平表示，用于等待传送。图 8－2(b)所示为有空闲位的情况。

在异步数据传送中，CPU 与外设之间事先必须约定好以下两项事宜：

① 字符格式：双方要约好字符的编码形式、奇偶校验形式，以及起始位和停止位的规定。例如，用 ASCII 编码，字符为 7 位，加上 1 位起始位、1 位奇偶校验位及 1 位停止位，共 10 位。

② 传送速率：在串行通信中，数据传送速率有两个测量单位，即比特率（bit rate）和波特率（Baud rate）。比特率表示每秒传送的二进制数据的位数，单位为 bit/s(b/s)。假设数据传送的速率是 120 字符/s，而每一个字符为 10 位，则其传送的比特率为

$$10\ 位/字符 \times 120\ 字符/s = 1\ 200\ b/s$$

在数据通信中常用波特率表示每秒传送的符号数，单位为波特（baud）。对于一次发送一位的装置，如 PC 机和 51 单片机的串行口，比特率和波特率是一样的，即 1 baud＝1 b/s。

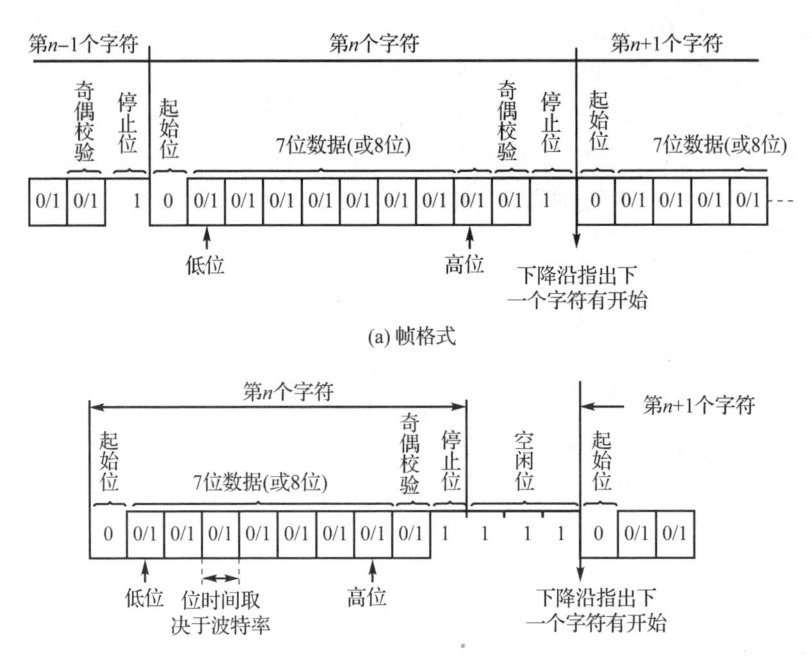

图 8-2 异步通信的格式

在具有调制解调器的通信中,需要把位组合成复合符号的形式传送,此时两个传送速率是不一样的。如果 1 个符号携带 2 位信息,则比特率就是波特率的 2 倍。例如,工作在 1 200 b/s 下的标准 PC 调制解调器每次编码 2 位,即每秒传送 600 个字符,故传输速率为 1 200 b/s 或 600 baud。

在不含调制解调器的计算机串行通信中,由于同一种通信的比特率和波特率的值相同,故习惯上用波特率描述信息的传输速率。串行通信中,要求发送方和接收方以相同的数据传送速率工作。异步通信的传送速率一般为 50～9 600 b/s,常用于计算机与 CRT 终端和字符打印机之间的通信、直通电报以及无线电通信时的数据发送等。

注意: 比特率或波特率和有效数据位的传送速率并不一致。例如,上述 10 位中,若真正有效的数据位只有 7 位,则有效数据位的传送速率为 840 b/s。

2. 同步通信

在异步通信中,每一个字符要用起始位和停止位作为字符的开始和结束,因而就额外占用了 CPU 的时间。为了提高速度,在数据块传送时,就要去掉这些标志,采用同步通信。同步通信时,发送方在数据或字符开始处就用同步字符(常约定为 1～2 个字节)指示一帧的开始,由时钟实现发送端和接收端同步,接收方一旦检测到符合规定的同步字符,就开始按顺序连续接收若干个数据。同步通信的格式如图 8-3 所示。很显然,同步通信的有效数据位的传送速率高于异步通信,可达几十至几十万

波特,但是对硬件结构要求较高。

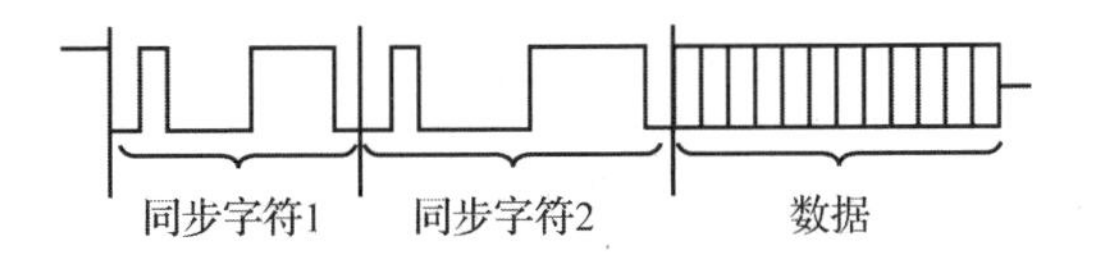

图 8-3　同步通信的格式

8.2.2　串行通信接口的控制寄存器

串行通信接口的控制寄存器有两个,分别是串行口控制寄存器(SCON)和电源控制寄存器(PCON)。

1. 串行口控制寄存器(SCON)

SCON 用于控制和监视串行口的工作状态。其字节地址是 98H,可位寻址,位地址为 98H～9FH。

D7	D6	D5	D4	D3	D2	D1	D0
SM0	SM1	SM2	REN	TB8	RB8	TI	RI

① SM0(SCON.7)、SM1(SCON.6):串行口工作方式选择位,两个选择位对应于 4 种工作方式,如表 8-1 所列。

表 8-1　串行口工作方式及功能说明

SM0	SM1	工作方式	功能说明
0	0	方式 0	移位寄存方式(用于 I/O 扩展),波特率为 $f_{osc}/12$
0	1	方式 1	8 位 UART,波特率可变(由定时器 T1 溢出率控制)
1	0	方式 2	9 位 UART,波特率为 $f_{osc}/64$ 或 $f_{osc}/32$
1	1	方式 3	9 位 UART,波特率可变(由定时器 T1 溢出率控制)

② SM2(SCON.5):多机通信控制位,主要用于方式 2 和方式 3。

当接收方的 SM2=1 时,如果接收到数据的第 9 位(RB8)为 0,不启动接收中断标志关闭,即让 RI=0;如果接收到数据的第 9 位(RB8)为“1”,则启动接收中断 RI,即令 RI=1,进而在中断服务中将数据从 SBUF 取走。当接收方的 SM2=0 时,无论接收到数据的第 9 位(RB8)为 1 还是为 0,均启动 RI,即令 RI=1,并将数据从 SBUF 中取走。通过控制 SM2,可以实现多机通信。

在方式 1 时,若 SM2=1,则只有在接收到有效停止位时才启动 RI,若没有接收到有效停止位,则 RI 为 0。在方式 0 时,SM2=0。

如果不是多机通信,则无论串行口工作在哪种方式,都将 SM2 置为 0。

③ REN(SCON.4):串行口接收允许位,由软件置 1 或清零。0:禁止接收;1:允许接收。

④ TB8(SCON.3):用于在方式 2 和方式 3 时作为发送方要发送数据的第 9 位。需要时由软件置位或复位。

⑤ RB8(SCON.2):用于在方式 2 和方式 3 时存放接收方接收到数据的第 9 位,该数据来自发送方的 TB8。它是约定的奇偶校验位,或者是约定的地址/数据标志位。SM2=1,RB8=1 时,表示接收的信息为地址;RB8=0 时,表示接收的信息为数据。在方式 1 时,若 SM2=0(不是多机通信方式),则 RB8 是接收到的停止位;在方式 0 中,不使用 RB8。

⑥ TI(SCON.1):发送中断标志位。在方式 0 下,当串行发送数据的第 8 位结束时由硬件置 1;在其他方式下,当串行发送停止位的开始时由硬件置 1,用于向 CPU 申请中断或供 CPU 查询。任何方式下,都必须由软件将其清零。

⑦ RI(SCON.0):接收中断标志位。在方式 0 下,当串行接收到数据的第 8 位结束时由硬件置 1;在其他方式下,当接收到停止位的中间时由硬件置 1,用于向 CPU 申请中断或供 CPU 查询。同 TI 一样,必须由软件清零。

2. 电源控制寄存器(PCON)

其字节地址为 87H,没有位寻址功能,它的各位定义如下:

D7	D6	D5	D4	D3	D2	D1	D0
SMOD				GF1	GF0	PD	IDL

其中,与串口有关的只有 PCON 的最高位 SMOD。

SMOD:波特率选择位。当 SMOD=1 时,使方式 1、方式 2 和方式 3 下的波特率加倍;当 SMOD=0 时,波特率不加倍。系统复位时,SMOD=0。

PCON 中的 D0~D3 为 51 系列单片机的电源控制位,此处不作介绍。

8.2.3 波特率的设计

根据串行口的 4 种工作方式可知:

方式 0 为移位寄存器方式,波特率是固定的,为 $f_{osc}/12$。

方式 2 为 9 位 UART,波特率为 $2^{SMOD}\times f_{osc}/64$。波特率仅与 PCON 中 SMOD 的值有关,当 SMOD=0 时,波特率为 $f_{osc}/64$;当 SMOD=1 时,波特率为 $f_{osc}/32$。

方式 1 和方式 3 下的波特率是可变的,由定时器 T1 的隘出速率控制。此时

$$\text{波频率}=\frac{2^{SMOD}}{32}\times(\text{T1 的溢出率})$$

当 SMOD=0 时,波特率为(T1 的溢出率)/32;当 SMOD=1 时,波特率为(T1 的溢出率)/16。

定时器 T1 的溢出率定义为单位时间内定时器 T1 溢出的次数,即每秒定时器 T1 溢出多少次。在串行通信时,定时器 T1 用作波特率发生器,经常采用 8 位自动装载方式(方式 2),这样不仅操作方便,还可避免因重装时间常数而带来的定时误

差。因此，

$$\text{波频率}=\frac{2^{\text{SMOD}}}{32}\times(\text{T1 的溢出率})=\frac{2^{\text{SMOD}}}{32}\times\frac{f_{\text{osc}}}{12\times(2^N-a)}$$

根据给定的波特率，利用该公式可以计算 T1 的计数初值 a。表 8－2 列出了常用波特率与定时器 T1 各参数的关系。当 T1 作波特率发生器时，T0 可工作在方式 3 下，此时 T0 可被拆为两个 8 位定时/计数器用。

表 8－2　方式 1、方式 3 下常用波特率与定时器 T1 各参数的关系

波特率/baud	f_{osc}/MHz	SMOD	定时器 T1		
			C/T	模　式	重装载值
62.5K	12	1	0	2	0FFH
19.2K	11.059 2	1	0	2	0FDH
9.6K	11.059 2	0	0	2	0FDH
4.8K	11.059 2	0	0	2	0FAH
2.4K	11.059 2	0	0	2	0F4H
1.2K	11.059 2	0	0	2	0E8H
137.5	11.059 2	0	0	2	01DH
110	6	0	0	2	072H
110	12	0	0	1	0FEEBH

8.2.4　串行口的工作方式

串行口具有 4 种工作方式，这里从应用角度重点讨论各种方式下的功能和外特性，对串行口的内部逻辑和内部时序等细节问题不作详细讨论。

1. 方式 0

方式 0 为移位寄存器输入/输出方式，可外接移位寄存器，以扩展 I/O 接口，也可接同步输入/输出设备。方式 0 下的波特率是固定的，为晶振频率的 1/12，即 $f_{\text{osc}}/12$。这时数据的传送均通过引脚 RXD(P3.0)输入/输出，而同步移位脉冲由引脚 TXD(P3.1)输出。发送/接收一帧数据均为 8 位二进制数，低位在先，高位在后。

① 方式 0 发送。在方式 0 下，当一个数据写入发送缓冲器 SBUF 时，串行口将 8 位数据以 $f_{\text{osc}}/12$ 的波特率把数据从引脚 RXD 串行输出，引脚 TXD 输出同步移位信号，发送完时中断标志 TI 被置 1。

② 方式 0 接收。当串行口定义为方式 0 且 REN＝1 时，便启动串行口以晶振频率的 1/12 的波特率接收数据。引脚 RXD 为数据输入端，引脚 TXD 为同步移位信号输出端，当接收器接收到数据的第 8 位时，将中断标志 RI 置 1。

【例 8.1】　图 8－4 所示为串行口扩展 I/O 口硬件逻辑图(方式 0 主要用于 I/O 扩展)。图 8－4(a)所示为单片机串入并出移位寄存器 74LS164 的接口电路，

图 8-4(b)所示为单片机接并入串出移位寄存器 74LS165 的接口电路，编程说明串行口的应用方法。

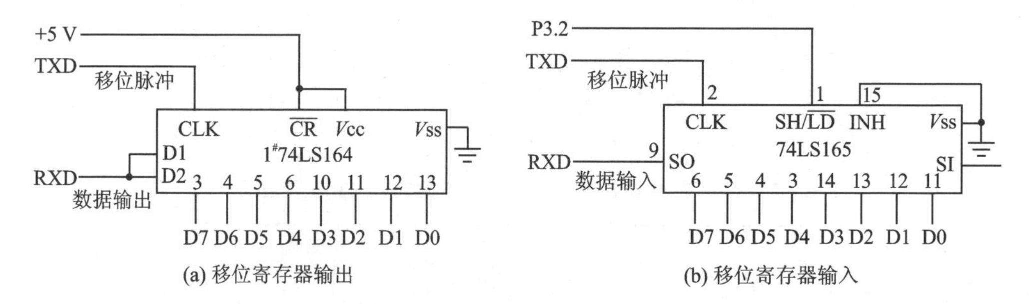

(a) 移位寄存器输出　　(b) 移位寄存器输入

图 8-4　串行口扩展 I/O 硬件逻辑图

解：假设将数据 83H 输出，则通过串行口输出数据的编程方法如下：

```
MAIN:   MOV     SCON,#0         ;置串行口工作方式 0
        MOV     A,#83H          ;输出数据送到 A 中
        MOV     SBUF,A          ;数据输出
        JNB     TI,$            ;数据未发送完，则等待
        CLR     TI              ;数据发送完，则清中断标志
```

当串口接收或发送数据时，低位在先，高位在后，8 位数据 83H(10000011B)发送顺序依次为 11000001B。仿真如图 8-5 所示，发光二极管的亮灭说明输出数据为 10000011B，即 83H。

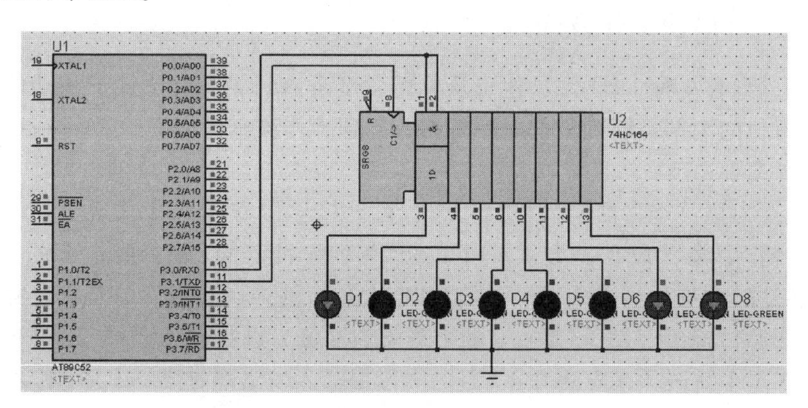

图 8-5　单片机接 74LS164 电路的仿真

如图 8-4(b)所示，若数据已在 74LS165 中，则通过串行口输入数据的编程方法如下：

```
MAIN:   MOV     SCON,#10H               ;置串行口工作方式 0,允许接收
LOOP:   CLR     P3.2
        NOP
```

```
        NOP
        SETB    P3.2
        MOV     A,SBUF                  ;送数据到 A 中
        JNB     RI,$
        CLR     RI                      ;清中断标志
```

如图 8-6 所示，仿真时在 74LS165 的 8 个数据输入端接 8 个拨动开关，模拟要输入的 8 位数据。单片机的 P1 口接 8 个发光二极管用以显示接收到的数据。编程完成功能为单片机读入开关状态去控制发光二极管的亮灭。从图中可知，当开关状态为 1101 1010 时，发光二极管为 1101 1010(即“亮亮灭亮亮灭亮灭”)。

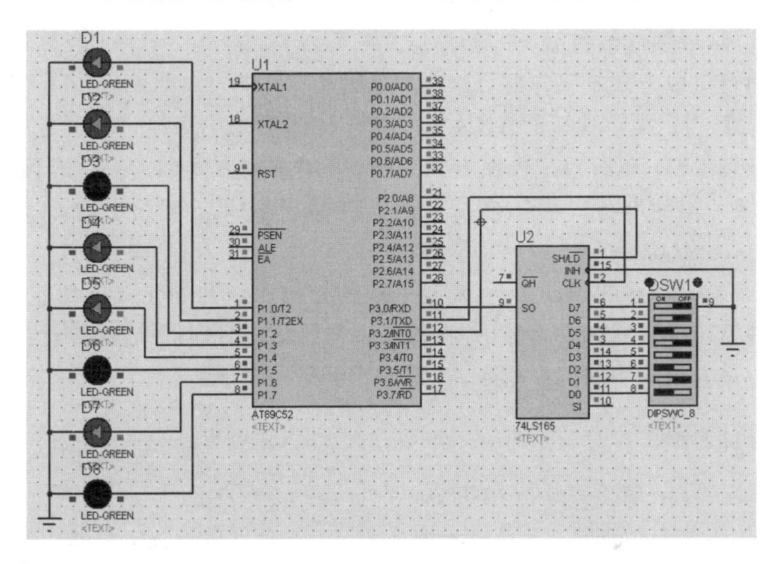

图 8-6　单片机接 74LS165 电路的仿真

此例中，无论是输入数据还是输出数据，串行口外部仅接了一个芯片。实际应用中，可根据情况将多个芯片串接，以充分发挥串行口扩展 I/O 的功能，而且编程也很简单。

2. 方式 1

方式 1 下的串行口为 8 位异步通信接口。传送一帧信息需 10 位，其中包括 1 位起始值、8 位数据位(先低位后高位)及 1 位停止位。方式 1 的波特率是可变的，计算公式为

$$波频率=\frac{2^{SMOD}}{32}\times(T1\ 的溢出率)$$

① 方式 1 发送：发送时，数据由引脚 TXD 输出。CPU 执行一条写入发送数据缓冲器 SBUF 的指令(例如“MOV SBUF,A”)，数据字节写入发送 SBUF 后，便启动串行口发送器发送，发送完数据后，置中断标志 T1 为 1。

② 方式 1 接收：接收时，数据从引脚 RXD 端输入。在 REN 置 1 后，就允许接收

器接收。接收器以接收时钟 16 倍的速率采样引脚 RXD 的电平。当采样到引脚 RXD 上从 1 到 0 的负跳变时,启动接收器接收,并复位内部的 16 分频计数器,以便实现同步。计数器的 16 个状态把一位的时间分成 16 等份,在每位时间的第 7、8、9 计数状态时,位检测器采样引脚 RXD 的值,采样得到的值是三次采样中至少两次相同的值(三取二表决法)。目的是排除噪声干扰。若起始位接收到的值不是“0”,则起始位无效,复位接收电路。检测起始位有效时,输送数据至输入移位寄存器,开始接收本帧其余数据信息。只有当 RI=0 且同时接收到停止位“1”(或 SM2=0)时,才把接收到的 8 位数据装入接收缓冲器,把停止位放入 RB8 中,并使 RI=1。若以上两条件之一不满足,则所有接收到的信息将丢失,因此中断标志 RI 必须在中断服务程序中由用户清零,以便继续接收下一帧信息。

通常串行口以方式 1 工作时,SM2 置为 0。

【例 8.2】 将 51 单片机的 TXD(P3.1)与 RXD(P3.0)短接,P1.0 接一个共阴极的发光二极管 LED,串行口工作在方式 1 下,采用查询方式编写一个自发自收的程序,检查本单片机的串行口是否完好,并由 LED 显示结果。假设 $f_{osc}=6$ MHz,波特率=120 b/s,SMOD=0。

分析:编制该程序的要点如下:确定正确的控制字以初始化接口功能;在波特率确定的条件下正确计算时间常数,并在程序中初始化定时器;最后应注意在串行中断服务程序中设置清除中断标志指令,否则将产生另一次中断。

当串行口工作在方式 1,定时器工作在方式 2 时,波频率$=\dfrac{2^{SMOD}}{32}\times\dfrac{f_{osc}}{12\times(256-a)}$。

根据已知条件,得 $a=126=7EH$,则 TH1=TL1=7EH。

图 8-7 所示为仿真结果。发送数据前给 P1.0 送 0 以熄灭 D1,然后通过串行通信向 P1 发送高电平。若串行通信成功,则可看到 LED 亮。

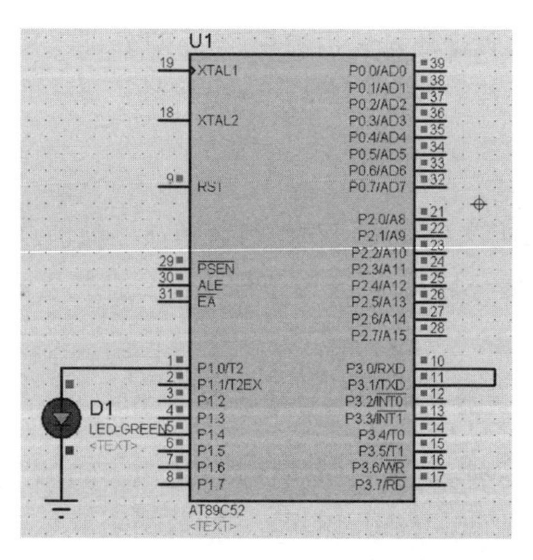

图 8-7 串口自发自收电路仿真

参考程序如下：

```
        ORG     0000H
        MOV     TMOD,#20H       ;定时器 T1 工作于工作方式 2
        MOV     TL1,#7EH        ;赋定时器 T1 计数初值
        MOV     TH1,#7EH
        SETB    TR1             ;允许定时器 T1 计数
        MOV     SCON,#50H       ;串行口工作于方式 1
        MOV     PCON,#0         ;SMOD 为 0
CHECK:  CLR     TI
        CLR     P1.0            ;灭 LED
        ACALL   DELAY           ;延时 1 s
        MOV     A,#0FFH
        MOV     SBUF,A          ;发送数据到 SBUF
        JNB     RI,$            ;若 RI1,则等待
        CLR     RI
        MOV     A,SBUF          ;接收 SBUF 中的数据
        MOV     P1,A            ;输出
        JNB     TI,$            ;若 TI≠1,则等待
        ACALL   DELAY           ;延时 1 s
        SJMP    CHECK
DELAY:  MOV     R5,#10          ;1 s 延时子程序
DELAY0: MOV     R6,#200
DELAY1: MOV     R7,#125
        DJNZ    R7,$
        DJNZ    R6,DELAY1
        DJNZ    R5,DELAY0
        RET
        END
```

【例 8.3】 设甲、乙两台单片机的 f_{osc}=6 MHz，以 110 baud 在方式 1 下实现串行通信，编写程序实现此功能：

甲机发送：将首址为 ADDRT 的 16 个字节的数据块顺序向乙机发送；

乙机接收：将接收的 16 个字节的数据顺序存放在 R0 所指向的 16 个数据缓冲区中。

解：甲机发送程序代码如下：

```
        ORG     0000H
        LJMP    MAINT           ;主程序入口
        ORG     0023H
        LJMP    INTSEL1         ;串行中断服务程序入口
        ORG     0100H
```

```
MAINT:   MOV    SCON,#40H          ;置串行口工作工作方式 1
         MOV    TMOD,#20H          ;定时器 T1 为工作方式 2
         MOV    PCON,#0            ;SMOD 为 0
         MOV    TH1,#72H           ;定时器 T1 初值为 72H
         MOV    TL1,#72H           ;定时器 T1 初值为 72H
         SETB   TR1                ;允许 T1 计数
         SETB   EA                 ;开中断
         SETB   ES                 ;串行口开中断
         MOV    DPTR,#ADDRT        ;DPTR 指向 ADDRT 表首址
         MOV    R7,#00H            ;R7 指向 00H 单元即要传送的字节数的初值
         MOV    A,#0
         MOV    A,@A+DPTR          ;取第一个要发送的字节
         MOV    SBUF,A             ;启动串行口发送
         SJMP   $                  ;等待中断
ADDRT:   DB     30H,40H,12H,11H    ;要发送的数据块
         DB     0AAH,0F0H,99H,0DH
         DB     56H,00H,13H,65H
         DB     0EH,0FFH,73H,0BBH
         ORG    0300H
INTSEL1: PUSH   ACC
         PUSH   PSW
         CLR    TI                 ;清中断标志
         MOV    A,#0
         CJNE   R7,#15,LOOP        ;判别 128 个字符是否发送完,若没完,则转 LOOP 继续
                                   ;取下一个字节数据并发送
         CLR    ES                 ;全部发送完毕,禁止串行口中断
         SJMP   ENDT               ;转中断返回
LOOP:    INC    R7                 ;修改字节数的指针
         INC    DPTR               ;修改地址指针
         MOVC   A,@A+DPTR          ;取发送数据
         MOV    SBUF,A             ;启动串行口
ENDT:    POP    PSW                ;中断返回
         POP    ACC
         RETI
         END
```

图 8-8 所示为利用 Proteus 软件和串口调试助手对甲机发送数据进行仿真的结果。图 8-8(a)中,单片机加载甲机发送程序,仿真程序中 ADDRT 16 个数据分别为:30H、40H、12H、11H、0AAH、0F0H、99H、0DH、56H、00H、13H、65H、0EH、0FFH、73H、0BBH。图 8-8(b)所示为串口调试助手成功接收的甲机发送数据,从图中可知,助手接收的数据正是上述甲机发送的数据。

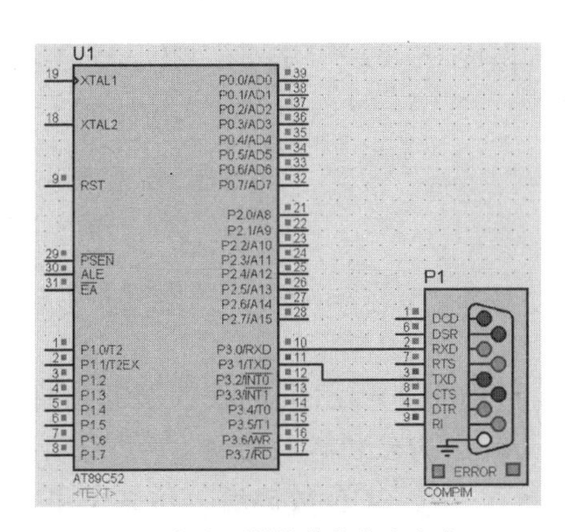

(a) 甲机电平转换简化仿真电路

(b) 串口调试助手窗口显示的甲机发送的数据

图 8-8　方式 1 甲机发送仿真

乙机接收程序代码如下：

```
         ORG     0000H
         LJMP    MAINR              ;主程序入口
         ORG     0023H
         LJMP    INTSEL2            ;串行中断服务程序入口
         ORG     0100H
MAINR:   MOV     SCON,#50H          ;串行口为接收口,工作方式 1
         MOV     TMOD,#20H          ;定时器 T1 设置工作方式 2
         MOV     PCON,#0            ;SMOD 为 0
         MOV     TH1,#72H           ;设置波特率为 110 baud 时对应的时间常数
         MOV     TL1,#72H
         SETB    TR1                ;允许 T1 计数
         SETB    EA                 ;开中断
         SETB    ES                 ;开串行口中断
         MOV     R0,#40H            ;DPTR 指向数据缓冲区首地址
         MOV     R7,#00H            ;置传送字节数初值
         SJMP    $                  ;等待中断
         ORG     0300H
INTSEL2: PUSH    ACC
         PUSH    PSW
         CLR     RI                 ;清中断标志
         MOV     A,SBUF             ;取接收的数据
         MOV     @R0,A              ;把接收到的数据放入缓冲区内
         MOV     A,@R0              ;取出乙机接收且存在数据存储器中的数据
```

```
        MOV     P1,A            ;送数码管显示
        INC     R7              ;修改计数指针
        INC     R0              ;修改地址指针
        CJNE    R7,#16,LOOP     ;判断 16 个字节是否接收完毕。若没有,则转 LOOP 继续
                                ;接收数据
        CLR     ES              ;若全部接收完毕,则禁止串行口中断
LOOP:   POP     PSW             ;中断返回
        POP     ACC
        RETI
        END
```

图 8-9 所示为利用 Proteus 软件和串口调试助手进行乙机接收数据的仿真,图 8-9(a)通过串口助手发送 16 个数据。图 8-9(b)为乙机接收数据,为了说明接收的数据就是助手发送的数据,在单片机 P1 口接了 2 个 BCD 数码管。仿真结果如图 8-9(b)所示,数码管能依次显示助手发送的数据:41H、30H、42H、30H、43H、30H、44H、88H、FFH、03H、E4H、7AH、56H、DDH、15H、07H。

(a) 串口调试助手窗口显示的发送出去的数据

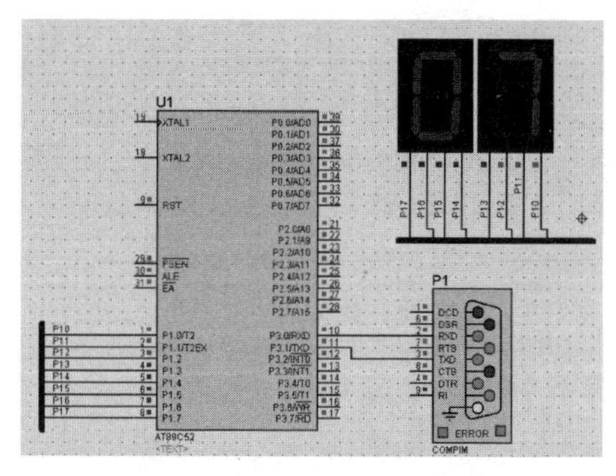

(b) 乙机电平转换简化仿真电路

图 8-9 在方式 1 下乙机接收仿真

甲乙联机串口通信仿真见图 8-10,甲机发送的数据 30H、40H、12H、11H、0AAH、0F0H、99H、0DH、56H、00H、13H、65H、0EH、0FFH、73H、0BBH 由乙机和助手分别接收,乙机将接收到的数据同时在数码管上显示。比较图 8-10(a)中数码管和图 8-10(b)助手窗口接收到的数据,发现它们是一致的。

3. 方式 2

方式 2 下的串行口为 9 位异步通信接口。传送一帧信息需 11 位,包括 1 位起始位、8 位数据位(先低位后高位)、附加的可通过编程的方式置为"1"或"0"的第 9 位数

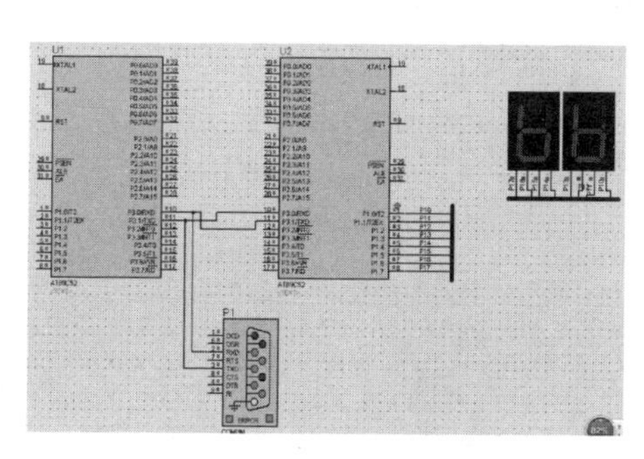

(a) 甲乙机串口通信简化仿真电路

(b) 串口调试助手同步窗口显示乙机接收数据

图 8－10　在方式 1 下甲乙联机串口通信仿真

据位以及 1 位停止位。方式 2 下的波特率为 $2^{SMOD}\times f_{osc}/64$，是定值。

① 方式 2 发送；发送时，数据由引脚 TXD 输出。发送一帧信息需 11 位，其中第 9 位是 SCON 中的 TB8。TB8 可由软件置位或清零，可用作多机通信中的地址、数据标志，或作为数据的奇偶校验位。CPU 执行一条写入发送缓冲器的指令（如“MOV SBUF,A”）就启动发送器发送，发送完一帧信息，置 TI 为 1。

② 方式 2 接收；接收时，数据由引脚 RXD 输入，REN 被置“1”后，接收器开始以接收时钟 16 倍的速率采样引脚 RXD 的电平，当检测到引脚 RXD 由高到低的负跳变时，就启动接收器接收，复位内部 16 位分频计数器，以实现同步。同方式 1 一样，计数器的 16 个状态把一位时间分成 16 等分，在每位时间的第 7、8、9 状态时，位检测器采样引脚 RXD 的值。若接收到的值不是 0，则起始位无效并复位接收电路；当采样到引脚 RXD 从 1 到 0 的负跳变时，确认起始位有效后，才开始接收本帧其余信息。接收完一帧信息后，只有在 RI＝0 且 SM2＝0 时，或 SM2＝1 且接收到数据的第 9 位为 1 时，才把 8 位数据装入接收缓冲器，第 9 位数据装入 SCON 中的 RB8，并置 RI 为 1；若不满足上述两个条件，接收到的信息将丢失。

【例 8.4】 编制一个发送程序，将片内 RAM 中 50H～5FH 的数据串行发送。串行口设定为工作方式 2，TB8 为奇偶校验位，采用中断方式。

在数据写入发送 SBUF 之前，先将数据的奇偶标志 P 写入 TB8，此时第 9 位数据便可作奇偶校验用。

```
ORG     0000H
AJMP    MAIN            ;上电转到 MAIN 处
ORG     0023H           ;串口中断入口地址
```

```
        AJMP   SERVE        ;转向中断服务程序
MAIN:   MOV    SCON,#80H
        MOV    PCON,#80H
        MOV    R0,#50H
        MOV    R7,#0FH
        SETB   ES           ;允许串行口中断
        SETB   EA           ;CPU 允许中断
        MOV    A,@R0
        MOV    C,PSW.0      ;把奇偶标志位赋给 C
        MOV    TB8,C
        MOV    SBUF,A       ;发送第一个数据
        SJMP   $
SERVE:  CLR    TI           ;清除发送中断标志
        INC    R0           ;修改数据地址
        MOV    A,@R0
        MOV    C,PSW.0      ;把奇偶标志赋给 C
        MOV    TB8,C
        MOV    SBUF,A       ;发送数据
        DJNZ   R7,ENDT      ;判断数据块是否发送完,若未发送完,则转到 ENDT
        CLR    ES           ;若发送完,则禁止串行口中断
ENDT:   RETI
        END
```

图 8-11 所示为采用串行中断将 RAM 的 50H~5FH 中的数据发送出去的结果图,UART#1 窗口右边为发送出去的 16 个字符串“AT89C52 CONTROLE”,左边为字符串所对应的十六进制 ASCII 码。

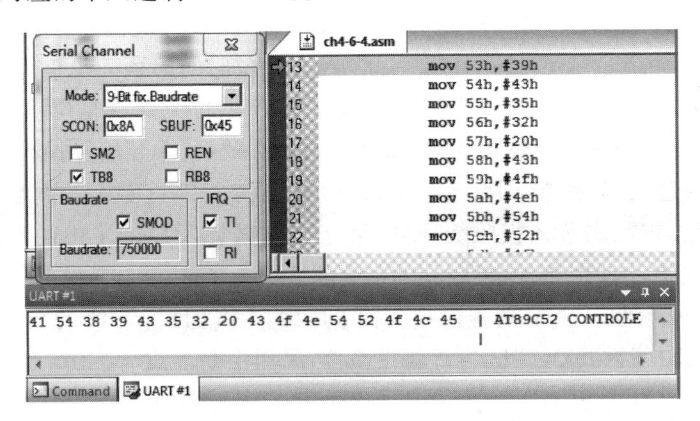

图 8-11　采用串行中断将 RAM 中的 50H~5FH 的数据发送结果

【例 8.5】 设计一个发送程序,将 50H~5FH 的数据块从串行口输出。

解:现将串行口定义为工作方式 2 发送,TB8 作为奇偶校验位。在数据写入发

送缓冲器之前，先将数据的奇偶校验位写入 TB8，采用查询方式，发送子程序清单如下：

```
TRT:     MOV     SCON,#80H       ;方式 2 编程
         MOV     PCON,#80H       ;取波特率为 fosc/32
START:   MOV     R0,#50H         ;R0 指向初始地址 50H
         MOV     R7,#10H         ;R7 计数长度设为 10H
LOOP:    MOV     A,@R0           ;取数据到 A 中
         MOV     C,P             ;将奇偶校验位 P 中的的值送入 CY
         MOV     TB8,C           ;将 TB8 中设置成奇偶校验位
         MOV     SBUF,A          ;启动串口发送数据
         JNB     TI,$            ;判断发送中断标志位，不为 1 则等待
         INC     R0
         CLR     TI
         DJNZ    R7,LOOP
         LJMP    START
```

假设 50H～5FH 中存放的 16 个数据如下：89H、12H、67H、34H、56H、01H、09H、02H、08H、03H、07H、04H、06H、05H、00H、99H。图 8－12(a)中，COMPIM 分配了虚拟串口 COM3，单片机加载了 16 个数据发送程序；图 8－12(b)中的串口调试助手分配了虚拟串口 COM2，用于接收单片机发送过来的数据。仿真结果表明串口助手成功接收了上述 16 个数据，并在窗口中进行了显示。

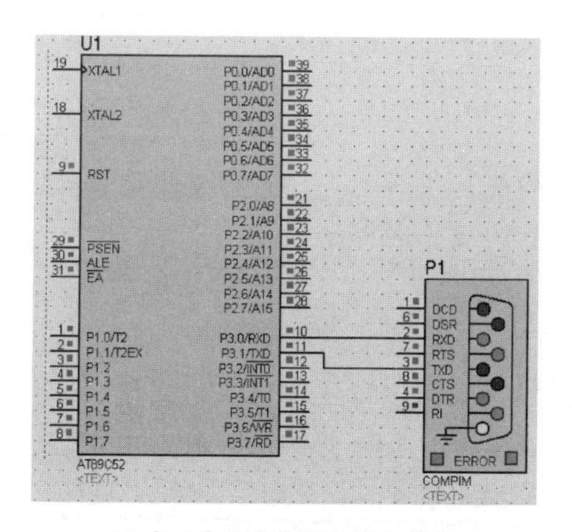

(a) 串口电平转换简化仿真电路

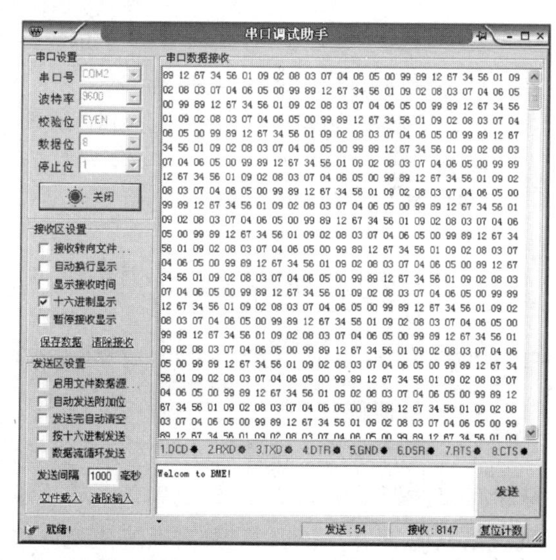

(b) 串口调试助手窗口显示的接收到的数据

图 8－12　在方式 2 下串口发送仿真

接收数据的第 9 位可以是奇偶校验位，也可以是多机通信中的地址/数据标

志位。

4. 方式 3

方式 3 下的串行口为波特率可变的 9 位异步通信接口。除波特率外,方式 3 与方式 2 类似,这里不再赘述。方式 3 下的波特率计算方法同方式 1。

【例 8.6】 设串行口上外接一个串行输入设备,51 单片机和该设备之间采用 9 位异步通信方式,波特率为 2 400 baud,f_{osc} 为 11.059 2 MHz,串行口选择工作方式 3,定时器 T1 选为工作方式 2,SMOD=0。编写程序实现此功能。

解:根据题意,计算得 TL1 和 TH1 的初始值为 0F4H。设需要接收 16 个数据,采用查询方式完成,则接收子程序如下:

```
RVE:   MOV    TMOD,#20H      ;T1 编程为方式 2 定时
       MOV    TH1,#0F4H      ;T1 赋初值
       MOV    TL1,#0F4H
       SETB   TR1            ;允许 T1 计数
       MOV    R0,#50H        ;指针 R0 赋初值
       MOV    R7,#10H        ;赋计数长度
       MOV    SCON,#0D0H     ;串行口工作方式 3 接收
       MOV    PCON,#0H       ;SMOD = 0
WAIT:  JBC    RI,PRI         ;等待接收数据
       SJMP   WAIT           ;RI 为 0,继续查询
PRI:   MOV    A,SBUF         ;判断奇偶标志位 P 是否与 RB8 相等
       JNB    P,PNP          ;P 为 0 转至 PNP
       JNB    RB8,PER        ;RB8 为 0,奇偶性出错,转至 PER
       SJMP   RIGHT          ;奇偶性正确,转至 RIGHT
PNP:   JB     RB8,PER        ;RB8 为 1,奇偶性出错,转至 PER
RIGHT: MOV    @R0,A          ;数据送入缓冲区
       INC    R0
       DJNZ   R7,WAIT        ;判数据块接收完否?
       CLR    F0             ;正确接收完 16 个字节,F0 置"0"
PER:   SETB   F0             ;置奇校验出错标志,F0 置"1"
```

5. 多机通信

串行口的方式 2 和方式 3 常用于多机通信,如果采用主从式构成多机系统,多台从机可以减轻主机的负担,构成廉价的分布式多机系统,如图 8-13 所示。主机、从机可以双向通信,从机之间只有通过主机才能通信。

在方式 2 或方式 3 下,数据帧的第 9 位是可编程位,可通过编程灵活改变 TB8 的状态。接收时,当接收机的 SM2=1 时,只有接收到的 RB8=1,才能置位 RI,接收数据才有效;而当接收机 SM2=0 时,无论收到的 RB8 是 0 还是 1 都能置位 RI,接收到的数据有效。利用这一特点可实现多机通信。

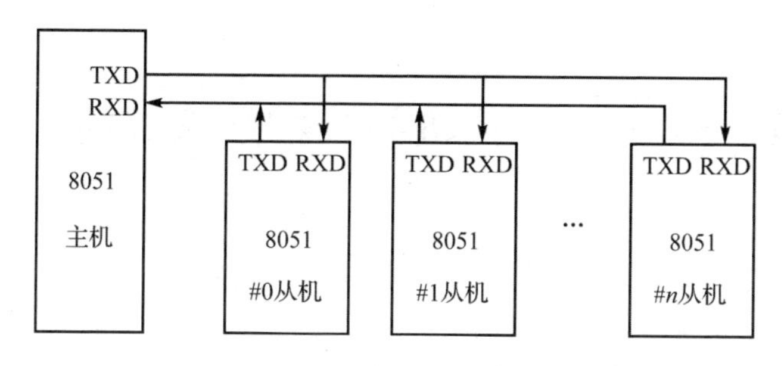

图 8-13　主从式结构多机通信系统

设一台多机系统中有一个主机、三个从机，从机的地址编号分别为 00H、01H 和 02H。主从机设置相同的工作方式（方式 2 或方式 3）和相同的波特率。主机首先发出要求通信的从机地址信号（00H、01H 或 02H），此时，TB8＝1，即发送地址帧（发送地址帧时 TB8 一定为 1）。而所有从机的 SM2 也都置为 1，且接收到的第 9 位 1 信号进入 RB8。因此，所有从机均满足 SM2＝1 和 RB8＝1 的条件，都可置 RI 为 1，激活 RI，进入各自的中断服务程序。在各自中断服务程序中，接收这个地址信号并识别这个地址，认同的从机置 SM2＝0，不认同的从机 SM2＝1，保持不变。这样便为认同的从机与主机通信准备好了必要条件（RI＝0 及 SM2＝0）。

此后，主机发送数据帧，TB8＝0，从机接收到的数据帧的第 9 位进入 RB8，即 RB8＝0。对于未被主机认同的从机，由于 SM2＝1，而接收到的第 9 位使它的 RB8＝0，因此不能激活 RI，接收的数据帧自然丢失。唯有被主机选中的从机（SM2＝0），不管接收到数据的第 9 位为何值，都可激活 RI，接收数据有效，这样便完成主-从机一对一的数据通信。

习　题

1. 51 单片机异步通信中，其帧格式为 1 个起始位 0、7 个数据位、1 个奇偶校验位及 1 个停止位组成，当通信接口每分钟传送 9 600 个字符时，试计算其传送波特率。

2. 编写一个程序，将累加器中的一个字符从串行接口发送出去。

3. 设计一个单片机的双机通信系统，并编写通信程序，将甲机内部寄存器中的 10 个字节数据块通过串行口传送至乙机内部寄存器中。

4. 欲利用串行口扩展 4 位 LED 八段数码静态显示器，请画出相应的逻辑电路并编写其显示子程序。

5. 利用串行口工作方式 0 和串行/并行转换器件 74LS164，实现 8 个发光二极管每隔两个右移循环点亮的程序，并画出电路图。

6. 请编制串行通信数据发送程序，发送片内 RAM 的 50H～5FH 的 16 字节数据，串行接口设定为方式 2，采用偶校验方式。设晶振频率为 6 MHz。

第9章　51系列单片机并行扩展系统的扩展原理

一般来说，由于单片机内部有一定容量的ROM、RAM和I/O接口、定时/计数器以及中断资源，故无须扩展就可以构成基本应用系统。但当这些资源不能满足特定应用系统的要求时，就需要单片机有一定的扩展功能，允许扩展各种外围电路，以弥补单片机内部资源的不足，因此大多数单片机都具有系统扩展能力。

51系列单片机的P0口～P3口可以作为并行扩展总线口，能在外部扩展64 KB的程序存储器和64 KB的数据存储器和输入/输出接口。

9.1　51单片机最小系统及编址技术

9.1.1　51单片机最小系统

单片机是集CPU、RAM、ROM、定时/计数器和I/O接口电路于一片集成电路的微型计算机。对于简单的应用场合，可以在51系列单片机中选择一个合适的产品构成一个具有最简单配置的系统，即最小系统。如图9-1所示，只要将单片机接上时钟电路和复位电路就构成了单片机最小系统。这种最小系统可提供给用户一定数量的I/O接口线，P0～P3都可作I/O接口用。因没有外部存储器，故$\overline{EA}$接高电平。这种应用系统因内部存储器容量和I/O接口数量有限，只能用于一些小型的控制单元。

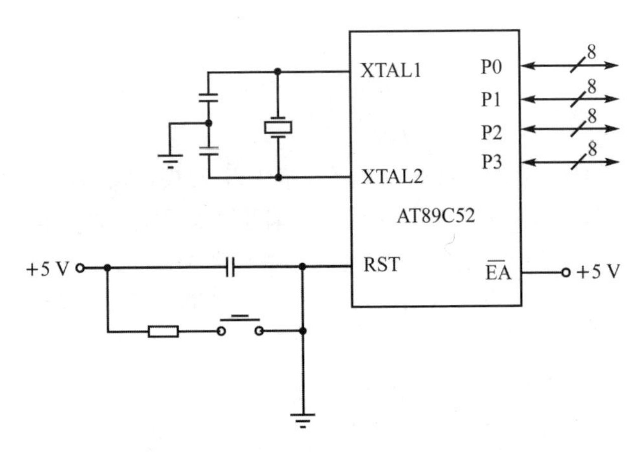

图9-1　51单片机构成的最小系统

9.1.2　51 单片机扩展总线与编址技术

1. 片外三总线结构

51 单片机有一定的外部扩展功能,在进行系统扩展时可采用总线结构。单片机都是通过片外引脚进行系统扩展的。为了满足系统扩展要求，单片机片外引脚可以构成三总线结构,如图 9－2 所示。

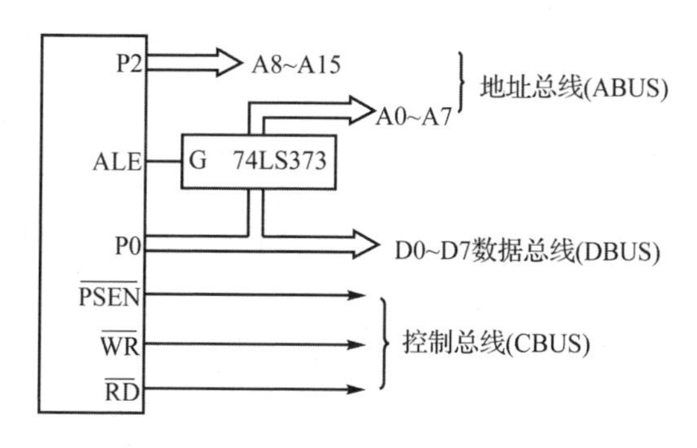

图 9－2　单片机片外三总线结构

① 地址总线(ABUS):地址总线宽度为 16 位 A15～A0,寻址可达 64 KB,用于传送单片机送出的地址信号,以便进行存储单元的选择。地址总线是单向的,只能由单片机向外发出。地址总线的数目决定可直接访问的存储单元的数目。

以 P0 口作为低 8 位地址/数据线。因为 51 单片机的 P0 口是地址/数据合用线,所以扩展时要采用一个 8 位的锁存器,在工作过程中,CPU 会分时送出地址和数据,先把 P0 口输出的低 8 位地址送锁存器锁存,然后输入或输出 8 位数据。

以 P2 口作为高 8 位地址线,并与 P0 口形成 16 位地址总线,可使单片机的寻址范围达到 64 KB,实际应用中,高位地址线并不固定为 8 位,需要用几位就从 P2 口引出几条口线。

② 数据总线(DBUS):数据总线的宽度为 8 位 D7～D0,与单片机处理数据的字长一致,用于单片机和扩展部件之间的数据传送。数据总线是双向的。

③ 控制总线(CBUS):为一组控制信号线(ALE、$\overline{\text{EA}}$、$\overline{\text{PSEN}}$、$\overline{\text{RD}}$、$\overline{\text{WR}}$),可能是单片机发出的,也可能是扩展部件送给单片机的。但对每一条控制信号线而言一定是单向的。

ALE:地址锁存允许信号,用以锁存低 8 位地址。

$\overline{\text{PSEN}}$:用作外部程序存储器的读选通信号,也就是访问片外程序存储器 ROM 时以 $\overline{\text{PSEN}}$ 为读选通信号。

$\overline{\text{EA}}$:内、外程序存储器的选择信号。

$\overline{\text{RD}}$、$\overline{\text{WR}}$:扩展外部数据存储器的读/写选通信号,即访问片外数据存储器 RAM 以 $\overline{\text{RD}}$、$\overline{\text{WR}}$ 分别作为读选通和写选通信号。

可以看出,尽管单片机有 4 个 I/O 接口,共 32 位,但由于系统扩展的需要,真正能作为数据 I/O 接口使用的,就只剩下 P1 口和 P3 口的部分口线了。

2. 编址技术

51 单片机的程序存储器与数据存储器地址是可以重叠使用(由于单片机访问这两类存储器使用不同控制信号及不同指令的缘故)的,但外围 I/O 芯片与数据存储器是统一编址的,它不仅占用数据存储器地址单元,而且和数据存储器使用相同的读/写控制指令。为了唯一选中外部某一存储单元(I/O 接口芯片也作为数据存储器的一部分),必须进行两种选择:一是必须选择芯片,称为片选;二是必须选择该芯片的某一存储单元,称为字选。

芯片选择问题,一般有 3 种方法:线选法、译码法和页面寻址。

① 线选法:把系统的高位地址线直接或通过反相器连接到存储芯片的片选端(或)即可。线选法又可分为一线一选法和一线二选法。

特点:简单明了,不需要另外增加电路。但这种编址方法对存储空间的使用是断续的,不能充分有效地利用存储空间,扩充存储容量受限,只适用于小规模单片机系统的存储器扩展。

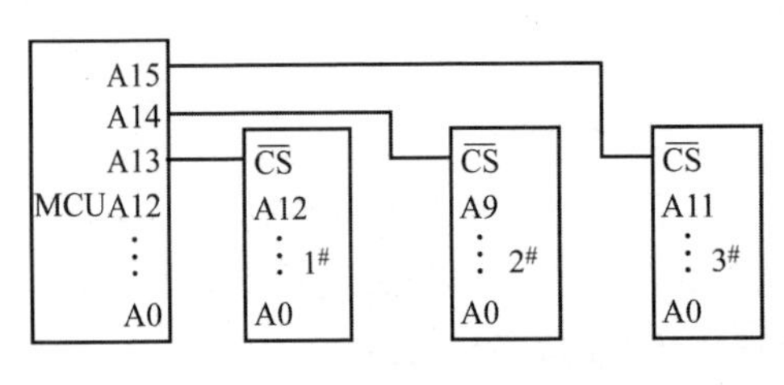

图 9-3 线选法举例

【例 9.1】 如图 9-3 所示,51 单片机扩展了 3 块芯片,其中 1# 芯片接 MCU 的 A13,2# 芯片接 A14,3# 芯片接 A15,请确定 3 块芯片的地址。

分析:当选中某块芯片时,相应端为 0,其他两块芯片的相应端为 1,"×"表示未用到的地址线。图 9-3 中,1# 芯片接单片机的 A13,那么 A15A14A13=110。A12A11A10A9A8A7A6A5A4A3A2A1A0 为 1# 芯片的地址线,它与 MCU 的相应地址线相联,因此它的地址空间为 C000H~DFFFH。

A15	A14	A13	A12	A11	A10	A9	A8	A7~A0	
1	1	0	0	0	0	0	0	0~0	1#芯片
1	1	0	1	1	1	1	1	1~1	
1	0	1	×	×	×	0	0	0~0	2#芯片
1	0	1	×	×	×	1	1	1~1	

A12	A11	A10		
0	0	0	共8组,分别为	A000H~A3FFH
0	0	1		A400H~A7FFH
0	1	0		A800H~ABFFH
⋮				⋮

A15	A14	A13	A12	A11	A10	A9	A8	A7~A0	
0	1	1	×	0	0	0	0	0~0	3#芯片
0	1	1	×	1	1	1	1	1~1	

由于 2# 芯片的 $\overline{CS}$ 接 A14，A15A14A13＝101，但 2# 芯片的地址线只有 10 根 A9～A0，在与单片机相连时，A12、A11、A10 这 3 根地址线是未接的，因此 2# 芯片的地址空间分为 8 组，分别为 A000H～A300H、A400H～A700H、…、BC00H～BFFFH。

同样的，3# 芯片的地址分为 2 组，分别为 6000H～6FFFH、7000H～7FFFH。

② 译码法：利用单片机高位没有用到的地址线经过译码器译码后与扩展的芯片的片选连接。译码法有部分译码法和全译码法。部分译码法是用部分多余的地址线参与译码。而全译码法将全部多余的地址线经译码器译码后与扩展芯片连接。

特点：能用较少的地址信号编码产生较多的译码信号，从而实现对多块存储器芯片的选择。适用于大容量多芯片存储器扩展。

常用的译码芯片有 74LS139（双 2－4 译码器）、74LS138（3－8 译码器）、74LSl54（4－16 译码器）等。

【例 9.2】 图 9－4 所示为采用全地址译码法进行扩展的电路图，请确定 0# ～7# 芯片的地址。

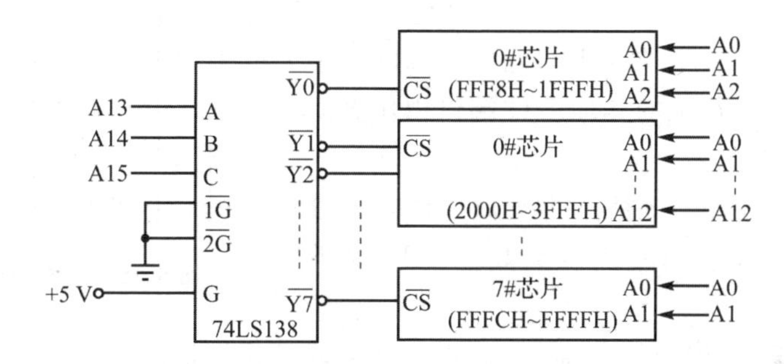

图 9－4　全地址译码法举例

分析：图 9－4 中 74LS138 的 CBA 分别接单片机的 A15A14A13 地址线，当 CBA＝000（A15A14A13＝000）时，74LS138 的 $\overline{Y}_0$ 输出有效；当 CBA＝001（A15A14A13＝001）时，74LS138 的 $\overline{Y}_1$ 输出有效；以此类推。对于 0# 芯片，它的地址线 A2A1A0 与单片机的 A2A1A0 相连，因此它的地址分配为 1FF8H～1FFFH，以此类推，各芯片的地址空间分配如表 9－1 所列。

表 9－1　各芯片地址空间分配表

芯片号	A15A14A13(CBA)	74LS138	A12A11A10A9A8A7A6A5A4A3A2A1A0	地　址
0	000	$\overline{Y0}$	××××××××××000 ⋮ ××××××××××111	1FF8H～1FFFH

续表 9-1

芯片号	A15A14A13(CBA)	74LS138	A12A11A10A9A8A7A6A5A4A3A2A1A0	地　址
1	001	$\overline{Y1}$	0000000000000 ⋮ 1111111111111	2000H～3FFFH
⋮	⋮	⋮	⋮	⋮
7	111	$\overline{Y7}$	×××××××××××00 ⋮ ×××××××××××11	FFFCH～FFFFH

③ 页面寻址:当单片机系统需要超过 64 KB 的存储空间时,可通过页面寻址法实现。在设计时,硬件尽可能少用逻辑电路,而采用内置硬件页面寻址存储器进行扩展,这样可简化硬件电路。由于超过 64 KB,单片机的地址总线已经不够用了,故采用单片机的其他 I/O 端口用作页面地址线(如 P1 口)。

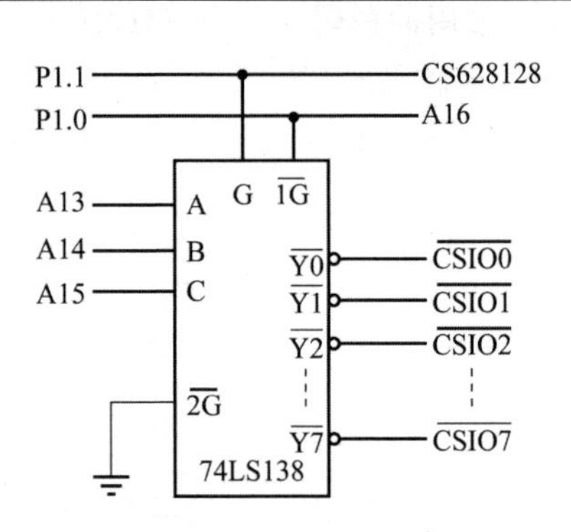

图 9-5　页面寻址举例

【例 9.3】 图 9-5 所示为页面寻址方式进行扩展的电路,分析 628128 以及 I/O0～I/O7 的地址。

分析:图 9-5 中 A15A14A13 是指单片机的高位地址线,由于外部数据存储器 628128 的容量为 128 KB,需要 17 根地址线,所以 A16 是 628128 的最高位地址线。P1.1 接的是 628128 的片选信号,当 P1.1=0 时选中 628128,否则 628128 不选中。P1.0 与 628128 的最高位地址线 A16 连接,是作为页面选择用的,它把 128 KB 的 628128 分成两页:低 64 KB 和高 64 KB,当 P1.0=0 时,可以选用 628128 的低64 KB 的空间,地址空间为 0000H～FFFFH;当 P1.0=1 时,可以选用 628128 的高 64 KB 的空间,地址空间为 0000H～FFFFH。当 G$\overline{1G2G}$=100 时,即 P1.1P1.0=10 时,则选中 74LS138;否则,74LS138 不工作。当 74LS138 工作时,A15A14A13(CBA)=000 时,选中 $\overline{CSI00}$,A12～A0 的值由 0# 芯片的地址线决定,其他芯片以此类推,各芯片地址空间分配如表 9-2 所列。

表 9-2　各芯片地址空间分配表

P1.1P1.0	工作芯片	A15A14A13A12A11A10A9A8A7A6A5A4A3A2A1A0	地　址
00	628128 且 A16=0	0000000000000000～1111111111111111	0000H～FFFFH

续表 9-2

<table>
<tr><th>P1.1P1.0</th><th>工作芯片</th><th colspan="2">A15A14A13A12A11A10A9A8A7A6A5A4A3A2A1A0</th><th>地　址</th></tr>
<tr><td>01</td><td>628128
且 A16=1</td><td colspan="2">0000000000000000～1111111111111111</td><td>0000H～FFFFH</td></tr>
<tr><td rowspan="5">10</td><td rowspan="5">74LS138</td><td>$A_{15}A_{14}A_{13}$(CBA)</td><td>选中芯片</td><td rowspan="5">A12～A0 的值由各芯片的地址线决定</td></tr>
<tr><td>000→$\overline{Y0}$</td><td>$\overline{CSI00}$</td></tr>
<tr><td>001→$\overline{Y1}$</td><td>$\overline{CSI01}$</td></tr>
<tr><td>…</td><td>…</td></tr>
<tr><td>111→$\overline{Y7}$</td><td>$\overline{CSI07}$</td></tr>
<tr><td>11</td><td>无</td><td colspan="2"></td><td></td></tr>
</table>

9.2　程序存储器扩展

51 系列单片机的程序存储器寻址空间为 64 KB,其中 51 系列片内包含 4 KB 的 ROM(EPROM 或 Flash);52 系列片内包含 8 KB 的 ROM(EPROM 或 Flash)。当片内 ROM 不够用时,需要扩展程序存储器。

9.2.1　外部程序存储器的操作时序

图 9-6 是与访问外部程序存储器有关的时序图。其中,图 9-6(a)为没有访问外部数据存储器,即没有执行 MOVX 指令的情况下的时序,图 9-6(b)为发生访问外部数据存储器操作时的时序。CPU 由外部程序存储器取址时,16 位地址的低 8 位 PCL 由 P0 输出,高 8 位 PCH 由 P2 输出,而指令由 P0 输入。

在不执行 MOVX 指令时,P2 口专用于输出 PCH,P2 有输出锁存功能,可直接接至外部存储器的地址端,无须再加锁存。P0 口则作分时复用的双向总线,输出 PCL,输入指令。在这种情况下,每一个机器周期中,允许地址锁存信号(ALE)两次有效,在 ALE 由高变低时,有效地址 PCL 出现在 P0 总线上,低 8 位地址锁存器应在此时把地址锁存起来。同时 $\overline{PSEN}$ 也是每个机器周期两次有效,用于选通外部程序存储器,使指令送到 P0 总线上,由 CPU 取入。这种情况下的时序见图 9-6(a)。此时,每个机器周期内 ALE 两次有效,甚至在非取址操作周期中也是这样,因此,ALE 有效信号以 1/6 振荡器频率的恒定速率出现在引脚上,它可以作为外部时钟或定时脉冲。

当系统中接有外部数据存储器,执行 MOVX 指令时,时序有些变化,如图 9-6(b)所示。从外部程序存储器取入的指令是一条 MOVX 指令时,在同一周期的 S5 状态 ALE 由高变低时,P0 总线上出现的将不再是有效的 PCL 值(程序存储器的低 8 位地址),而是有效的数据存储器的地址。若执行的是 MOVX　@DPTR 指

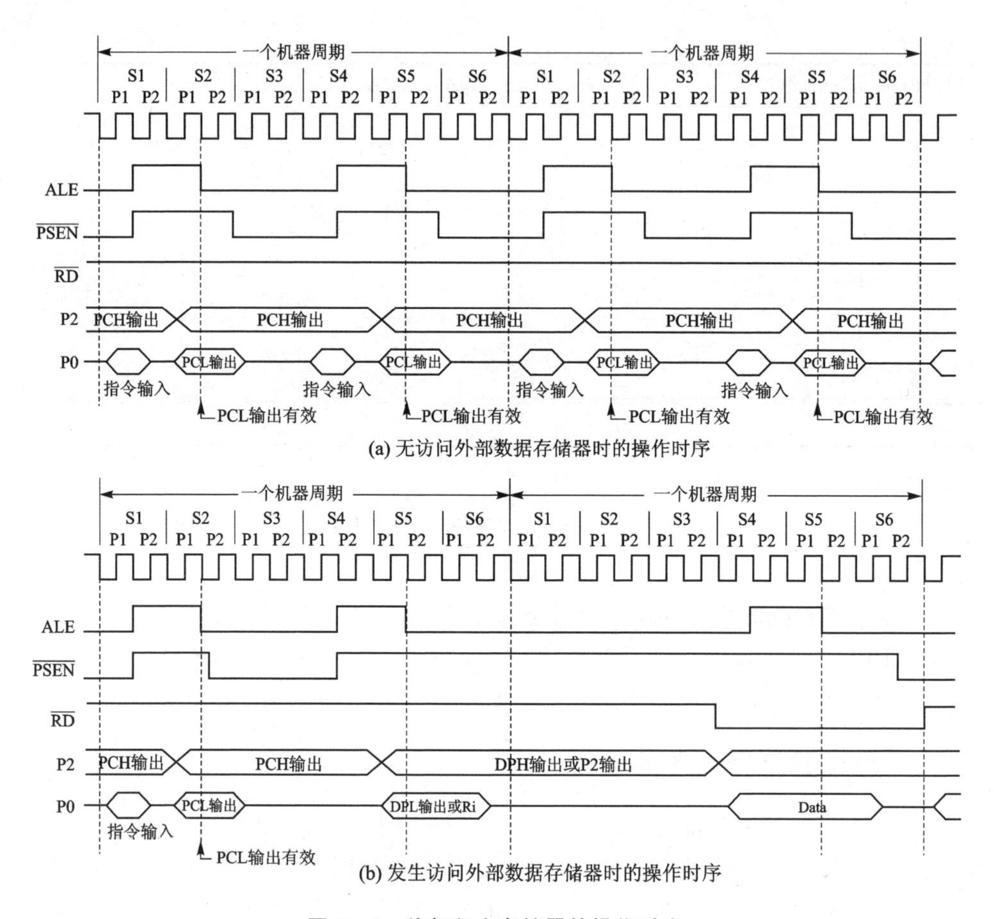

图 9-6 外部程序存储器的操作时序

令,则此地址就是 DPL 值(数据指针的低 8 位),同时在 P2 口线上出现有效的 DPH 值(数据指针的高 8 位)。若执行的是 MOVX @Ri 指令,则地址就是 Ri 的内容,同时在 P2 口线上出现的将是专用寄存器 P2(口锁存器)的内容。在同一机器周期的 S6 状态将不再出现 $\overline{\text{PSEN}}$ 有效信号,下一个机器周期的第一个 ALE 有效信号也不再出现。而当 $\overline{\text{RD}}$(或 $\overline{\text{WR}}$)有效时,在 P0 总线上将出现有效的输入数据(或输出数据)。

9.2.2 常用 EPROM 存储器

程序存储器是用于存储程序指令的地方,是一种非易失的芯片,也即内部存储的编码不会因外界因素而轻易改变。常用的程序存储器的芯片种类有 ROM、EPROM、E^2PROM、Flash 等,其中 ROM 为不可擦除型,一般用于大批量生产产品。其他三种是可擦除重写的:EPROM 为紫外线可擦除,电可改写型;E^2PROM 和 FLASH 为电可擦除,电可改写型。

常用的 EPROM 芯片有 2716(2 KB)、2733(4 KB)、2764(8 KB)、27128(16 KB)、

27256(32 KB)、27512(64 KB)、27010(1 MB)、27020(2 MB)。该系列不同型号的芯片仅仅是地址线数目和编程信号引脚有些差别，其引脚分布如图 9－7 所示。

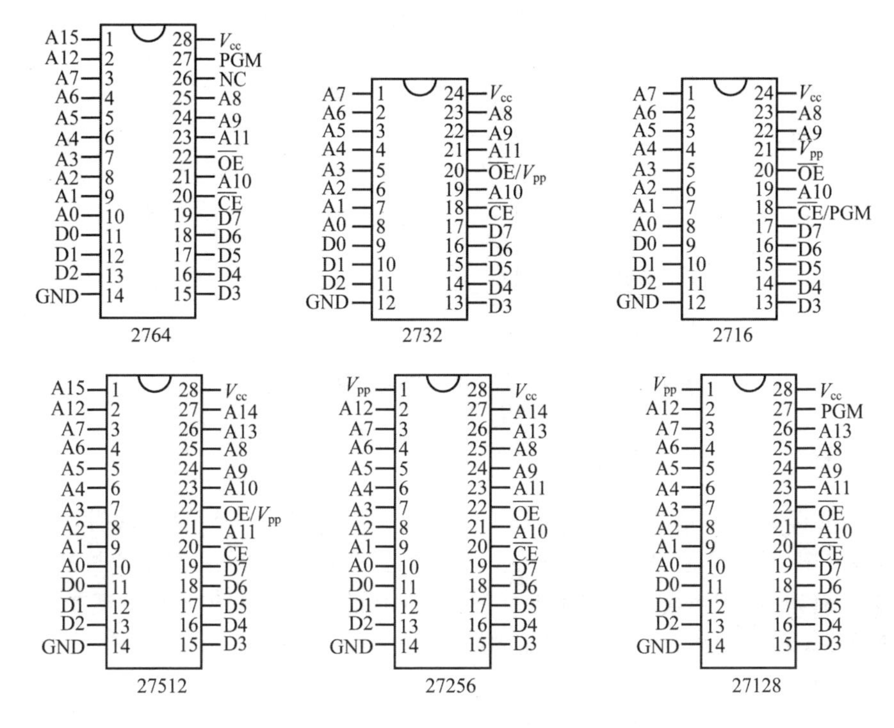

图 9－7　常用 EPROM 引脚分布

A0～Ai：地址输入线。引脚的个数由芯片容量而定。比如，64 KB 的程序存储器，地址线比较多，有 16 根，即 A0～A15；32 KB 的程序存储器，其地址线有 15 根，即 A0～A14；16 KB 的程序存储器，它的地址线有 14 根，即 A0～A13，以此类推。

D0～D7：三态数据总线，读或编程检验时为数据输出线，编程时为数据输入线，维持或编程禁止时，数据线呈现高阻态。

$\overline{\text{CE}}$：片选端，低电平有效。可用于多个程序存储器的芯片扩展。

$\overline{\text{OE}}$：读选通信号线，低电平有效。

$\overline{\text{PGM}}$：编程脉冲输入线，有的芯片此引脚与 $\overline{\text{CE}}$ 合用。

V_{pp}：编程电源输入线 V_{pp} 的值因芯片型号和制造厂商而异。在编程时，该引脚的电压必须严格符合芯片的要求，否则会损坏芯片，有的芯片此引脚与 $\overline{\text{CE}}$ 合用。

V_{CC}：主电源输入线，V_{CC} 一般为＋5 V。

GND：接地线。

必须指出，2716、2732 的 $\overline{\text{OE}}$ 和 $\overline{\text{PGM}}$ 合用一个引脚，2732、27512 的 $\overline{\text{OE}}$ 和 V_{pp} 合用一个引脚。

当进行程序存储器扩展时，与单片机相连的有图 9－8 中 EPROM 左边引脚，而

EPROM 右边引脚则不需要与单片机相连。

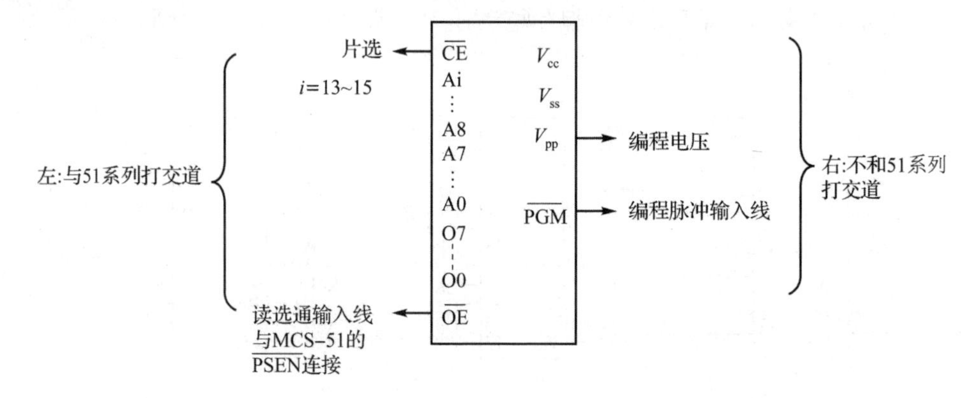

图 9-8　EPROM 存储器与单片机连接的示意图

9.2.3　程序存储器扩展方法

扩展外部程序存储器时，可以是一片，也可以是多片。当扩展一片时，EPROM 的片选端 $\overline{CE}$ 可以接地，表明一直选中，也可以将 EPROM 的 $\overline{CE}$ 接单片机的高位地址线上。但如果扩展的这一片 EPROM 是 64 KB 的，则 $\overline{CE}$ 只能接地。图 9-9 所示为扩展的 64 KB EPROM 外部程序存储器，$\overline{CE}$ 只能接地。

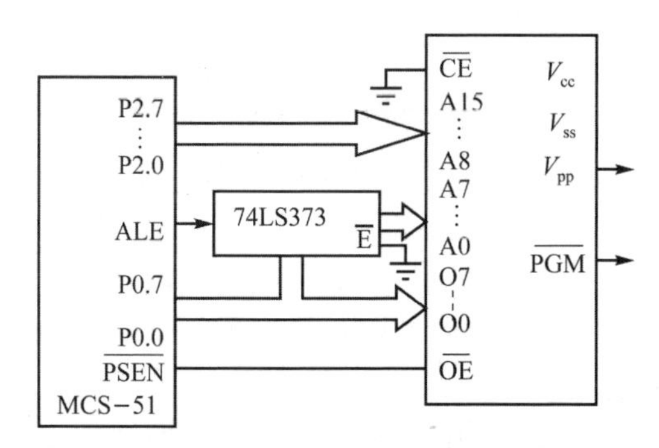

图 9-9　扩展一片 EPROM

【例 9.4】　如果系统使用两片 27256 构成 64 KB 的 EPROM 系统，那么 $\overline{CE}$ 如何连接？

27256 是 32 KB 的 EPROM，内部有 15 根地址线。与单片机连接后，51 单片机还剩下一根地址线 P2.7，一根地址线要接两个片选，可以通过非门实现，如图 9-10 所示。

【例 9.5】　如果系统使用两片 27128 构成 32 KB 的 EPROM 系统，那么 $\overline{CE}$ 如何连接？

分析：27128 是 16 KB 的 EPROM，内部地址线有 14 根(A13～A0)，51 单片机的

地址线有 16 根，将低位地址 A13～A0 接 27128 的内部地址 A13～A0，剩下两根高位地址分别可接两片 27128 的片选端，如图 9－11 所示。

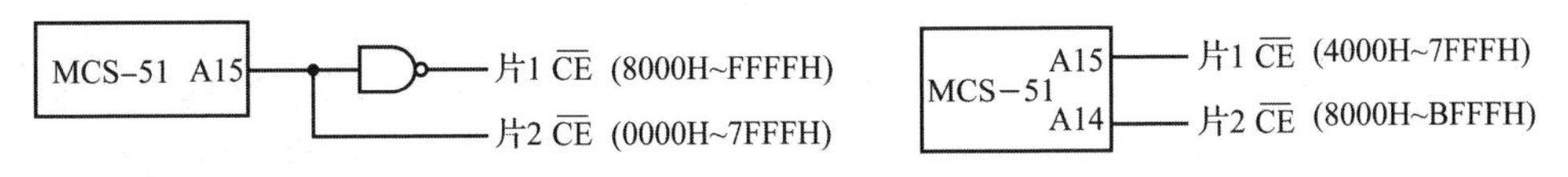

图 9－10　扩展两片 32 KB 的 EPROM　　**图 9－11　扩展两片 16 KB 的 EPROM**

【例 9.6】　如果系统使用 4 片 27128 构成 64 KB 的 EPROM 系统，那么 $\overline{CE}$ 该如何连接？

分析：51 单片机的地址线有 16 根，将低位地址 A13～A0 接 4 片 27128 的内部地址 A13～A0 后只剩下两根高位地址，不够接 4 片 27128 的片选端。此时，若采用 74LS139 2－4 译码器，就可把两根高位地址线 A15、A14 变成 4 根，然后接 4 个片选端 $\overline{CE}$，如图 9－12 所示。

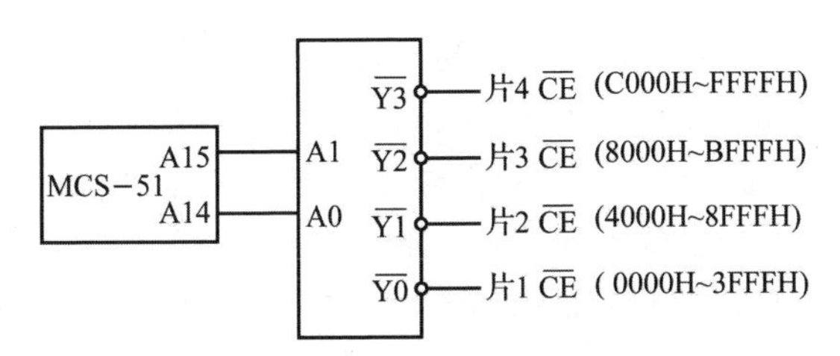

图 9－12　扩展 4 片 16 KB 的 EPROM

图 9－13 是具有一定代表性的程序存储器扩展电路连接图，图中单片机采用的是 51 系列单片机，程序存储器为 27256。由于 27256 地址空间范围为 0000H～7FFFH，故需要用 15 个单片机的地址线。

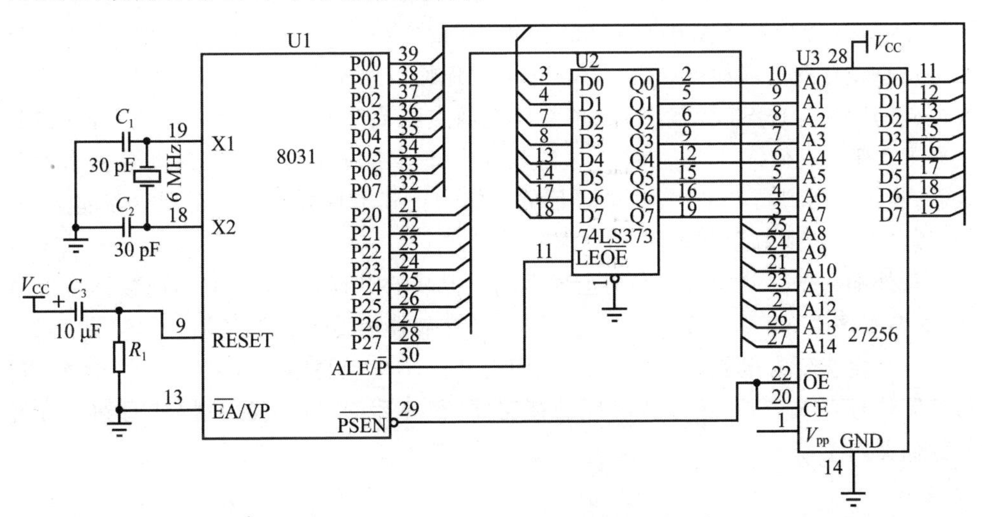

图 9－13　51 单片机与 27256 连接的电路图

9.3 数据存储器扩展

51 系列单片机内部的数据存储器容量一般为 128～256 个字节。它可以作为寄存器、堆栈、标志和数据缓冲器使用。CPU 对内部 RAM 的操作有着丰富的指令支持。对于处理数据量较小的系统,内部 RAM 已能满足数据存储器的需要,当数据量较大时,就需要在外部扩展 RAM 数据存储器以满足要求,容量的扩展最大可达 64 KB。

数据存储器的扩展方法大体上分为 3 种:

① 扩展容量为 256 KB 的 RAM,这时可采用 MOVX @Ri 指令访问外部 RAM,只用 P0 口传送 8 位地址。

② 扩展容量大于 256 KB 而小于 64 KB 的 RAM,访问外部 RAM 时采用 MOVX @DPTR 指令,同时用 P0 和 P2 口传送 16 位地址。

③ 扩展容量略大于 256 KB 的 RAM,为节省 I/O 接口(P2),用 P0 口传送低 8 位地址,通过少量 I/O 口线、用软件方法传送高位地址,访问外部 RAM 时采用 MOVX @Ri 指令,并辅以从 I/O 接口传送高位地址的指令。应该说明,对于有外接程序存储器的系统,P2 口已经不能用作一般的 I/O 口,采用上述第 3 种外扩数据存储器的方法,并不能节省 I/O 口线,反而会增加程序的复杂性,是不合适的。

9.3.1 外部数据存储器的操作时序

访问外部数据存储器的操作时序如图 9 - 14 所示。

先看读外部数据存储器时序。在第一个机器周期的 S1,允许地址锁存信号(ALE)由低变高①,开始读周期。在 S2 状态,CPU 把低 8 位地址送上 P0 总线,把高 8 位地址送上 P2 口(若采用 MOVX @DPTR 指令)。ALE 的下降沿②用来把低8 位地址信息锁存到外部锁存器内③。而高 8 位地址信息此后一直锁存在 P2 口上,无须再加外部锁存。在 S3 状态,P0 总路线驱动器进入高阻状态④。在 S4 状态,读控制信号 $\overline{RD}$ 变为有效⑤,它使得被寻址的数据存储器略过片刻后把有效的数据送上总线⑥,当 $\overline{RD}$ 回到高电平后⑦,被寻址的存储器把其本身的总线驱动器悬浮起来⑧,使 P0 总线又进入高阻状态。

写外部数据存储器的时序与上述类同。但写的过程是 CPU 主动把数据送上总线,故在时序上,CPU 向 P0 总线送完被寻址存储器的低 8 位地址后,在 S3 状态,就由送地址直接变为送数据上总线③,其间总线上不出现高阻悬浮状态。在 S4 状态,写控制信号 $\overline{WR}$ 有效,选通被寻址的存储器,稍等片刻,P0 上的数据就写到被寻址的存储器内了。

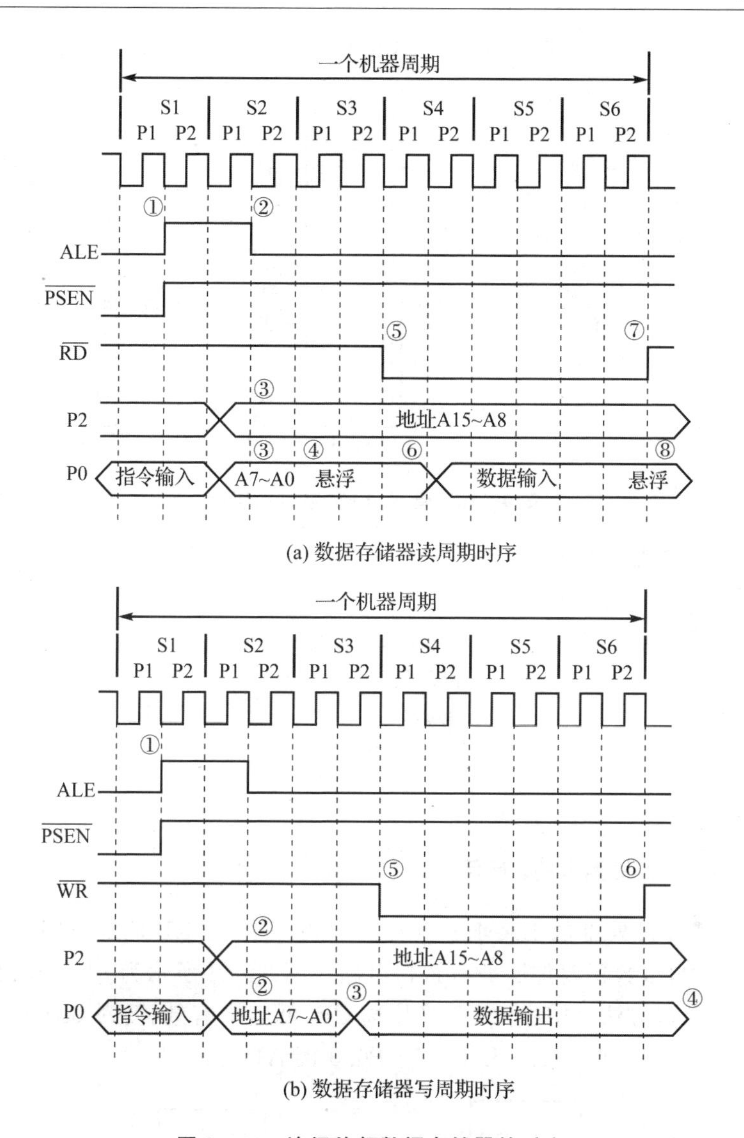

(a) 数据存储器读周期时序

(b) 数据存储器写周期时序

图 9-14　访问外部数据存储器的时序

9.3.2　常用的 RAM 芯片

扩展数据存储器常用静态存储器 SRAM。这种存储器具有存取速度快、使用方便等特点，缺点是系统一旦掉电，内部所存数据便会丢失。因此，要使内部数据不丢失，必须不间断地供电（断电后电池供电）。为了解决 SRAM 这个问题，人们还用诸如 Flash、E^2PROM 作为随机存取数据存储器，数据在掉电时可以自保护，而不会丢掉数据。

常用的 RAM 型号有 6116(2 KB×8 位)、6264(8 KB×8 位)及 62256(32 KB×8 位),它们的引脚分布如图 9－15 所示。

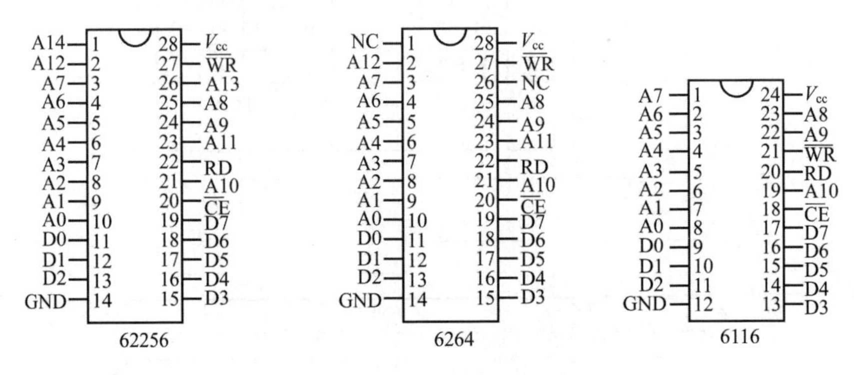

图 9－15　常用 RAM 芯片引脚图

A0～Ai:地址输入线;

D0～D7:双向三态数据线;

$\overline{\text{CE}}$:选片信号输入线,低电平有效;

$\overline{\text{RD}}$:读选通信号输入线,低电平有效;

$\overline{\text{WR}}$:写选通信号输入线,低电平有效;

V_{CC}:工作电源,为+5 V;

GND:地线。

9.3.3　RAM 存储器扩展方法

51 系列单片机外部的 RAM、I/O 接口共占一个 64 KB 地址空间,在并行扩展 RAM 的系统中,多数还要扩展 I/O 接口电路。图 9－16 所示为 51 单片机扩展一片 RAM 的一种接口方法。图中 P2.7 接片选 $\overline{\text{CE}}$,低电平有效,要对 62256 进行操作,必须 P2.7 为"0",P2.6～P2.0 和 P0.7～P0.0 接 A14～A0。

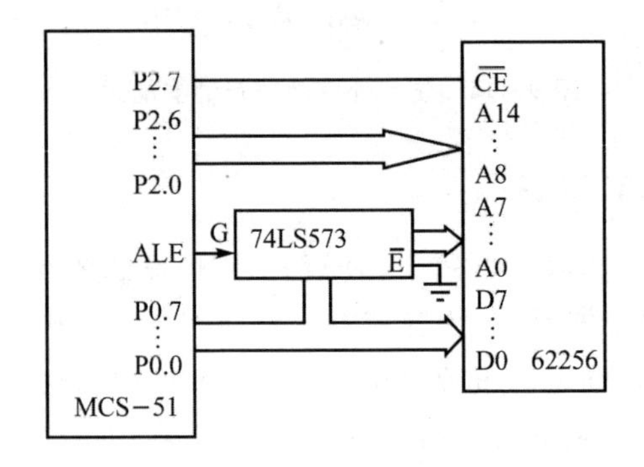

图 9－16　51 单片机扩展一片 62256 电路

A15	A14	A13	A12	A11	A10	A9	A8	A7～A0
0	0	0	0	0	0	0	0	0～0→000H
0	1	1	1	1	1	1	1	1～1→7FFFH

因此，62256 占用的地址空间为 0000H～7FFFH。

【例 9.7】 如果图 9－17 中采用 6264 芯片，地址线为 A12～A0，$\overline{CE}$ 接单片机的 P2.7，则 6264 所占的地址空间为多少？

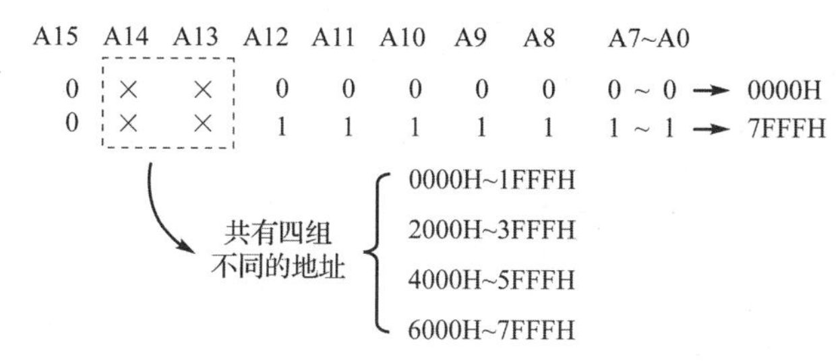

由于 P2.6、P2.5 是悬空的，因此 A14、A13 的值可任意选取。当 A14A13＝00 时，6264 占用的空间为 0000H～1FFFH；当 A14A13＝01 时，6264 占用的空间为 2000H～3FFFH；当 A14A13＝10 时，6264 占用的空间为 4000H～5FFFH；当 A14A13＝11 时，6264 占用的空间为 6000H～7FFFH。

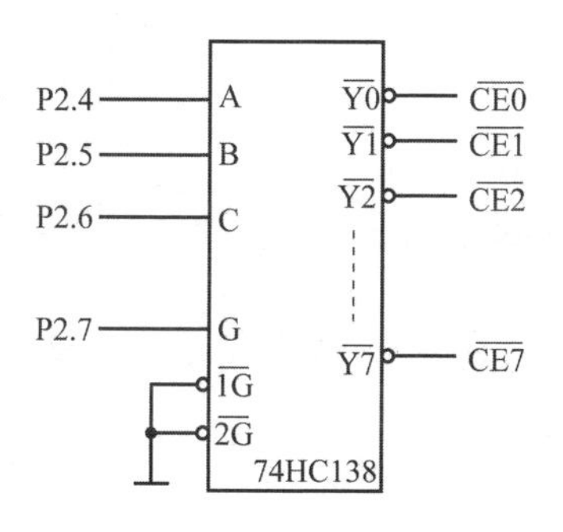

图 9－17　对 8000H～FFFFH 地址空间译码方法

若还要扩展多片 I/O 接口，可采用图 9－17 所示方式对 8000H～FFFFH 的地址空间译码产生 I/O 接口的片选信号 $\overline{CE0}$～$\overline{CE7}$。P2.7 为 1 时，74HC138 选中，当 P2.6P2.5P2.4＝000 时，选中 $\overline{Y0}$（$\overline{CE0}$ 有效），因此，0 号芯片所占的地址空间为 8000H～8FFFH；当 P2.6P2.5P2.4＝001 时，选中 $\overline{Y1}$（$\overline{CE1}$ 有效），因此，1 号芯片所占的地址空间为 9000H～9FFFH，以此类推，可得 7 号芯片所占的地址空间为 F000H～FFFFH。

9.3.4　外部 RAM 的读/写程序

利用 P2 口和 P0 口进行扩展，访问片外数据存储器时，仅用以下 4 条寄存器间接寻址指令：

```
MOVX    A,@Ri
MOVX    A,@DPTR
MOVX    @Ri,A
MOVX    @DPTR,A
```

【例 9.8】 如图 9－16 所示电路,采用 R0 作为数据指针,清零外部 RAM 的 00H～FFH 单元。

```
INIRAM_P:  MOV     P2,#0
           MOV     R0,#0
           CLR     A
INI_PL:    MOVX    @R0,A
           INC     R0
           CJNE    R0,#0,INI_PL
           RET
```

【例 9.9】 如图 9－16 所示电路,采用 DPTR 作为数据指针,清零外部 RAM 的 00H～FFH 单元。

```
INIRAM:  MOV     DPTR,#0
         MOV     R7,#0
         CLR     A
INIL:    MOVX    @DPTR,A
         INC     DPTR
         DJNZ    R7,INIL
         RET
```

【例 9.10】 如图 9－16 所示电路,将 DPTR 指出的外部 RAM 中 16 个字节数据传送到 R0 指出的内部 RAM。

```
TXRAM:   MOV     R7,#16
TXRAML:  MOVX    A,@DPTR
         MOV     @R0,A
         INC     R0
         INC     DPTR
         DJNZ    R7,TXRAML
         RET
```

习　题

1. MCS－51 单片机系统中,外扩的程序存储器和数据存储器可以有相同的地址空间,但不会产生冲突,为什么?

2. 在 51 单片机的扩展系统中,访问外部数据存储器要发送哪些信号?

3. 51 单片机的扩展存储器系统中，为什么 P0 口要接一个 8 位锁存器，而 P2 口却不需要？

4. 一个 MCS－51 扩展系统，用线选法最多可扩展多少片 6264？它们的地址范围分别是什么？试画出其逻辑图。

5. 一个 MCS－51 扩展系统，用地址译码法最多可扩展多少片 6264？它们的地址范围分别是什么？试画出其逻辑图。

6. 单片机扩展数据存储器的电路如图 9－18 所示，问：

(1) 外部扩展的数据存储器容量是多少？

(2) 三片 6264 的地址范围分别是多少？

(3) 假设外部程序存储器已扩展(未画出)，请编写程序，要求：

① 将 30H～3FH 中的内容送入 1# 芯片 6264 的前 16 个单元中；

② 将 2# 芯片 6264 的前 32 个单元的内容送入 40H～5FH。

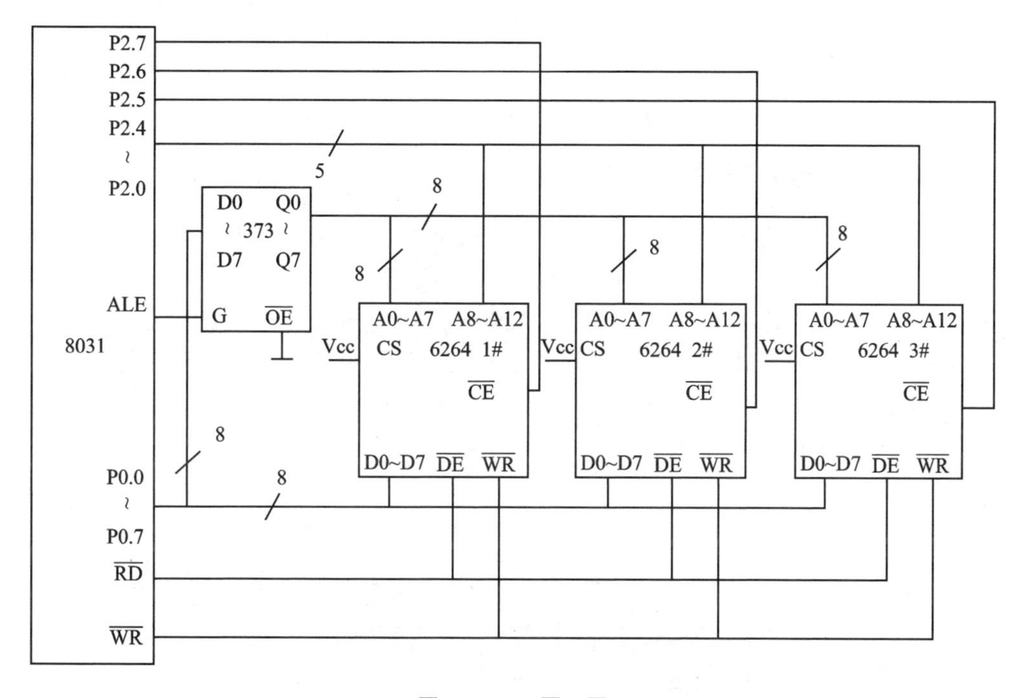

图 9.18　习题 6 图

第10章　LED显示、键盘接口技术应用及Proteus仿真

在单片机应用系统中，通常需要实时显示运行状态与结果并打印输出，且能随时发出各种控制命令及输入数据。显示器、键盘及打印机则是实现上述功能的必要设备，本章主要介绍LED数码管的原理与连接及其动态、静态显示接口技术、行列扫描式键盘与可编程键盘、显示器接口芯片HD7279A的原理及应用等。

10.1　LED显示接口技术

显示器分为发光二极管LED显示、LCD显示、CRT显示等。LED数码显示器(又称LED数码管)是单片机应用产品中最常用的廉价输出设备。

10.1.1　LED数码管的结构与原理

LED数码管是由LED发光二极管组合显示字段的显示器件，其外形结构如图10-1(a)所示。它由8个发光二极管按“日”字形排列，其中a～g这7个发光二极管组成“日”字形的笔画段，另一个发光二极管dp为圆点形状，作为显示器的右下角的小数点。LED显示器根据内部结构不同分为两种：一种是8个发光二极管的阳极连在一起的共阳极数码管，如图10-1(b)所示；另一种是8个发光二极管的阴极连在一起的共阴极数码管，如图10-1(c)所示。

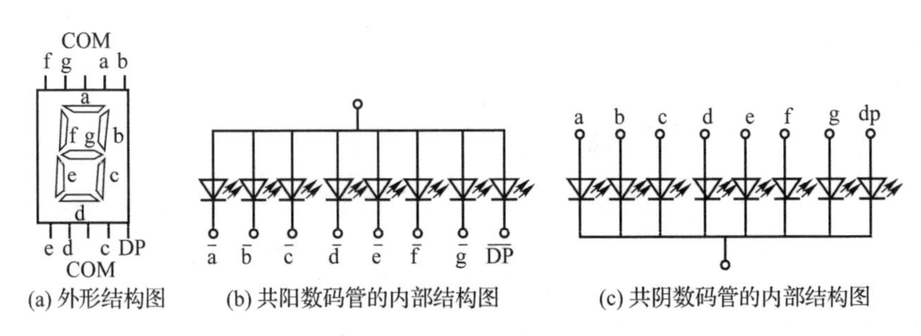

图10-1　LED数码管外形及内部结构图

当某一发光二极管导通时，相应的笔画段被点亮。若按照一定规律将若干个二极管导通，就能构成0～9的阿拉伯数字以及简单字符。在共阴极数码管中，导通点亮的二极管用1表示，其余的用0表示；而在共阳极数码管中，导通点亮的二极管用0表示，其余的用1表示。这些1、0数字符号按一定顺序排列，就组成了所要显示字

符的显示代码，常将这些数据称为显示字符的段码(或称字形码)。LED 数码管显示段与段码位的关系如表 10－1 所列。

表 10－1　LED 数码管显示段与段码位的关系

段码位	D7	D6	D5	D4	D3	D2	D1	D0
显示段	dp	g	f	e	d	c	b	a

【例 10.1】 假设有一个共阴极数码管，要在该数码管上显示以下字符：2、小数点 dp、全部熄灭，请写出它的显示段码。

如图 10－1(a)所示，若要显示字符 2，需要让数码管上的 a、b、g、e、d 这几个笔画段被点亮。题目要求在共阴极数码管上显示字符 2，如图 10－1(c)所示，公共端接地，只要把显示段 a、b、g、e、d 接高电平，而将 c、f、dp 接低电平即可在这个共阴极数码管上显示字符 2。所以根据表 10－1 的显示段与段码位的关系可以得到此时的段码值为 01011011B，若用十六进制数表示则为 5BH。

与此类似，小数点 dp 的显示段码为 10000000B(80H)。全部熄灭的段码为 00H。

常用字符的段码如表 10－2 所列。

表 10－2　常用字符的段码表

dp	g	f	e	d	c	b	a	共阴极段码	共阳极段码	显示字符
0	0	1	1	1	1	1	1	3FH	C0H	0
0	0	0	0	0	1	1	0	06H	F9H	1
0	1	0	1	1	0	1	1	5BH	A4H	2
0	1	0	0	1	1	1	1	4FH	B0H	3
0	1	1	0	0	1	1	0	66H	99H	4
0	1	1	0	1	1	0	1	6DH	92H	5
0	1	1	1	1	1	0	1	7DH	82H	6
0	0	0	0	0	1	1	1	07H	F8H	7
0	1	1	1	1	1	1	1	7FH	80H	8
0	1	1	0	1	1	1	1	6FH	90H	9
0	1	1	1	0	1	1	1	77H	88H	A
0	1	1	1	1	1	0	0	7CH	83H	B
0	0	1	1	1	0	0	1	39H	C6H	C
0	1	0	1	1	1	1	0	5EH	A1H	D
0	1	1	1	1	0	0	1	79H	86H	E
0	1	1	1	0	0	0	1	71H	8EH	F
0	1	1	1	0	0	1	1	73H	8CH	P
0	1	1	1	0	1	1	0	76H	89H	H
0	0	1	1	1	0	0	0	38H	B7H	L
0	0	0	0	0	0	0	0	00H	FFH	空白
1	0	0	0	0	0	0	0	80H	7FH	.

注：表中段码位的值以共阴极数码管为例，共阳极数码管的段码位值是其反码。

LED 数码管显示过程按照字段的译码方法可分为硬件译码和软件译码两种，按照显示扫描过程可分为静态显示和动态显示两种。

10.1.2 LED 数码管与单片机的接口

1. 硬件译码的接口方法

硬件译码一般将 CPU 输出的 BCD 码译成 LED 显示器需要的字段驱动码。可选用通用的 BCD 码——七段码锁存译码器芯片构成接口电路。图 10-2 所示为采用 CD4511 硬件译码的 4 位 LED 数码显示电路。

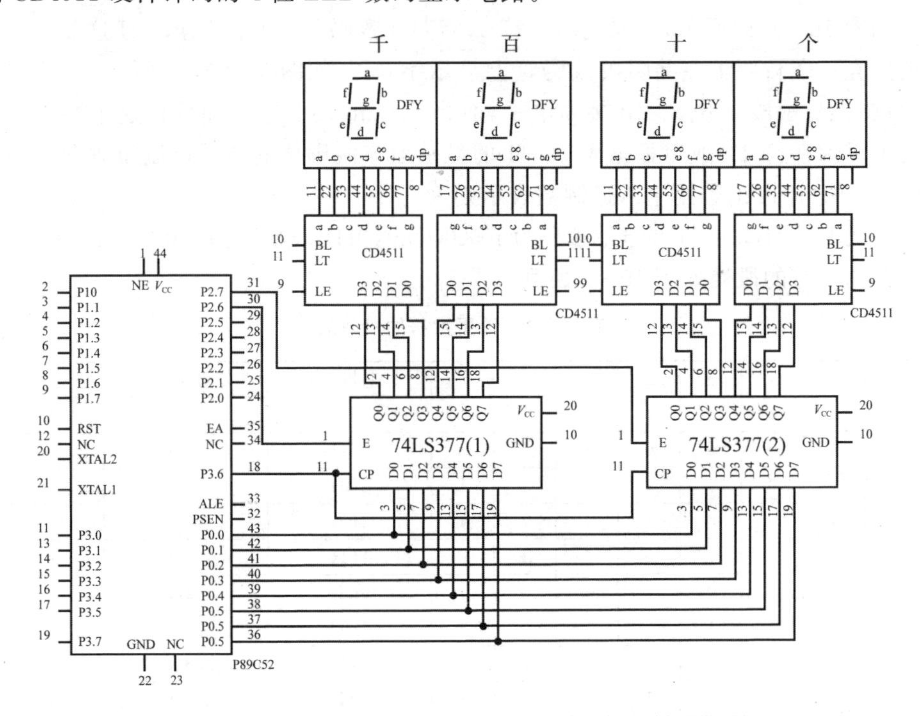

图 10-2 以硬件为主的单片机与 LED 显示器的接口电路

由图 10-2 可以看出，在单片机与 LED 数码管之间必须有锁存器或 I/O 接口电路，而且必须有专用的译码驱动器，通过译码器把一位十六进制数或 BCD 码译为相应的字符段码，然后通过驱动器提供的足够大的功率驱动发光二极管。硬件译码的显示接口只需要 MOVX @DPTR,A 一条指令直接输出待显示数据即可，但是硬件电路比较复杂，而且只能显示 0～F 之间的字符或者空白字符，因此这种接口方法缺乏灵活性。

【例 10.2】 显示电路如图 10-2 所示，设待显示的十位、个位 BCD 码存于片内 RAM 31H 单元，千位、百位 BCD 码存于片内 RAM 的 30H 单元，编写出显示程序。

```
ORG     0000H
MOV     30H,#56H
```

```
        MOV     31H,#47H
DISP:   MOV     R0,#30H
        MOV     A,@R0             ;取千位,百位 BCD 码
        MOV     DPTR,#7FFFH       ;74LS377(1)选通,74LS377(2)锁存
        MOVX    @DPTR,A           ;显示千位,百位 BCD 码
        INC     R0
        MOV     A,@R0             ;取十位、个位 BCD 码
        MOV     DPTR,#0BFFFH      ;74LS377(2)选通,74LS377(1)锁存
        MOVX    @DPTR,A           ;显示十位、个位 BCD 码
        SJMP    DISP
        END
```

图 10－3 所示为该硬件译码电路的仿真。假设 30H 和 31H 单元中预存入 56H 和 47H,仿真时将 4 块 CD4511 的 LE 端接低电平,如图 10－3(a)所示,将 31H 中的 BCD 码在十位、个位数码管上显示;如图 10－3(b)所示,将 30H 中的 BCD 码在千位、百位数码管上显示。

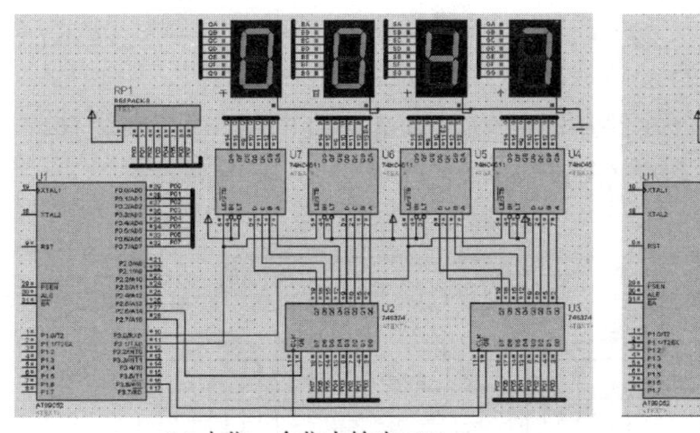

(a) 十位、个位上输出47H

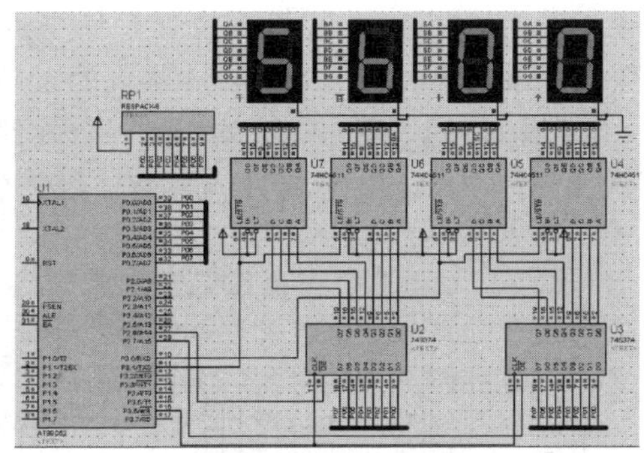

(b) 千位、百位上输出56H

图 10－3　数码管显示硬件译码接口电路仿真

2. 软件译码的接口方法

软件译码接口电路如图 10－4 所示。该电路在程序中用软件查表代替硬件译码,因此省去了烦琐的硬件电路,同时还可以显示更多的字符。但为了给 LED 数码管提供较大的电流,图中的驱动器是必不可少的。

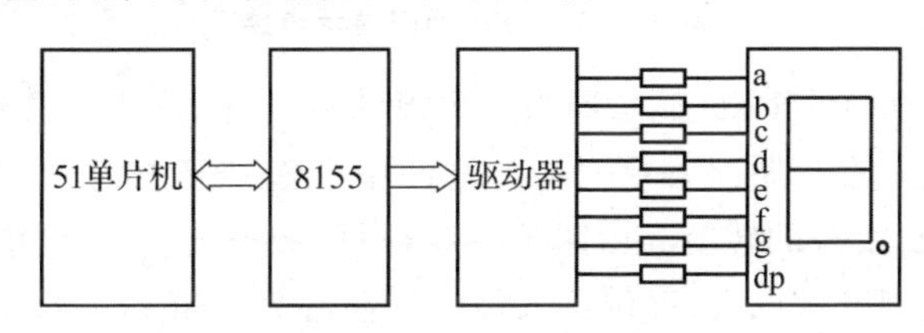

图 10－4　以软件为主的单片机与 LED 数码管的接口示意图

10.1.3 LED 数码管的静态显示和动态显示

1. 静态显示

所谓静态显示，就是 LED 数码管的各笔画段都有其独立的具有锁存功能的 I/O 接口线，CPU 把要显示的数据送到显示接口后，每只 LED 数码管由外驱动电路持续驱动，即使 CPU 不再扫描数码管，由于各笔画段接口具有锁存功能，故显示的内容保持不变。

静态显示的优点是软件程序和显示方法比较简单，显示亮度较大，不闪烁。由于 CPU 不用经常扫描显示器，所以可节约更多的 CPU 工作时间。静态显示的缺点主要是占用的 I/O 资源较多，硬件成本较高。所以静态显示法常用在数码管位数较少或 CPU 繁忙无法经常扫描显示器的应用系统中。

硬件译码接口的显示器一般多为静态显示，软件译码接口的显示器根据电路的不同可以是静态显示的，也可以是动态显示的。

静态显示器可以采用 CPU 的并行 I/O 接口，如 P1 口、8155、8255 芯片的扩展口等实现；也可以由单片机串行口扩展串入移位寄存器来实现，如 74LS164、74LS47 等。下面举例说明用 74LS164 实现静态显示功能。

【例 10.3】 图 10－5 给出了一个软件译码的静态显示接口电路，试编写程序将 8051 片内 RAM 中以 40H 为首地址的 8 个非压缩 BCD 码数据显示出来。

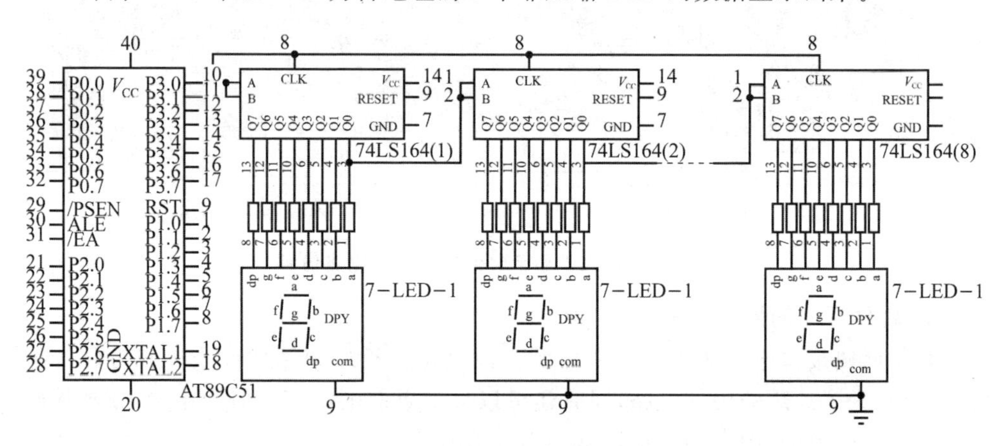

图 10－5 LED 静态显示电路

分析：图 10－5 中的 LED 显示器为共阴极的数码管，因此要想显示非压缩 BCD 码就必须建立对应的共阴极段码表，在软件中通过查表指令“MOVC A,@A＋DPTR”实现数字到字符的转换。由图 10－5 可见，数据的传送采用串行口的方式 0 逐位通过 RXD 引脚发送出去，逐位移入移位寄存器 74LSl64，进而驱动数码管，程序如下：

```
DISP:  MOV SCON,＃00H        ;设置串口工作于方式 0
```

```
        MOV R0,#40H
        MOV R7,#08H
        MOV DPTR,#TAB          ;指向段码表首
LP:     MOV A,@R0              ;取要显示的字符
        MOVC A,@A+DPTR         ;查表
        MOV SBUF,A             ;发送显示
        JNB TI,$               ;等待发送完一个数据
        CLR TI
        INC R0
        DJNZ R7,LP             ;发送其他数据
        RET
TAB:    DB 3FH,06H,5BH,4FH,66H,6DH,7DH,07H,7FH,6FH   ;0,1,2,3,4,5,6,7,8,9
        DB 77H,7CH,39H,5EH,79H,71H    ;A,B,C,D,E,F
```

图 10-6 所示为 LED 静态显示仿真时的简化原理图，单片机通过串口扩展的 3 个 8 位并口接 3 个共阴数码管。若 40H～42H 单元中存放的非压缩 BCD 码分别为 01H、04H 和 03H，则通过加载以下程序可以在数码管上显示 3、4、1。

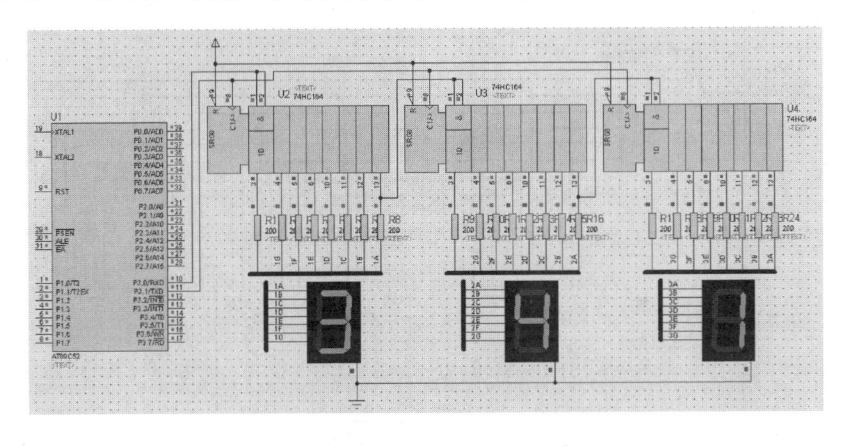

图 10-6　LED 静态显示仿真

在串行口用于串行通信的情况下，也经常使用 P1 口的两位（如 P1.0、P1.1），用软件模拟方法驱动本例的静态显示电路。

2. 动态显示

动态显示是在显示程序运行过程中对每一位数码管分时交替驱动、轮流扫描的显示方式。

动态显示把所有 LED 显示器的 8 个笔画段的相同段名端并接在一起，共用一个数据端口。为了防止各个显示器同时显示相同的字符，每个显示器的公共端分别接在相应的信号控制端口（位输出端口）上。因此，每组 LED 显示器需要两组信号来控制，一组是输出字符段码的数据口（段码口），另一组是输出位控制信号的扫描口。在这两组信号的配合控制下，可以逐位轮流点亮显示器的各位数码管，实现动态扫描显示。

动态显示实际上是逐个地循环点亮各个数码管,每位数码管点亮的时间大约为 1 ms,但由于 LED 具有余辉特性以及人眼的惰性,看起来就好像在同时显示不同的字符一样。因此,只要适当选取扫描频率,给人眼的视觉印象就会是连续稳定地显示,察觉不到闪烁现象。

动态显示的优点是可以大大简化硬件线路,但要经常不断地执行显示子程序,对各个数码管进行动态扫描,消耗 CPU 较多的运行时间。在显示器位数较多或刷新间隔较大时,会有一定的数码闪烁现象。动态显示是单片机系统常用的显示方法之一。

图 10－7 所示为典型的动态显示接口电路。图中共有 6 个共阴极 LED 数码管,P0 口为字段口,输出字形码,再经 8 路反相驱动器(74LS240)反相后加到每个数码管的 a～dp 对应的笔画段上;P3 口为输出位码的字位选择扫描口,经 6 路反相驱动器(74LS06)反相后加到各个显示器的共阴极端。

【例 10.4】 动态显示电路如图 10－7 所示,编写一个动态显示程序,使 LED 显示器同时显示"ABCDEF"6 个字符。

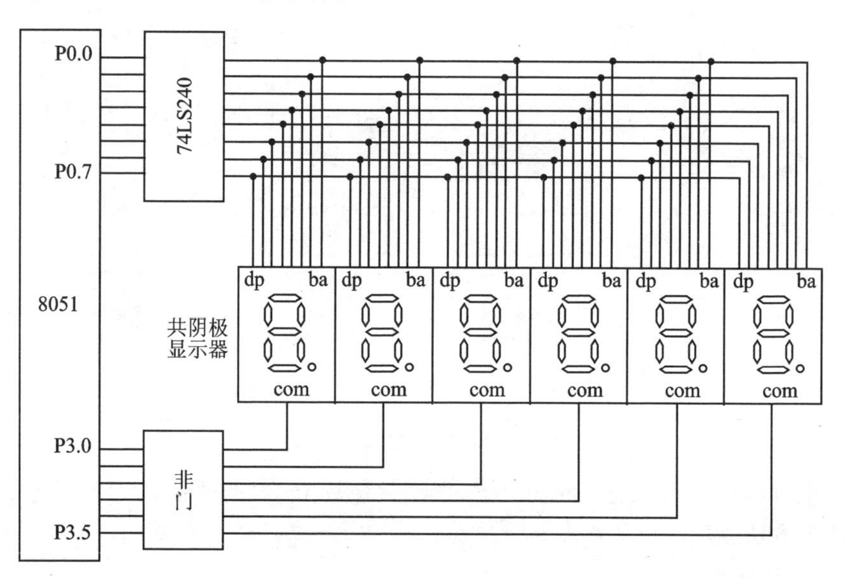

图 10－7 动态显示电路

分析:显示从最左边一位显示器开始,此时的位码为 20H。显示一位以后,位码中的数据右移一位,从左至右逐位显示出对应的字符。当显示最右边一位时,位码为 01H,一次扫描结束,参考程序如下:

```
        ORG     0000H
MAIN:   MOV     R2,#20H          ;位码,从最左一位开始显示
        MOV     R3,#0AH          ;设置最初显示字符 A
```

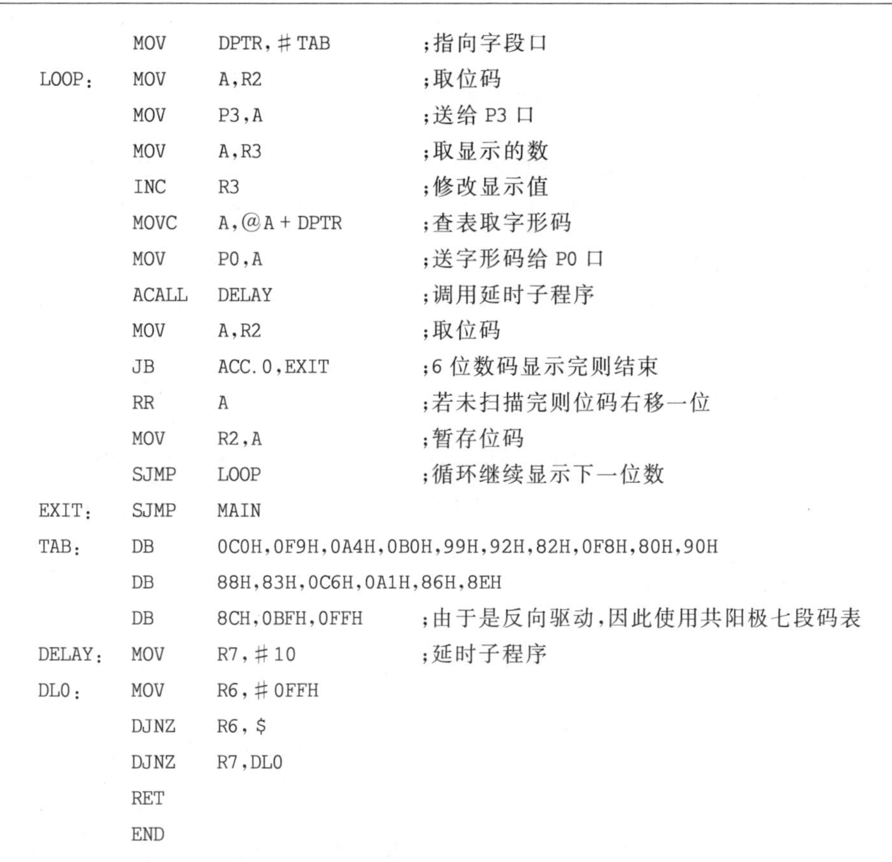

```
        MOV     DPTR,#TAB           ;指向字段口
LOOP:   MOV     A,R2                ;取位码
        MOV     P3,A                ;送给 P3 口
        MOV     A,R3                ;取显示的数
        INC     R3                  ;修改显示值
        MOVC    A,@A+DPTR           ;查表取字形码
        MOV     P0,A                ;送字形码给 P0 口
        ACALL   DELAY               ;调用延时子程序
        MOV     A,R2                ;取位码
        JB      ACC.0,EXIT          ;6 位数码显示完则结束
        RR      A                   ;若未扫描完则位码右移一位
        MOV     R2,A                ;暂存位码
        SJMP    LOOP                ;循环继续显示下一位数
EXIT:   SJMP    MAIN
TAB:    DB      0C0H,0F9H,0A4H,0B0H,99H,92H,82H,0F8H,80H,90H
        DB      88H,83H,0C6H,0A1H,86H,8EH
        DB      8CH,0BFH,0FFH       ;由于是反向驱动,因此使用共阳极七段码表
DELAY:  MOV     R7,#10              ;延时子程序
DL0:    MOV     R6,#0FFH
        DJNZ    R6,$
        DJNZ    R7,DL0
        RET
        END
```

图 10-8 所示为【例 10.4】动态显示的仿真结果。由图可见,6 个数码管依次分时显示 A、b、C、d、E、F。

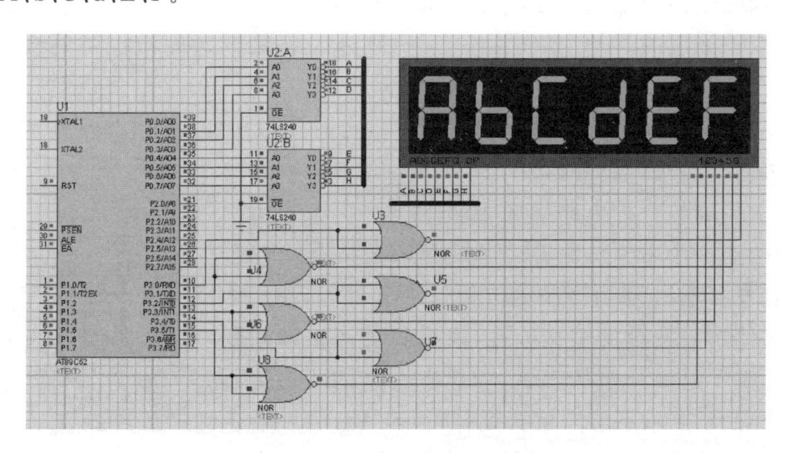

图 10-8　动态显示仿真结果

10.2 按键、键盘与单片机的接口技术

在单片机应用系统中,按键和键盘是实现人机对话的必要输入设备,在单片机应用系统中,操作人员通过按键或键盘向单片机系统输入指令、地址和数据,以实现简单的人机通信。键盘是一组按键的集合,它可以分为独立式键盘和矩阵式(行列式)键盘两类。键盘按其原理也可分为编码式键盘和非编码式键盘两类,单片机系统大多使用非编码键盘。

10.2.1 按键与接口

按键是一种常用的元器件,其在电路中的连接如图 10-9(a)所示。当按键 S 被按下时,P1.0 口的电平由 1 变为 0,稳定闭合时,电平为 0;按键 S 断开时,P1.0 口的电平由 0 变为 1,稳定断开后,电平为 1。也就是说,P1.0 端口的电压变化取决于按键 S 的通断状态。

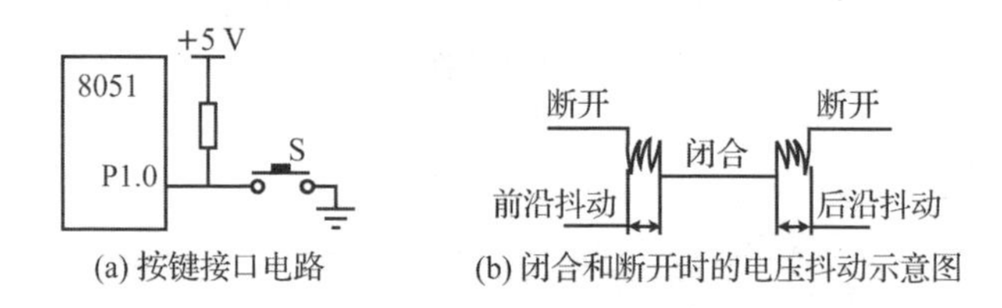

图 10-9 按键接口电路及电压抖动示意图

由于按键机械触点的弹性作用,按键在闭合和断开的瞬间电接触是不稳定的,即按键在闭合时不会马上稳定地接通,在断开时也不会马上断开,而是在闭合及断开的瞬间均伴有一连串的抖动,如图 10-9(b)所示。抖动的时间由按键的机械特性决定,一般为 5~10 ms。按键的抖动会引起多次误读,为了确保单片机对按键的一次闭合仅作一次处理,必须去除抖动,在闭合稳定时读取按键状态,并且检测到按键断开稳定后再作处理。按键的去抖,可用硬件和软件两种方法。

硬件去抖动的一种电路如图 10-10 所示,图中用两个与非门构成一个 RS 触发器。当按键未被按下而处于 A 处时,触发器输出为 1;当按键按下处于 B 处时,输出为 0。此时即使出于按键的机械弹性,因为抖动产生瞬间断开,只要按键不返回原始状态 A,双稳态电路的状态将不改变,输出保持为 0,不会产生抖动,所以经 RS 触发器送出的电平便不再受按钮按合时抖动的影响。也可以直接选用类似 74LS121 一类的单稳态电路去抖动。

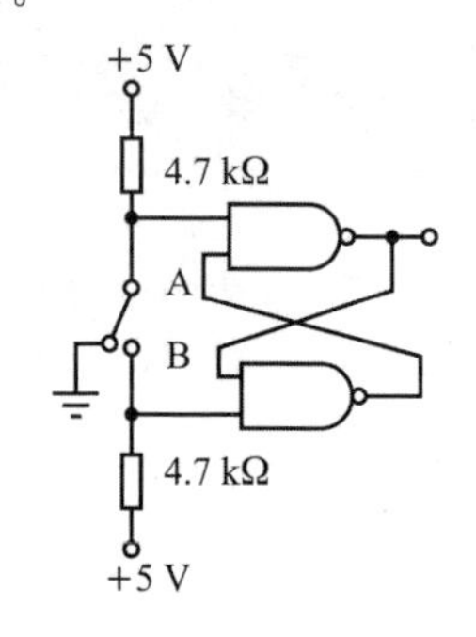

图 10-10 按键去抖动电路

软件去抖动的方法是在单片机检测到有键按下时,

执行一个 10～20 ms 的延时程序后再次检测按键是否仍闭合，如果仍闭合，则确认为有按钮按下，否则重新检测。

10.2.2　键盘及其接口

键盘由按键构成的，键盘从硬件结构上分并行接口的独立式键盘和矩阵式键盘。

1. 独立式键盘及其接口

(1) 独立式键盘的结构：将许多按键开关组合在一起就成为一个键盘。最简单的独立式键盘结构如图 10－11 所示，每一个按键占用一根 I/O 端口线，它的电路是独立的，由一根 I/O 线输入按键的通断状态。当按键 Si 断开时，对应的 I/O 端口线为“1”，当其闭合时为“0”。

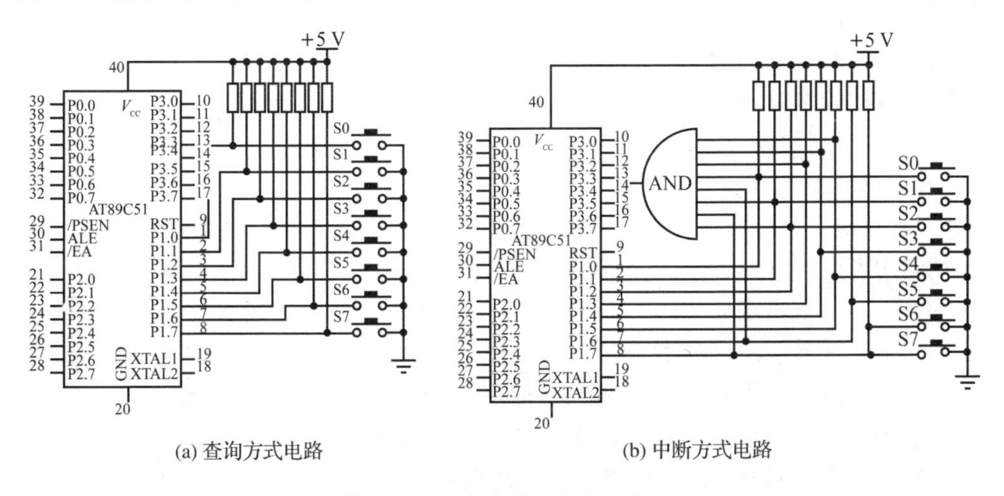

(a) 查询方式电路　　(b) 中断方式电路

图 10－11　独立式键盘接口电路

(2) 独立式键盘的软件设计：独立式键盘可采用查询方式和中断方式两种电路(如图 10－11 所示)，由于接口方式不同，软件程序设计也有两种不同的方法。

① 独立式键盘的查询法软件设计。

【例 10.5】　按照图 10－11(a)所示电路，用软件查询方式编写按键识别程序。

```
KBP0:  MOV     P1,#0FFH      ;置 P1 口为输入方式
       MOV     A,P1          ;读键值
       CPL     A
       JZ      KBP0          ;无键闭合,重新检测
       ACALL   D12MS         ;延时 12 ms,去抖动
       MOV     A,P1          ;再检测有无键闭合
       CPL     A
       JZ      KBP0
       JB      ACC.0,PR0     ;从 S0～S7 依次判断有无键闭合,转相应入口
       …
```

```
        JB      ACC.7,PR7
        RET
PR0:    …                   ;S0 键功能
        AJMP    KBP0        ;S0 键功能处理程序执行完返回
```

由此程序可以看出,各键的按下判断由软件设置了优先级,优先级顺序依次为按键 S0～S7。

② 独立式键盘的中断法软件设计。

图 10-11(b)所示为中断方式接口电路,当 8 个按键中任意一个按键被按下时,均会引起 $\overline{\text{INT0}}$ 中断请求,CPU 会自动进入中断。在中断服务程序中读入 P1 口的状态,依次判断是哪一个键被按下,再进入相应的键处理程序。与查询方式略有不同,采用中断法的程序编写由主程序和中断服务程序两部分组成。

独立式键盘的电路配置灵活,软件结构简单,但每个按键需要占用一根 I/O 端口线,在按键较多时,输入口浪费大,电路结构显得很繁杂,此种键盘适用于按键较少或操作速度较高的场合。当按键较多时,常采用矩阵式键盘。

2. 矩阵式键盘及其接口

矩阵式键盘由行线和列组成,按键位于行、列的交叉点上。例如,一个 4×4 的行、列结构可以构成一个含有 16 个按键的键盘。

图 10-12 给出了 4×4 键盘的结构及一种接口方法。行线 X0～X3 接输入线 P1.4～P1.7,列线 Y0～Y3 接输出线 P1.0～P1.3。当键盘没有键闭合时,行线由 P1.4～P1.7 内部拉高电路拉成高电平,即逻辑"1",当行线 Xi 上有键闭合时,则行线 Xi 和闭合键所在的列线 Yj 短路,这时,Xi 状态取决于列线 Yj 的状态。例如,键(6)按下,X1 和 Y2 被接通,X1 的状态由 P1.2(Y2)端口线的输出状态决定。

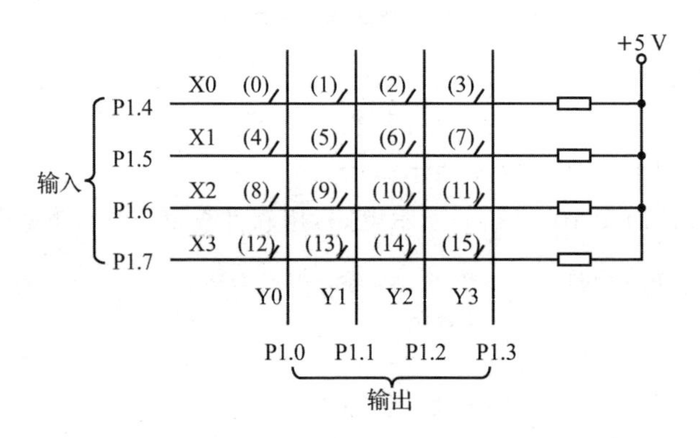

图 10-12 4×4 键盘结构及接口方法

P1.3～P1.0 输出全"0",即列线 Y3Y2Y1Y0 为全"0",读 P1.4～P1.7(行线 X0～X3)状态,如果 P1.4～P1.7 为全"1",则说明键盘上行线和列线都不通,没有键闭合。如果 P1.4～P1.7 不为全"1",则说明键盘上行线和列线有接通的地方,即有

键闭合。

当检测到键盘上有键闭合时，则要进一步识别是哪个键闭合，即要识别键值。识别键值的方法有逐行扫描法和行翻转法。

① 逐行扫描法。

首先，P1.3～P1.0(列线 Y3Y2Y1Y0)输出 1110，即列线 Y0＝0，其余列线为“1”，读 P1.7～P1.4(行线 X3X2X1X0)状态，若不全为“1”，则为“0”的行线 Xi 和 Y0 相交的键处于闭合状态。若 P1.7～P1.4(行线 X3X2X1X0)为全“1”，则 Y0 这一列上无键闭合。

然后，P1.3～P1.0 输出 1101，即 Y1＝0，其余列线为“1”，读行线 X3～X0 状态，判断 Y1 这一列上有无键闭合。

依此类推，最后使 P1.3～P1.0 输出 0111，即 Y3 为“0”，其余列线为“1”，读行线 X3～X0 状态，判断 Y3 这一列上有无键闭合。

这种逐行逐列检查键盘上闭合键的位置的方法称为逐行扫描法。确定了闭合键的位置后，就要计算出键号，即产生键码。计算公式如下：

闭合键的键号＝行首键号＋列号

【例 10.6】 如图 10－12 所示，当 P1.3～P1.0 输出 1011 时，读 P1.7～P1.4 状态为 1101，请判断闭合键的键号。

分析：P1.3～P1.0 输出 1011，说明列线 Y2 输出为“0”，其余列线为“1”。读 P1.7～P1.4 状态为 1101，说明行线 X1 与列线 Y2 相交的键处于闭合状态。从图 10－12 来看，X1 行的行首键号为 4，列线 Y2 的列号为 2，因此闭合键的键号＝行首键号＋列号＝4＋2＝6，即此时闭合键的键号为 6。

② 行翻转法。

首先，将 P1.7～P1.4 作为输入线，P1.3～P1.0 作为输出线。P1.3～P1.0 输出全“0”，读 P1.7～P1.4(X3～X0)的状态，若得到为“0”的行线 Xi 即为闭合键所在的行。

然后，将 P1.7～P1.4 改为输出线，P1.3～P1.0 改为输入线。P1.7～P1.4 输出上一步读到的行线状态，读取 P1.3～P1.0 的状态，得到为“0”的列线 Yj，则行线 Xi 和列线 Yj 相交的的键处于闭合状态。

同样地，确定了闭合键的位置后，就要计算出键号，方法如下：把上两步得到的输入数据拼成一个字节数据的键值，通过查表，可得到与此字节数据键值相对应的键号。表 10－3 所列为行翻转法键号-键值对应表。

表 10－3　行翻转法键号-键值表

键号	0	1	2	3	4	5	6	7	8	9	10	11	12	13	14	15
键值	EE	ED	EB	E7	DE	DD	DB	D7	BE	BD	BB	B7	7E	7D	7B	77

【例 10.7】 如图 10-12 所示,要按下 6 号键,请用行翻转法分析键号判断过程。

分析:根据行翻转法,首先将 P1.7～P1.4 作为输入线,P1.3～P1.0 作为输出线。P1.3～P1.0 输出全“0”,读 P1.7～P1.4(X3～X0)的状态。由于是 6 号键闭合,所以得到 X3X2X1X0 的状态为 1101,即行线 X1 为“0”。然后将 P1.7～P1.4 改为输出线,P1.3～P1.0 改为输入线。P1.7～P1.4 输出上一步读到的行线状态,即 P1.7～P1.4 此时输出 1101,因为是 6 号键闭合,所以读取 P1.3～P1.0 的状态,得到 P1.2 口线为“0”。也就是说,此时列线 Y2 为“0”,其余列线为“1”,也即输入线 P1.3～P1.0(Y3Y2Y1Y0),此时状态为 1011。将上面两个步骤得到的 X3X2X1X0＝1101B 和 Y3Y2Y1Y0＝1011B 拼成一个字节数据的键值为 11011011B(DBH),查表 10-3,发现键值为 DBH 对应的键号是 6。

(2) 矩阵式键盘的接口及应用

【例 10.8】 如图 10-12 所示,请用逐行扫描法编写键盘输入程序,并在数码管上显示出键号。

```
        ORG     0000H
MAIN:   MOV     P1,#0FFH
        MOV     30H,#00H        ;30H 中存放键号
START:  LCALL   KEYN            ;调用键盘处理子程序
        LCALL   DISP            ;调用显示子程序
        lJMP    START           ;主程序死循环
;KEYN 键盘处理子程序
KEYN:   LCALL   TESTKEY         ;调用检测键盘子程序
        CJNE    A,#0F0H,KEYN1   ;有键按下则跳转至 KEYN1
        RET                     ;无键按下则返回
KEYN1:  LCALL   DEL12MS         ;去抖
        LCALL   TESTKEY
        CJNE    A,#0F0H,KEYN2
        RET
KEYN2:  MOV     R2,#0FEH        ;高 4 位输入状态,低 4 位为扫描码
        MOV     R3,#00H         ;列计数器
KEYN4:  MOV     A,R2            ;取扫描码
        MOV     P1,A
        MOV     A,P1            ;读取高 4 位的行状态
        ANL     A,#0F0H         ;取高 4 位,屏蔽低 4 位
        SWAP    A
        CJNE    A,#0FH,KEYN3    ;该列有键按下则跳转至 KEYN3
        LJMP    KEY4            ;该列无键按下则跳转至 KEY4,扫描下一列
KEYN3:  JB      ACC.0,KEY0      ;0 行无键按下跳转至 KEY0
        MOV     A,#00H          ;0 行有键按下则行首为 0
```

```
          LJMP      KEY3                ;跳转至 KEY3 计算行首号 + 列号
KEY0:     JB        ACC.1,KEY1          ;1 行无键按下跳转至 KEY1
          MOV       A,#04H              ;1 行有键按下则行首为 4
          LJMP      KEY3                ;跳转至 KEY3 计算行首号 + 列号
KEY1:     JB        ACC.2,KEY2          ;2 行无键按下跳转至 KEY2
          MOV       A,#08H              ;2 行有键按下则行首为 8
          LJMP      KEY3                ;跳转至 KEY3 计算行首号 + 列号
KEY2:     JB        ACC.3,KEY4          ;3 行无键按下跳转至 KEY4
          MOV       A,#0CH              ;3 行有键按下则行首为 12
KEY3:     ADD       A,R3                ;计算行首号 + 列号
          MOV       30H,A               ;将键值存放 30H 单元
KEY5:     LCALL     DEL12MS             ;去抖
          LCALL     TESTKEY
          CJNE      A,#0F0H, KEY5
          RET
KEY4:     INC       R3                  ;列值加 1
          MOV       A,R2                ;取扫描码
KEY6:     RL        A                   ;改变扫描码,扫描下一列
          MOV       R2,A                ;存扫描码
          LJMP      KEYN4
TESTKEY:  MOV       P1,#0F0H
          MOV       A,P1
          RET
DEL12MS:  MOV       R7,#18H
LP1:      MOV       R6,#0FFH
LP2:      DJNZ      R6,LP2
          DJNZ      R7,LP1
          RET
;显示子程序
DISP:     MOV       DPTR,#SEG
          MOV       A,30H
          MOVC      A,@A+DPTR
          MOV       P0,A
          RET
SEG:      DB        0C0H,0F9H,0A4H,0B0H,99H,92H,82H,0F8H
          DB        80H,90H,88H,83H,0C6H,0A1H,86H,8EH
          DB        00H,00H,00H
          END
```

图 10－13 所示为【例 10.8】的 Proteus 仿真实现，采用逐行扫描法进行键盘处理并且显示键号。从图中可以看出，当按下 10 号键时，数码管上显示键号 A。

【例 10.9】 如图 10－12 所示，请用行翻转法编写键盘输入程序，并在数码管上

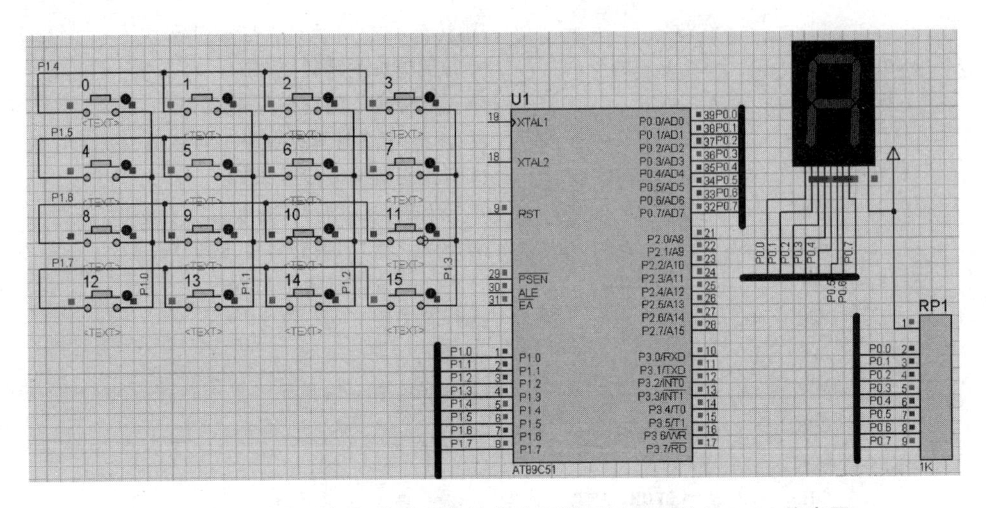

图 10-13　采用逐行扫描法进行键盘处理并显示键号的 Proteus 仿真图

显示出键号。

```
        ORG     0000H
MAIN:   MOV     P1,#0FFH
        MOV     30H,#00H
START:  LCALL   KEYN
        LCALL   DISP
        LJMP    START
KEYN:   MOV     P1,#0F0H        ;P1.7～P1.4 作为行输入线,P1.3～P1.0 作为列输出线
        MOV     A,P1            ;读 P1.7～P1.4 的行状态
        CJNE    A,#0F0H,KEYN1   ;行线为全“1”,无键闭合,则返回
        RET
KEYN1:  ANL     A,#0F0H         ;行线不全为“1”,有键闭合,则取出 P1.7～P1.4 的输
                                ;入状态存到 A 的高 4 位
        MOV     B,A             ;暂存 P1.7～P1.4 的行状态到 B 的高 4 位
        ORL     A,#0FH          ;将 A 的低 4 位置 1(A 的高 4 位为 P1.7～P1.4 的输入状态)
        MOV     P1,A            ;P1.7～P1.4 输出上一步行线状态,P1.3～P1.0 设为输入
        MOV     A,P1            ;读 P1.3～P1.0 的列线状态
        ANL     A,#0FH          ;取 P1.3～P1.0 的列线状态存于 A 的低 4 位
        ORL     B,A             ;将行线状态与列线状态拼成一个字节的键值存于 B
        MOV     DPTR,#KTAB      ;DPTR 指向键值表首址
        MOV     R3,#0           ;键号计数器 R3 清零
KEYN2:  MOV     A,R3
        MOVC    A,@A+DPTR       ;取键值表中的键值存于 A
        CJNE    A,B,NEXT        ;比较 A 和 B 中的内容,若不相等则转到 NEXT
        MOV     30H,R3          ;如果相等,则将 R3 中的键号存到 30H 单元
        RET
```

```
NEXT:  CJNE   R3,#15,NEXT1    ;16 个键值都比较完了吗？没有则转到 NEXT1
       MOV    R3,#0           ;比较完了,则键号计数器清零
       RET
NEXT1: INC    R3              ;键号加 1
       AJMP   KEYN2           ;跳转到 KEYN2 继续取键值表中的值
KTAB:  DB     0EEH,0EDH,0EBH,0E7H,0DEH,0DDH,0DBH,0D7H  ;键值表
       DB     0BEH,0BDH,0BBH,0B7H,7EH,7DH,7BH,77H
DISP:  MOV    DPTR,#SEG       ;显示部分
       MOV    A,30H
       MOVC   A,@A+DPTR
       MOV    P0,A
       RET
SEG:   DB     0C0H,0F9H,0A4H,0B0H,99H,92H,82H,0F8H
       DB     80H,90H,88H,83H,0C6H,0A1H,86H,8EH
       DB     00H,00H,00H
       END
```

图 10－14 所示为【例 10.9】的 Proteus 仿真实现，图中按下的是 5 号键，在共阳极数码管上正确显示出了键值“5”。

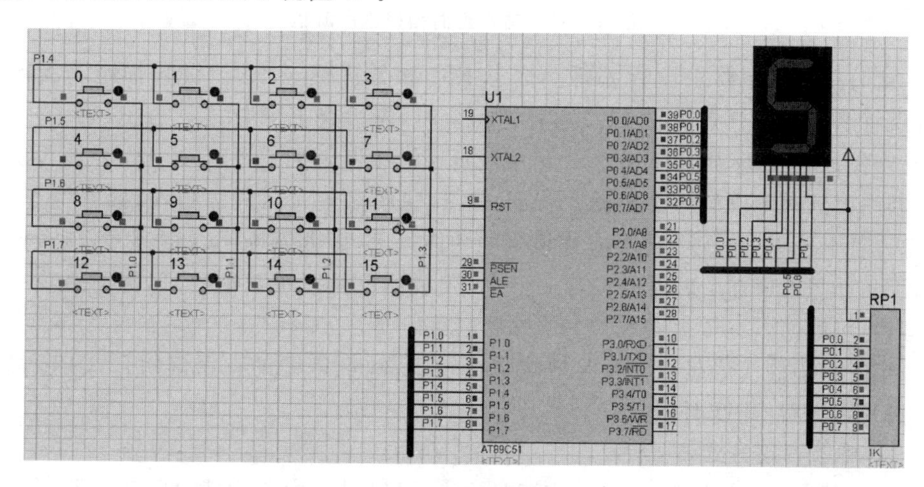

图 10－14　采用行翻转法实现键值显示的 Proteus 仿真图

键盘的扫描除了上面介绍的逐行扫描和行翻转法之外，还有定时扫描方式和中断扫描方式。

③ 定时扫描方式。

对键盘的扫描也可采用定时方式，定时扫描方式是利用单片机内部的定时器，每隔一定时间(如 10 ms)对键盘进行一次扫描，并在有键闭合时转入该键的功能处理程序。定时扫描的键盘电路与查询扫描方式相同。其程序流程图如图 10－15 所示。

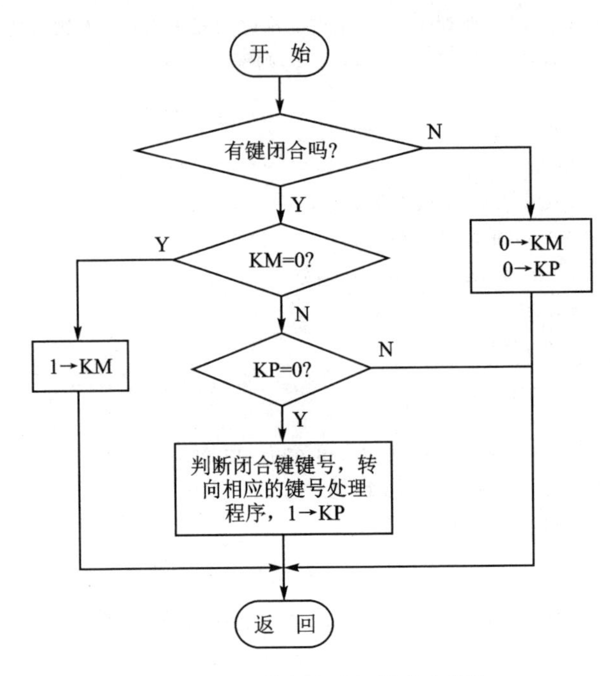

图 10-15 键盘定时扫描程序流程

定时扫描程序要求设置去抖动标志 KM 和处理标志 KP。键扫描时若无键闭合,仅将 KM 和 KP 置 0,返回。当有键闭合时,先检查 KM 标志。若 KM=0,表示尚未作去抖动处理,则将 KM 置 1 后中断返回。中断返回后要经 10 ms 才能再次中断,利用此延时实现软件去抖动。若 KM=1,说明已经过软件去抖动,接着检查 KP 标志。若 KP=0,则说明还没有作该键的功能处理,因此判断闭合键键号,转入键功能程序,并将 KP 置 1 后返回。若 KP=1,则说明已做过键功能处理,为了避免重复处理,直接返回。

定时扫描的优势是能较及时地响应键输入;缺点是无论有无键闭合,CPU 都要定时扫描,浪费 CPU 时间。

④ 中断扫描方式。

为了提高 CPU 效率,及时响应键盘输入,可以采用中断方式,即 CPU 平时不必扫描键盘,只在键盘上有键闭合时才产生中断请求,向 CPU 申请中断,CPU 响应键盘中断后立即对键盘进行扫描,识别键值,并作相应的处理。

图 10-16 所示为扫描方式的矩阵式键盘原理图。该图为一个 4×4 键盘与 AT89C51 的接口电路。其中,行线 P1.0～P1.3 为输入线,列线 P1.4～P1.7 为输出线。图中的四输入与门的输入端与键盘行线 P1.0～P1.3 相连,与门的输出端与 AT89C51 的 $\overline{\text{INT0}}$ 相连。在初始化程序中,应首先令所有的列线输出为低电平,即 P1.4～P1.7 输出为 0000。若键盘上有键闭合,则必然会使某一行线为低电平,通过与门,使得 P3.2($\overline{\text{INT0}}$)为低电平,CPU 响应来自键盘的中断请求,执行中断服务程

序。CPU 在中断服务程序中，完成键去抖、键识别及键功能处理等工作。

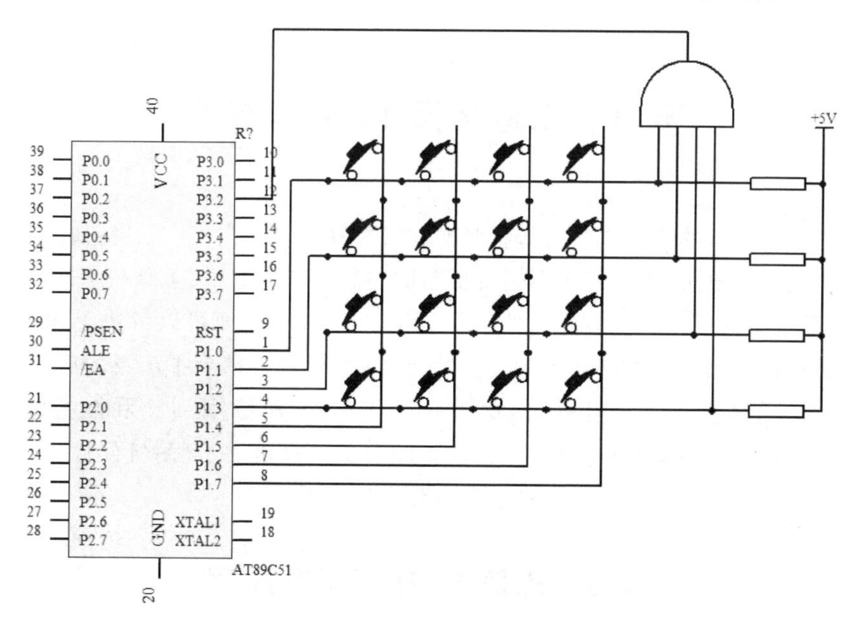

图 10－16　矩阵式键盘接口

习　题

1. 静态显示方式和动态扫描显示方式各有什么特点？说明它们的显示过程。

2. 什么是键盘的抖动？为什么要对键盘进行消除抖动处理？如何消除键盘的抖动？

3. 说明非编码键盘中矩阵键盘的处理过程。

4. 共阴极 LED 与 CPU 数据线对应关系如图 10－17 所示，试确定字符 0～9 的字形码。

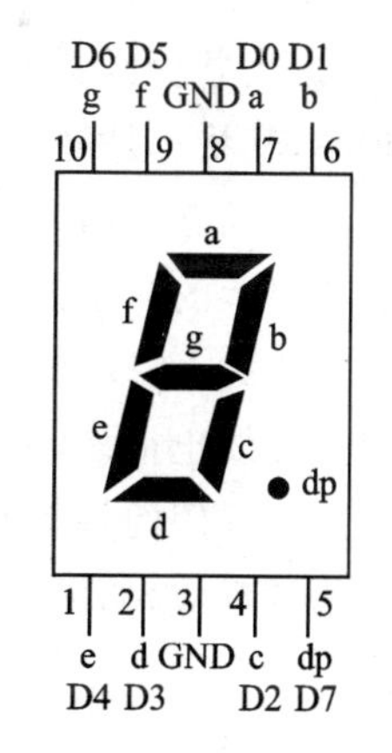

图 10－17　题 4 图

5. 为何要消除键盘的机械抖动？有哪些去抖动的方法？

6. 试编程使开关 K 为 0 时使 8 个发光二极管按顺序 1 循环发光；开关为 1 时按顺序 2 循环发光，每个状态显示 880 ms(定时器定时)。

顺序 1：L1→L2→L3→L4→L5→L6→L7→L8；

顺序 2：L1L8→L2L7→L3L6→L4L5。

7. 在数码管上循环显示 H、A、2、B、3、C、L 每个字符显示 770.3 ms，用定时器定时。

第11章　LED点阵显示电路接口技术应用及Proteus仿真

户外信息提示的主要方法有海报张贴、标语条幅印制、人工广告牌悬挂等。这些都是固定式显示方法，即信息内容需要更新则要制作新的海报、条幅和广告牌。这不仅麻烦，而且也造成很大的资源浪费，若采用LED显示器便可以解决上述的问题。随着计算机技术和集成电路技术的飞速发展，LED显示器得到了广泛的应用和迅速发展。LED有亮度高、工作电压低、功耗小、小型化、寿命长、耐冲击和性能稳定等优点，因此LED的发展前景极为广阔，目前正朝着更高亮度、更高耐气候性、更高的发光密度、更高的发光均匀性、可靠性及全色化方向发展。

11.1　点阵LED显示器原理

LED (Light-Emitting Diode) 点阵显示器的结构和原理与七段LED数码显示器一样，均由发光二极管组成，但两者的排列结构不同，点阵LED显示器由发光二极管组成阵列。LED显示屏控制系统是LED显示屏的核心部件，其技术水平、性能指标的高低直接影响LED显示屏运行的稳定性及显示画质的效果。

LED点阵显示接口可采用静态驱动和动态扫描驱动的驱动方式。所谓静态驱动，就是当显示器显示一个字符时，相应的发光二极管始终保持导通或截止，在显示过程中，其状态是静止不变的，直到一个字符显示完毕，要显示下一个字符，其状态才改变。而动态扫描方式则不同，它在显示每一个字符的过程中，都是一位一位地轮流点亮要显示的各个位，这样反复循环。

点阵式LED显示器通常用在大面积汉字或图形显示的场合，因为点阵数很多，所以连接线也很多，如果采用静态驱动的方式，连线将会很复杂，硬件的成本将增加。因此通常采用的是动态扫描的驱动方式。动态扫描是利用人眼对消失光有40 ms左右的惰性反应，如果扫描一个字符的所有列线用时小于40 ms，则该字符呈现在人眼中。

在LED显示系统中，点阵结构单元为其基本构成。每个显示驱动单元又是由若干个8×8或16×16点阵的LED显示模块组成，通过多个显示驱动板拼装在一起，构成一个数平方米的显示屏，能用来显示各种文字、图像等，使用较为方便。图11-1所示为8×8 LED点阵外观和引脚。

LED点阵分共阴极、共阳极两种，不论共阴还是共阳，LED点阵都有行线和列

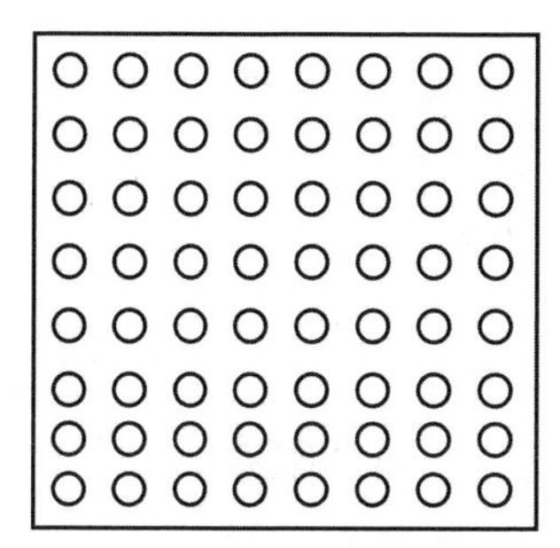

(a) 8×8LED点阵外观

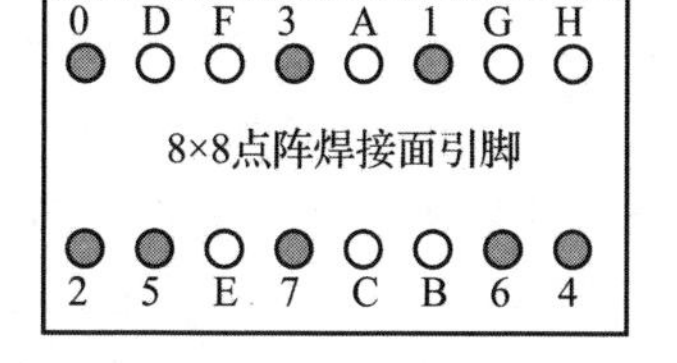

(b) 8×8LED点阵引脚

图 11－1　8×8 LED 点阵外观及引脚图

线。图 11－2(a)所示为 8×8 共阴极点阵结构图，图中每一列的 8 个发光二极管的阳极并在一起作为一根列线，8 列共 8 根列线，即 L0～L7；每一行的 8 个发光二极管的阴极并在一起作为一根行线，8 行共 8 根行线，即 H0～H7。所谓共阴极点阵是指当行线为低电平、列线为高电平时，相应发光二极管点亮。图 11－2(b)所示为共阳极点阵结构图，图中每一列的 8 个发光二极管的阴极并在一起作为一根列线，8 列共 8 根列线，即 L0～L7；每一行的 8 个发光二极管的阳极并在一起作为一根行线，8 行共 8 根行线，即 H0～H7。而所谓共阳极点阵指当行线为高电平、列线为低电平时，相应发光二极管点亮。

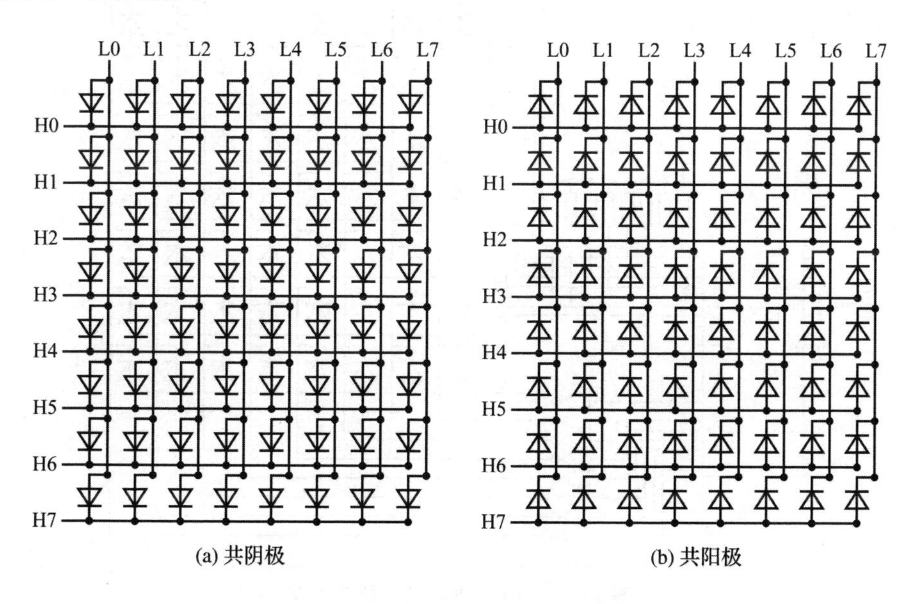

(a) 共阴极　　(b) 共阳极

图 11－2　共阴/共阳极 LED 点阵结构图

11.2 LED 点阵显示接口电路及编程方法

一个字符或图形在 LED 显示屏上显示分为静止显示和移动显示两种。下面用图解法,以 8×8 静止显示“年”字和移动显示“年”字为例讲解电路原理和编程方法。由于图解法形象直观,学习效果较好。之后,读者在自学 16×16 静态显示任意一汉字和移动显示任意一汉字的编程思路和方法时会感到轻而易举。

11.2.1 静止显示“年”字的原理及编程

第 1 步,给出 8×8 共阳极 LED 点阵显示器的控制电路。

如图 11-3 所示,8×8 共阳极 LED 点阵显示器的控制电路由 AT89S51(或用 AT89C51、AT89C2051)、74LS04 驱动芯片和 8×8 共阳极 LED 点阵显示器组成。其中,P0 口控制 LED 点阵显示器的行线 H0～H7,P2 口通过 74LS04 非门驱动后控制显示器的列线 L0～L7。

第 2 步,给出显示“年”的编码及程序图解。

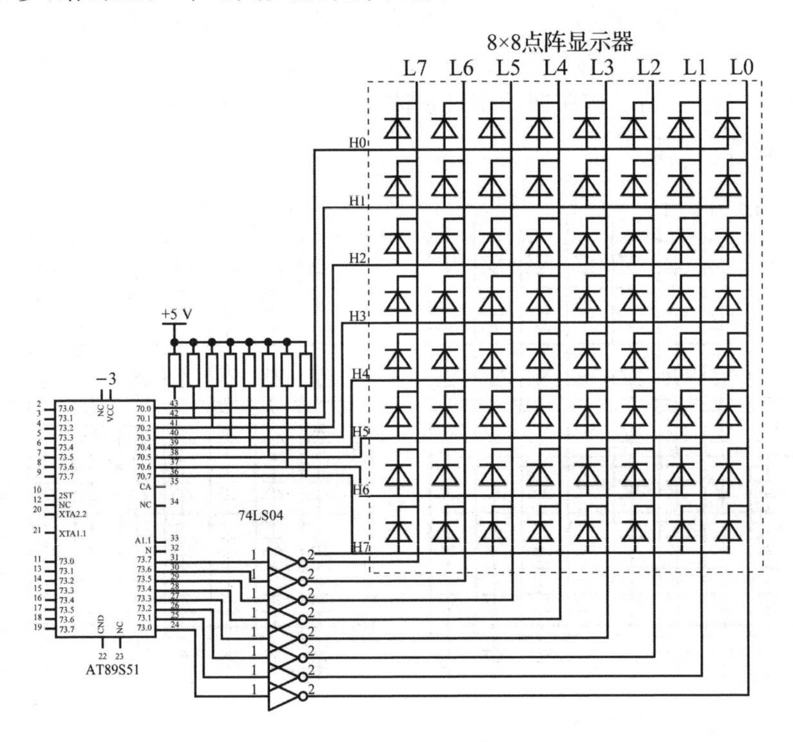

图 11-3 LED 点阵显示接口电路

要在一块 8×8 LED 点阵显示器上显示字符“年”,应该点亮图 11-4 所示的黑圆点位置上的发光二极管。对于第 0 列 L0 的 8 个发光二极管,需要让第 2 行 H2 和

第 6 行 H6 的发光二极管点亮，其余状态为灭。从图 11－3 可以看出，电路中的点阵显示为共阳极点阵。因此，当列线 L7 为低电平(逻辑 0)，L6～L0 为高电平(逻辑 1)时，即 L7～L0 为 01111111B，只要 H5 和 H2 输出高电平，即 H7～H0 输出 00100100B(24H)，则只有 7 列上的 H5 和 H2 上的两只发光二极管亮，其他发光二极管灭；当列线 L6 为低电平，L7 和 L5～L0 为高电平时，即 L7～L0 为 10111111B，只要 H6 和 H2 输出高电平，即 H7～H0 输出 01000100B(44H)，则只有 6 列上的 H6 和 H2 上的 3 只发光二极管亮，其他发光二极管灭，以此类推。也就是说，要使列线 L7～L0 轮流为低电平，而行线 H7～H0 输出字符的编码。由图 11－3 可知，8 根行线与 51 单片机 P0 连接，8 根列线通过非门和 P2 口连接。因此，图 11－4 中的①列出“年”字的 8 个编码，这些编码由 P0 口输出。图 11－4 中②为列线扫描指令，由 P2 口输出。由于 P2 口与列线间通过非门驱动，故 P2 口送出的扫描指令与 L7～L0 上

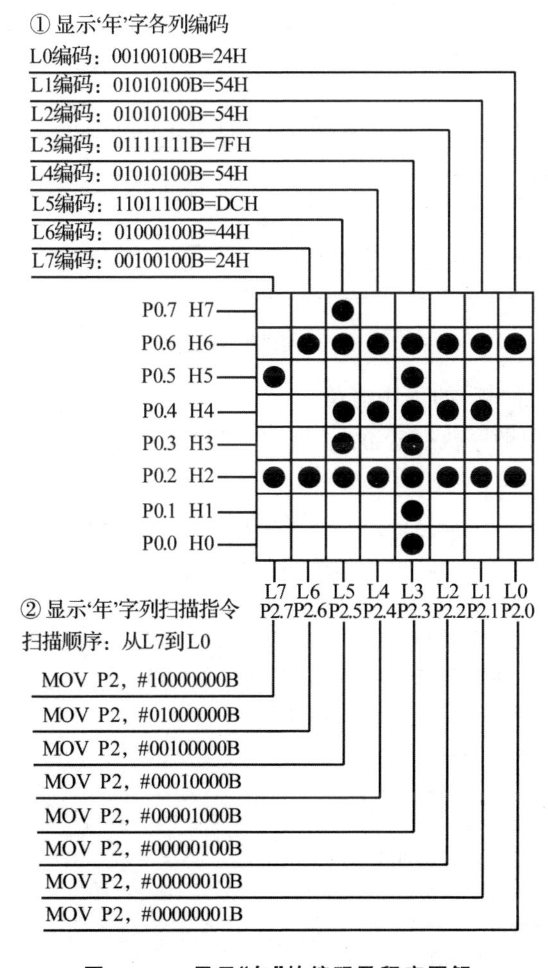

图 11－4　显示“年”的编码及程序图解

的互为反码。因此,显示“年”字的列扫描指令从 L7 到 L0 分别为 10000000B、01000000B、00100000B、00010000B、00001000B、00000100B、00000010B、00000001B。

第 3 步,给出显示“年”字流程图。

采用动态扫描法由左向右逐列循环扫描(每隔 1 ms 扫一列),其流程如图 11-5 所示。

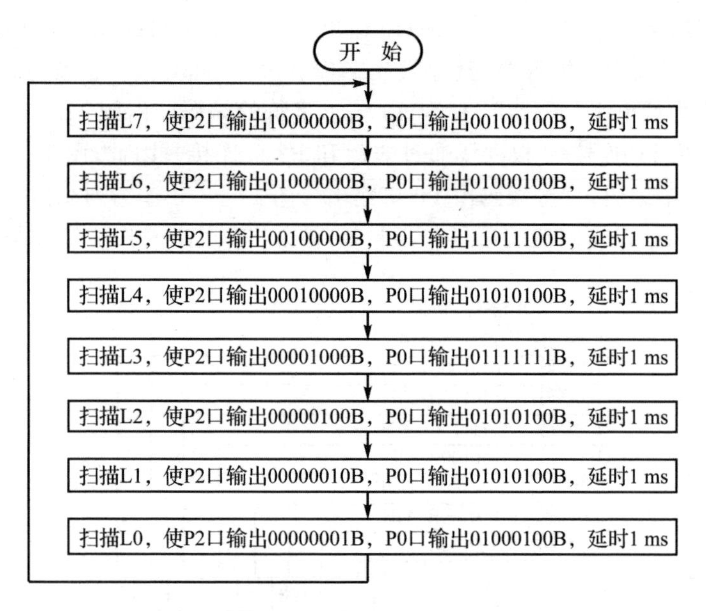

图 11-5　显示“年”字流程图

第 4 步,静止显示“年”的程序清单。

【例 11.1】 采用顺序执行法静止显示“年”的参考程序。

```
        ORG     0000H
START:  MOV     P2,#10000000B      ;扫描第 7 列
        MOV     P0,#00100100B      ;送“年”第 7 列代码
        LCALL   DELAY              ;延时 1 ms
        MOV     P2,#01000000B      ;扫描第 6 列
        MOV     P0,#0100100B       ;送“年”第 6 列代码
        LCALL   DELAY              ;延时 1 ms
        MOV     P2,#00100000B
        MOV     P0,#11011100B
        LCALL   DELAY
        MOV     P2,#00010000B
        MOV     P0,#01010100B
        LCALL   DELAY
        MOV     P2,#00001000B
        MOV     P0,#01111111B
```

```
        LCALL   DELAY
        MOV     P2,#00000100B
        MOV     P0,#01010100B
        LCALL   DELAY
        MOV     P2,#00000010B
        MOV     P0,#01010100B
        LCALL   DELAY
        MOV     P2,#00000001B
        MOV     P0,#01000100B
        LCALL   DELAY
        SJMP    START
;延时 1 ms 子程序
DELAY:  MOV     R3,#70H
ZZ:     MOV     R4,#03H
        DJNZ    R4,$
        DJNZ    R3,ZZ
        RET
```

【例 11.2】 采用查表法静止显示“年”的参考程序。

当有较多重复的程序段时，用查表法可以使程序长度缩短。用查表法编写显示汉字“年”的程序如下：

```
        ORG     0000H
START:  MOV     R7,#08              ;列扫描 8 次
        MOV     R2,#01H             ;R2 中存放扫描码 01H
        MOV     DPTR,#TAB           ;数据表格首址送数据指针
;显示代码
DISP:   MOV     A,R2                ;取扫描码
        MOV     P2,A                ;将扫描码加到 P2 口
        RR      A                   ;改变扫描码
        MOV     R2,A                ;保存改变后的扫描码
        MOV     A,#00H
        MOVC    A,@A+DPTR           ;查表,取一行点阵行代码送 A
        MOV     P0,A                ;将 A 中的内容送到 P0 口
        LCALL   DELAY               ;调短延时子程序
        INC     DPTR                ;DPTR+1
        DJNZ    R7,DISP             ;8 列扫描未完,转 DISP
        AJMP    START               ;跳回 START
TAB:    DB      24H,44H,0DCH,54H,7FH,54H,54H,44H;“年”字 8 行点阵代码
;延时子程序
DELAY:  MOV     R3,#70H
ZZ:     MOV     R4,#03H
```

```
DJNZ    R4,$
DJNZ    R3,ZZ
RET
```

图 11－6 所示为静止显示“年”的 Proteus 仿真效果图。先按图中所示搭好硬件电路，然后将静止显示“年”的程序用 Keil 软件编译成相应.HEX 文件后，在 Proteus 环境中加载到 51 单片机中。图中的显示部分分别用绿色和红色 LED 点阵显示器，用来同时显示“年”字。

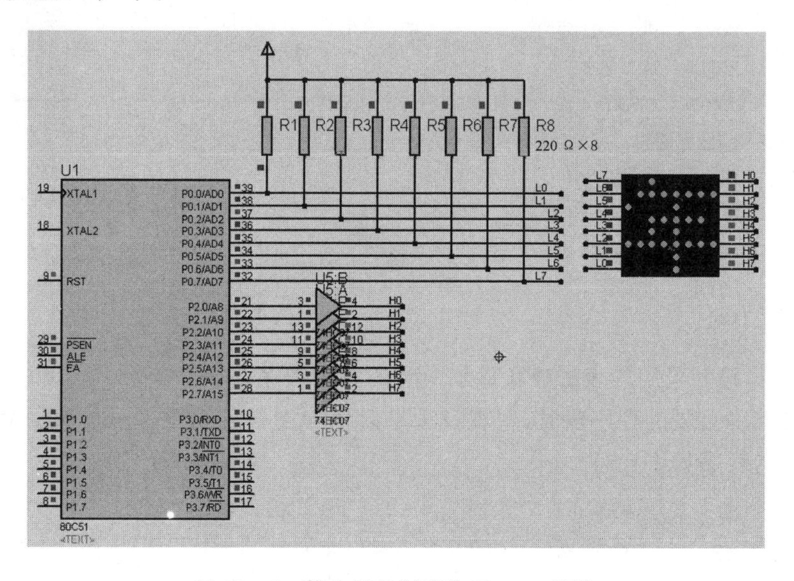

图 11－6　静止显示“年”的 Proteus 仿真

11.2.2　移动显示“年”的原理及编程

在 LED 显示器中，一个字符除了可以静止显示外，还能移动显示。移动分为左移、右移、上移和下移，此处只分析字符的左移，其他方式与此类似。下面依然以图解方式来说明汉字“年”在 LED 显示器上向左移动的编程思路。

图 11－7(a)～(h)所示为汉字“年”在 LED 显示器上向左移动的图解，可以按以下 9 步理解汉字左移动显示“年”的编程思路。

第 1 步，如图 11－7(a)所示，编写显示 8 列完整“年”字的程序。每显示 1 列用 3 条指令，显示 8 列用 3×8＝24 条指令，参见前述的顺序执行法静止显示“年”的参考程序。

第 2 步，如图 11－7(b)所示，将完整“年”字左移 1 列，被移出框外的一列不编码，因此应编写显示 3×7 列的“年”字程序。

第 3 步，如图 11－7(h)所示，将完整“年”字左移两列，被移出框外的这两列不编码，因此应编写显示 3×6 列的“年”字程序。

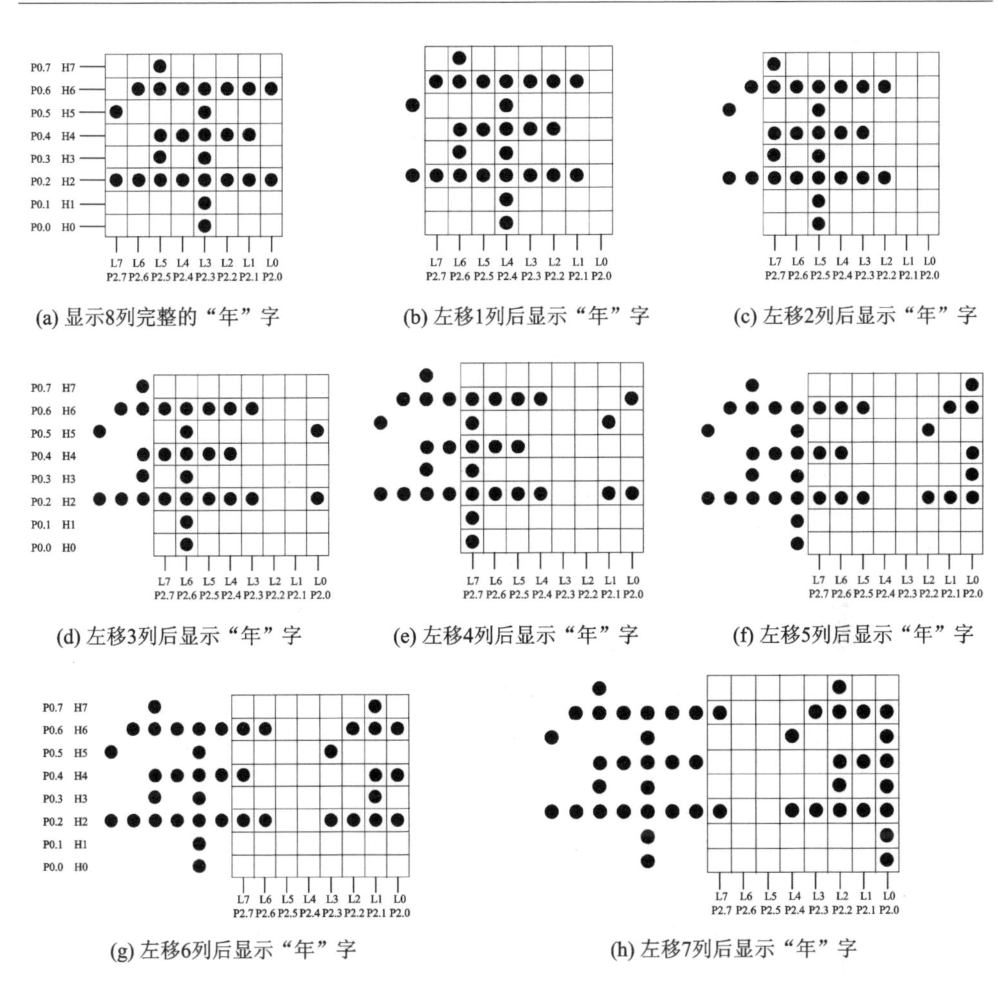

图 11－7　汉字“年”向左移动显示图解

```
        ORG     0000H
MAIN：  MOV     R6，#10
MLP0：  LCALL   DISP0
        DJNZ    R6,MLP0
        MOV     R6，#10
MLP1：  LCALL   DISP1
        DJNZ    R6,MLP1
        MOV     R6，#10
MLP2：  LCALL   DISP2
        DJNZ    R6,MLP2
        MOV     R6，#10
MLP3：  LCALL   DISP3
        DJNZ    R6,MLP3
```

```
        MOV     R6,#10
MLP4:   LCALL   DISP4
        DJNZ    R6,MLP4
        MOV     R6,#10
MLP5:   LCALL   DISP5
        DJNZ    R6,MLP5
        MOV     R6,#10
MLP6:   LCALL   DISP6
        DJNZ    R6,MLP6
        MOV     R6,#10
MLP7:   LCALL   DISP7
        DJNZ    R6,MLP7
        MOV     R6,#10
MLP8:   LCALL   DISP8
        DJNZ    R6,MLP8
        MOV     R6,#10
MLP9:   LCALL   DISP9
        DJNZ    R6,MLP9
        LJMP    MAIN

DISP0:  MOV     R7,#08
        MOV     R2,#01H
        MOV     DPTR,#TAB0
LOOP0:  MOV     A,R2
        MOV     P2,A
        RR      A
        MOV     R2,A
        MOV     A,#00H
        MOV     CA,@A+DPTR
        MOV     P0,A
        LCALL   DELAY
        INC     DPTR
        DJNZ    R7,LOOP0
        RET
TAB0:   DB      24H,44H,0DCH,54H,7FH,54H,54H,44H;

DISP1:  MOV     R7,#08
        MOV     R2,#01H
        MOV     DPTR,#TAB1
LOOP1:  MOV     A,R2
        MOV     P2,A
        RR      A
        MOV     R2,A
```

```
        MOV     A,#00H
        MOVC    A,@A+DPTR
        MOV     P0,A
        LCALL   DELAY
        INC     DPTR
        DJNZ    R7,LOOP1
        RET
TAB1:   DB      44H,0DCH,54H,7FH,54H,54H,44H,00H
DISP2:  MOV     R7,#08
        MOV     R2,#01H
        MOV     DPTR,#TAB2
LOOP2:  MOV     A,R2
        MOV     P2,A
        RR      A
        MOV     R2,A
        MOV     A,#00H
        MOVC    A,@A+DPTR
        MOV     P0,A
        LCALL   DELAY
        INC     DPTR
        DJNZ    R7,LOOP2
        RET
TAB2:   DB      0DCH,54H,7FH,54H,54H,44H,00H,00H
DISP3:  …
DISP4:  …
DISP5:  …
DISP6:  …
DISP7:  …
DISP8:  …
DISP9:  …
DELAY:  MOV     R3,#5
ZZ:     MOV     R4,#200
        DJNZ    R4,$
        DJNZ    R3,ZZ
        RET
        END
```

以此类推，按照上述方法可编写其他列的“年”字程序，直至“年”字完全移出框外。然后回到第 1 步不断循环，就能实现在 8×8 LED 点阵显示器上用向左移动的方式重复显示汉字“年”。图11－8为汉字“年”在LED显示器上向左移的程序框图。

其他汉字程序编写方法与此相同。

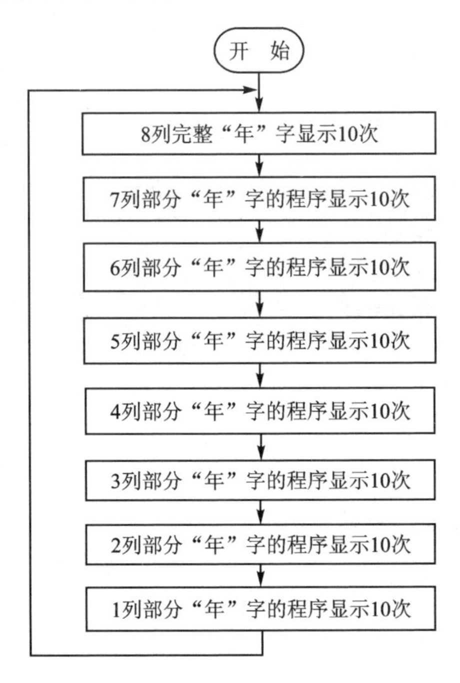

图11－8　汉字“年”向左移动显示程序框图

图11－9所示为汉字“年”向左移动显示的Proteus仿真效果。图11－9(b)在图11－9(a)的基础上左移了若干列。

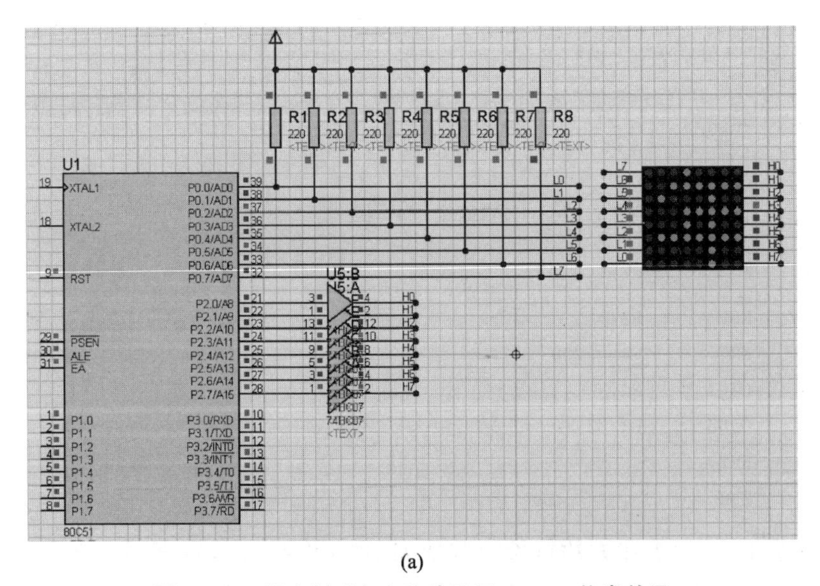

(a)

图11－9　汉字“年”向左移动显示Proteus仿真效果

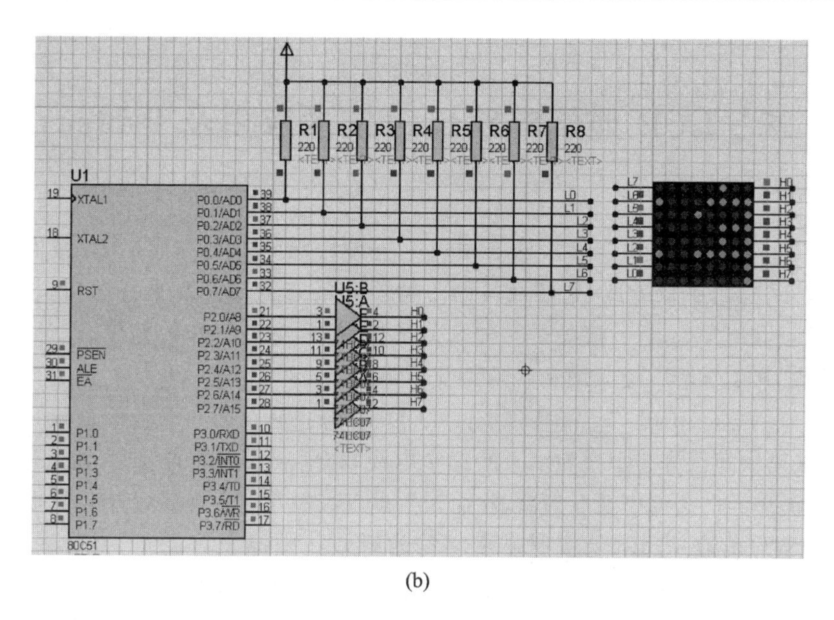

(b)

图 11-9　汉字“年”向左移动显示 Proteus 仿真图(续)

习　题

1. LED 点阵显示器分为哪两种？它的显示接口可采用哪两种驱动？
2. 编程实现在 8×8 LED 点阵屏上静止显示汉字“王”。
3. 编程实现在 8×8 LED 点阵屏上左移显示汉字“王”。
4. 编程实现在 16×16 LED 点阵屏上静止显示汉字“年”。
5. 编程实现在 16×16 LED 点阵屏上左移显示汉字“单片机”。

第12章　LCD显示电路接口技术应用及Proteus仿真

1888年，奥地利植物学家莱尼兹发现了一种特殊的混合物质，其在常态下处于固态和液态之间，不仅如此，它还兼具固态物质和液态物质的双重特性，这种物质称为液晶(Liquid Crystal)。液晶是一种高分子材料，因为其特殊的物理、化学、光学特性，20世纪中叶开始广泛应用在轻薄型显示器上。

液晶显示器(Liquid Crystal Display，LCD)的构造是在两片平行的玻璃中放置液晶，两片玻璃中间有许多垂直和水平的细小电线，利用液晶的电光效应，通过通电与否来控制液晶单元的透射率及反射率，从而产生点、线、面并配合背部灯管构成画面。

各种型号的液晶通常是按照显示字符的行数或液晶点阵的行、列数来命名的。例如，1602的意思是每行显示16个字符，一共可显示两行，类似的还有0801、0802、1601等。这类液晶通常都是字符型的，即只能显示ASCII码字符，如数字、大小字母、各种符号等。12864属于图形型液晶，该液晶由128×64个点构成，这些点中的任何一个点都可以亮或灭，类似的命名还有12232、19264、192128、320240等。

液晶具有显示质量高、体积小、功耗低、显示操作简单等优点，但一个致命的弱点就是它的工作温度范围小，通常液晶的工作温度为0～+55 ℃，存储温度为－22～+60 ℃。因此在设计产品时，要考虑周全，选择合适的液晶。本书主要介绍具有代表性的常用液晶：字符型液晶显示器SMC1602。

12.1　SMC1602显示器工作原理

字符型液晶显示模块是一种专门用于显示字母、数字、符号等的点阵式LCD，目前常用的有16×1、16×2、20×2、40×2等模块。

1602LCD分为带背光和不带背光两种，其控制器大部分为HD44780。带背光的LCD比不带背光的LCD厚。带背光的LCD为16脚，不带背光的LCD为14脚。图12-1所示为带背光的16脚1602LCD，图12-1(a)所示为其正面图，图12-1(b)所示为其背面图。

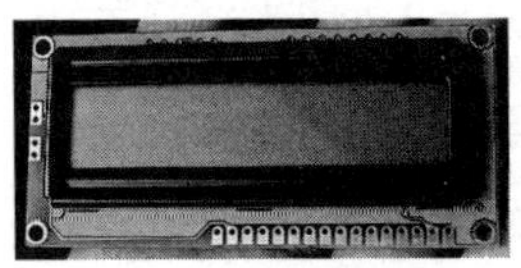

(a) 1602的正面

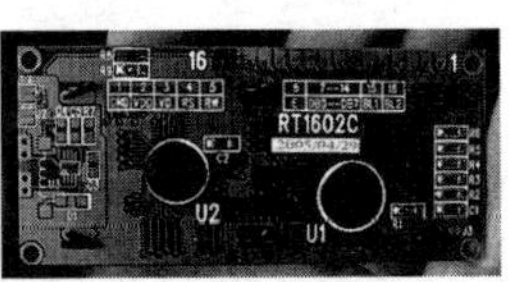

(b) 1602的背面

图12-1　1602液晶实物图

1. 主要技术参数

显示容量：16×2 个字符。

芯片工作电压：4.5～5.5 V。

工作电流：2.0 mA(工作在 5.0 V 时)。

模块最佳工作电压：5.0 V。

字符尺寸：2.95 mm×4.35 mm(宽×高)。

2. 引脚功能说明

从 1602 背面看(见图 12-1(b))，从右至左依次为 1～16 脚，下面分别介绍各个引脚的功能。

1 脚：V_{SS}，电源地。

2 脚：V_{DD}，电源正极。

3 脚：V_{EE}，液晶显示器对比度调整端，接正电源时，对比度最弱，接地时对比度最高。对比度过高会产生"鬼影"，使用时，可通过一个 10 kΩ 的电位器调整对比度。

4 脚：RS，数据/命令选择端，高电平时选择数据寄存器，低电平时，选择指令寄存器。

5 脚：R/$\overline{W}$，读/写信号线。高电平时进行读操作，低电平时进行写操作。4 脚和 5 脚联合作用完成的功能如表 12-1 所列。

表 12-1　4 脚和 5 脚共同作用实现的功能

RS(4)	R/$\overline{W}$(5)	功　能
0	0	可以写入指令或显示地址
0	1	读忙信号或读取地址计数器的内容
1	0	写入数据
1	1	读取 DDRAM 或 CGRAM 中的内容

6 脚：E，使能端。当 E 端为下降沿(高电平跳变成低电平)时，液晶模块写指令或写数据；当 E 为高电平时，为读状态或读数据。表 12-2 所列为 4～6 脚共同作用实现的功能。

表 12-2　4～6 脚共同作用实现的功能

RS(4)	R/$\overline{W}$(5)	E	功　能
0	0	下降沿	写指令，DB7～DB0＝指令码，输出无
0	1	1	读状态，输出：DB7～DB0＝状态字
1	0	下降沿	写数据，DB7～DB0＝数据，输出无
1	1	1	读数据，输出：DB7～DB0＝数据

7～14 脚：DB0～DB7，8 位双向数据线。

15 脚：背光源正极。

16 脚:背光源负极。

3. RAM 和 ROM 以及地址映射

HD44780 内置了 DDRAM、CGROM 和 CGRAM。

DDRAM 显示数据 RAM,用来寄存待显示的字符代码,共 80 个字节,这 80 个字节的地址为 00H～27H 和 40H～67H,每一个地址内可以装一个待显示的字符代码。这些待显示的字符到底在屏幕的哪个位置上显示呢?表 12-3 则指出了它们之间的关系。DDRAM 中地址值为 00H 的寄存器中寄存的字符会在液晶屏的第 0 行第 0 列上显示出来,地址值为 01H 中的会在第 0 行第 1 列上显示,以此类推。

表 12-3 DDRAM 中 80 个字节地址与屏幕的对应关系

地　址	显示位置	0	1	2	3	4	5	6	…	39
DDRAM 地　址	第 0 行	00H	01H	02H	03H	04H	05H	06H	…	27H
	第 1 行	40H	41H	42H	43H	44H	45H	46H	…	67H

例如,要在液晶屏上的第 1 行第 3 列显示一个字符 A,则要向 DDRAM 的 43H 中写入 A 的代码(41H)就行了。具体如何写入,则要按照 LCD 模块的指令格式来进行。

前面已经介绍了 1602 液晶显示屏可以显示 2 行,每行显示 16 个字符,所以虽然 DDRAM 是 40×2 的,但是 1602 只需要和 DDRAM 的 00H～0FH 以及 40H～4FH 这 32 个地址对应就可以了。表 12-4 所列为 DDRAM 地址与 1602 液晶屏的对应关系。

表 12-4 DDRAM 字节地址与 1602 液晶屏幕的对应关系

地　址	位置	0	1	2	3	4	5	6	7	8	9	10	11	12	13	14	15
DDRAM 地　址	第 0 行	00H	01H	02H	03H	04H	05H	06H	07H	08H	09H	0AH	0BH	0CH	0DH	0EH	0FH
	第 1 行	40H	41H	42H	43H	44H	45H	46H	47H	48H	49H	4AH	4BH	4CH	4DH	4EH	4FH

若要在 1602 屏幕的第 0 行第 0 列显示一个字符 A,只须向 DDRAM 的 00H 地址中写入"A"的代码(或索引号)41H 即可。那么,为什么写入 41H 后就会在液晶屏上以点阵的方式显示出字符 A 呢?这是因为,在 LCD 模块内固化了字模存储器 CGROM 和 CGRAM。

CGROM(字符产生 ROM)是指字模存储空间。用户要显示的 ASCII 码、常用日文和希腊字符的字模均存在 CGROM 中。HD44780 内置了 192 个常用字符的字模。

CGRAM(字符产生 RAM)是指用户自建字模区。有时 CGROM 中的字符不能满足用户对字符的要求,则需要在 CGRAM 中写入用户自定义字模,其字模方式和 CGROM 中的一样。一般写入 CGRAM 的字模,其代码值(或称索引值)为 00H～07H。用户自定义字模建立好之后,其调用方式与调用 CGROM 中的字符一样,只

要向 DDRAM 中的相应地址写入代码值，新建的字符就能显示出来。HD44780 内提供了 8 个允许用户自定义的 CGRAM。表 12－5 所列为 CGROM、CGRAM 与字符的对应关系。表中，代码 20H～7FH 为标准 ASCII 码区，代码 A0H～FFH 为常用日文和希腊字符区，代码 10H～1FH 和代码 80H～9FH 为无定义区，代码 00H～0FH 为用户自定义的 CGRAM 区。

表 12－5　CGROM 和 CGRAM 与字符对应关系

↓‾‾	0000	0001	0010	0011	0100	0101	0110	0111	1000	1001	1010	1011	1100	1101	1110	1111
xxxx0000	(1)			0	@	P	`	p				ー	タ	ミ	α	P
xxxx0001	(2)		!	1	A	Q	a	q			。	ア	チ	ム	ä	Q
xxxx0010	(3)		"	2	B	R	b	r			「	イ	ツ	メ	β	Θ
xxxx0011	(4)		#	3	C	S	c	s			」	ウ	テ	モ	δ	
xxxx0100	(5)		$	4	D	T	d	t			\	エ	ト	ヤ	μ	Ω
xxxx0101	(6)		%	5	E	U	e	u			·	オ	ナ	ユ	σ	ü
xxxx0110	(7)		&	6	F	V	f	v			ヲ	カ	ニ	ヨ	ρ	Σ
xxxx0111	(8)		'	7	G	W	g	w			ァ	キ	ヌ	ラ	g	π
xxxx1000	(1)		(	8	H	X	h	x			ィ	ク	ネ	リ		
xxxx1001	(2)		)	9	I	Y	i	y			ゥ	ケ	ノ	ル		
xxxx1010	(3)		*	:	J	Z	j	z			ェ	コ	ハ	レ	j	
xxxx1011	(4)		+	;	K	[	k	{			ォ	サ	ヒ	ロ		
xxxx1100	(5)		,	<	L	\	l	|			ャ	シ	フ	ワ	ϕ	
xxxx1101	(6)		—	=	M	]	m	}			ュ	ス	ヘ	ン		÷
xxxx1110	(7)		.	>	N	^	n	→			ョ	セ	ホ	¨		
xxxx1111	(8)		/	?	O	_	o	←			ッ	ソ	マ	°	ö	█

回答了什么是字模存储器 CGROM 和 CGRAM 后，现在回到为什么写入 41H 后就会在液晶屏上以点阵的方式显示出字符 A 这个问题上。已知在文本文件中 A 的代码是 41H，LCD 接到 41H 代码后，就去字模库中查找，也就到表 12－5 所列的 CGROM 中找到地址为 41H(A 对应表上高位代码 0100，对应左边低位代码为 0001，合起来就是 01000001B，即 41H，41H 也就是在字模库中的索引值)的代表字符 A 的字模数据送去点亮屏幕上相应的点，人眼就能在 LCD 上看到 A 这个字符了。也就是说，在地址为 41H 的 CGROM 中存储了字符 A 的字模数据。

字模数据就是代表了在点阵屏幕上点亮和熄灭的信息数据。如图 12－2 中左边所示，假设字符 A 由第 5 列第 7 行构成(5×7 点阵)，将亮的像素点(图中用黑色圆点表示)用数据“1”表示，将暗的像素点(图中用白色圆点表示)用数据“0”表示，则得到图 12－2 中右边所示的字符 A 的字模数据。

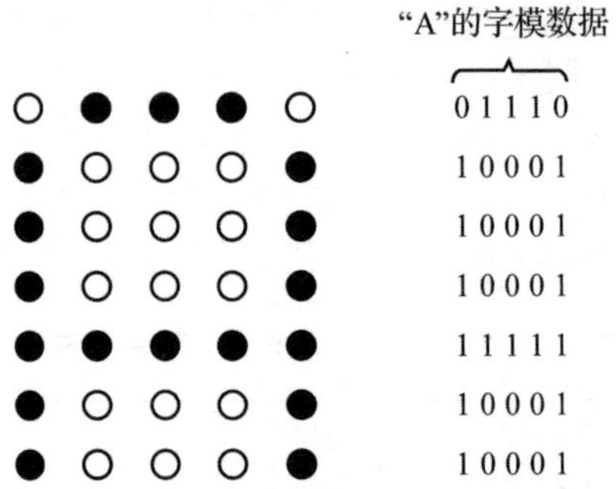

"A"的字模数据

01110
10001
10001
10001
11111
10001
10001

图 12-2　字符 A 在点阵屏上点亮和熄灭图及其字模数据

那么如何对 DDRAM 的内容和地址进行具体操作呢？下面先来介绍 HD44780 的指令集及其设置说明。

12.2　指令集及时序

1602 液晶显示器的控制器大部分为 HD44780。HD44780 的指令集共包含 11 条指令，下面分别介绍。

1. 清屏指令

指令功能	指令编码										执行时间/ms
	RS	R/W	DB7	DB6	DB5	DB4	DB3	DB2	DB1	DB0	
清　屏	0	0	0	0	0	0	0	0	0	1	1.64

功能：

① 清除液晶显示器，即向 DDRAM 的内容中全部写 20H，即 ASCII 码的"空白"。

② 光标归位，即将光标撤至液晶显示屏的左上方。

③ 将地址计数器(AC)的值设为 0。

2. 光标归位指令

指令功能	指令编码										执行时间/ms
	RS	R/W	DB7	DB6	DB5	DB4	DB3	DB2	DB1	DB0	
光标归位	0	0	0	0	0	0	0	0	1	×	1.64

功能：

① 把光标撤至显示器的左上方。

② 把地址计数器(AC)的值设为 0。

③ 保持 DDRAM 的内容不变。

3. 进入模式设置指令

指令功能	指令编码										执行时间/μs
	RS	R/W	DB7	DB6	DB5	DB4	DB3	DB2	DB1	DB0	
进入模式设置	0	0	0	0	0	0	0	1	I/D	S	40

功能：设定每次写入 1 位数据后光标的移位方向，并且设定每次写入的 1 个字符是否移动，参数设定如下：

位　名	设置及功能
I/D	=0：写入新数据后光标左移；　　=1：写入新数据后光标右移
S	=0：写入新数据后显示屏不移动；=1：写入新数据后显示屏整体右移 1 个字符

4. 显示开关控制指令

指令功能	指令编码										执行时间/μs
	RS	R/W	DB7	DB6	DB5	DB4	DB3	DB2	DB1	DB0	
显示开关控制	0	0	0	0	0	0	1	D	C	B	40

功能：控制显示器开/关、光标显示/关闭以及光标是否闪烁。参数设定如下：

位　名	设置及功能
D	=0：显示功能关；　　=1：显示功能开
C	=0：无光标；　　=1：有光标
B	=0：光标不闪烁；　　=1：光标闪烁

5. 设定显示屏或光标移动方向指令

指令功能	指令编码										执行时间/μs
	RS	R/W	DB7	DB6	DB5	DB4	DB3	DB2	DB1	DB0	
设定显示屏或光标移动方向	0	0	0	0	0	1	S/C	R/L	×	×	40

功能：使光标移位或使整个显示屏幕移位。参数设定如下：

位　名		功　能
S/C	R/L	
0	0	光标左移 1 格，且 AC 值减 1
0	1	光标右移 1 格，且 AC 值加 1
1	0	显示器上字符全部左移 1 格，但光标不动
1	1	显示器上字符全部右移 1 格，但光标不动

6. 功能设定指令

指令功能	指令编码										执行时间/μs
	RS	R/W	DB7	DB6	DB5	DB4	DB3	DB2	DB1	DB0	
功能设定	0	0	0	0	1	DL	N	F	×	×	40

功能:设定数据总线位数、显示的行数及字型。参数设定如下:

位名	设置及功能	
DL	=0:数据总线为 4 位;	=1:数据总线为 8 位
N	=0:显示 1 行;	=1:显示 2 行
F	=0:5×7 点阵/每字符;	=1:5×10 点阵/每字符

7. 设定 CGRAM 地址指令

指令功能	指令编码										执行时间/μs
	RS	R/W	DB7	DB6	DB5	DB4	DB3	DB2	DB1	DB0	
设定 CGRAM 地址	0	0	0	1	CGRAM 的地址(6 位)						40

功能:设定下一个要存入数据的 CGRAM 地址。

DB5DB4DB3	字符号,也就是将来要显示该字符时用到的字符地址(或者说字符代码,字符索引值)000~111,能定义 8 个字符
DB2DB1DB0	行号。000~111,可设置 8 行

8. 设定 DDRAM 地址指令

指令功能	指令编码										执行时间/μs
	RS	R/W	DB7	DB6	DB5	DB4	DB3	DB2	DB1	DB0	
设定 DDRAM 地址	0	0	1	DDRAM 的地址(7 位)							40

功能:设定下一个要存入数据的 DDRAM 地址。

9. 读取忙信号或 AC 地址指令

指令功能	指令编码										执行时间/μs
	RS	R/W	DB7	DB6	DB5	DB4	DB3	DB2	DB1	DB0	
读取忙信号或 AC 地址	0	1	BF	AC 内容(7 位)							40

功能:

① 读取忙碌信号 BF 的内容。若 BF=1,则表示液晶显示器忙,暂时无法接收单片机送来的数据或指令;若 BF=0,则液晶显示器可以接收单片机送来的数据或指令。

② 读取地址计数器(AC)的内容。

10. 数据写入 DDRAM 或 CGRAM 指令

指令功能	指令编码										执行时间/μs
	RS	R/W	DB7	DB6	DB5	DB4	DB3	DB2	DB1	DB0	
数据写入 DDRAM 或 CGRAM	1	0	要写入的数据 D7～D0								40

功能：

① 将字符码写入 DDRAM，以使液晶显示屏显示出相对应的字符。

② 将使用者自己设计的图形存入 CGRAM。

DB7DB6DB5 这 3 位可为任何数据，一般取 000。

DB4DB3DB2DB1DB0 这 5 位对应于每行 5 点的字模数据。

11. 从 CGRAM 或 DDRAM 读出数据指令

指令功能	指令编码										执行时间/μs
	RS	R/W	DB7	DB6	DB5	DB4	DB3	DB2	DB1	DB0	
从 CGRAM 或 DDRAM 读出数据	1	1	要读出的数据 D7～D0								40

功能：读取 DDRAM 或 CGRAM 中的内容。

【例 12.1】 现有一块 1602 液晶显示器，使用时要求两行显示，字符点阵为 5×7，数据要求 8 位格式，写入新字符时，屏幕不移动，光标右移，显示时，有光标闪烁。请写出初始化时要用到的指令码。

分析：使用 1602LCD 时，首先要对它进行初始化，所谓初始化就是设置 1602LCD 开机默认工作方式。一般情况下要设置的参数如下：① 清屏；② 进入模式设置；③ 显示开关控制；④ 功能设定。

依题意：

① 要求两行显示，字符点阵为 5×7，数据要求 8 位格式。这些要求可通过第 6 条指令——功能设定指令来实现(参见前面的指令构成)。两行显示，则 N=1；字符点阵为 5×7，则 F=0；数据要求 8 位格式，则 DL=1，该指令码为 00111000B(38H)。

② 屏幕不移动，光标右移。这一要求可通过第 3 条指令模式实现。写入新数据后屏幕不移动，则 S=0；写入新数据后光标左移，则 I/D=1，本指令为 00000110B (06H)。

③ 显示时，有光标闪烁。通过开关控制指令实现。显示时，说明显示功能打开，则 D=1；光标闪烁，则 C=1，且 B=1。这个指令码为 00001111B(0EH)。

④ 另外还有一个清屏指令，00000001B(01H)。

前面介绍了 1602 的指令集，现在来介绍 1602 的基本操作时序。

1602 液晶显示器与单片机连接的控制线有 RS、R/W 和 E，共 3 根，这 3 根线要满足一定的时序关系才能实现相应的控制功能。

如表 12-6 所列,R/W 为高电平时,进行读操作。图 12-3(a)所示为读操作的时序图,先要使 R/W 为高电平且 RS 为低电平(或 RS 为高电平),然后使 E 为高电平,这时进入读操作(RS 在低电平时为读状态,在高电平时则为读数据),输出的 DB7～DB0 为读出的状态字或者是读出的数据。表 12-6 中,若 R/W 为低电平时,则进行写操作,其时序如图 12-3(b)所示,先要使 R/W 为高电平且 RS 为低电平(说明写入的是指令)或 RS 为高电平(说明写入的是数据),DB7～DB0 为写入的指令或数据,然后当 E 下降沿来时,将 DB7～DB0 上的指令码或数据写入 LCD。

表 12-6　1602 基本操作时序表

RS	R/W	E	功　能	描　述
L	H	H	读状态	输出 DB7～DB0＝状态字
L	L	下降沿	写指令	DB7～DB0＝指令码;输出:无
H	H	H	读数据	输出 DB7～DB0＝数据
H	L	下降沿	写数据	DB7～DB0＝数据;输出:无

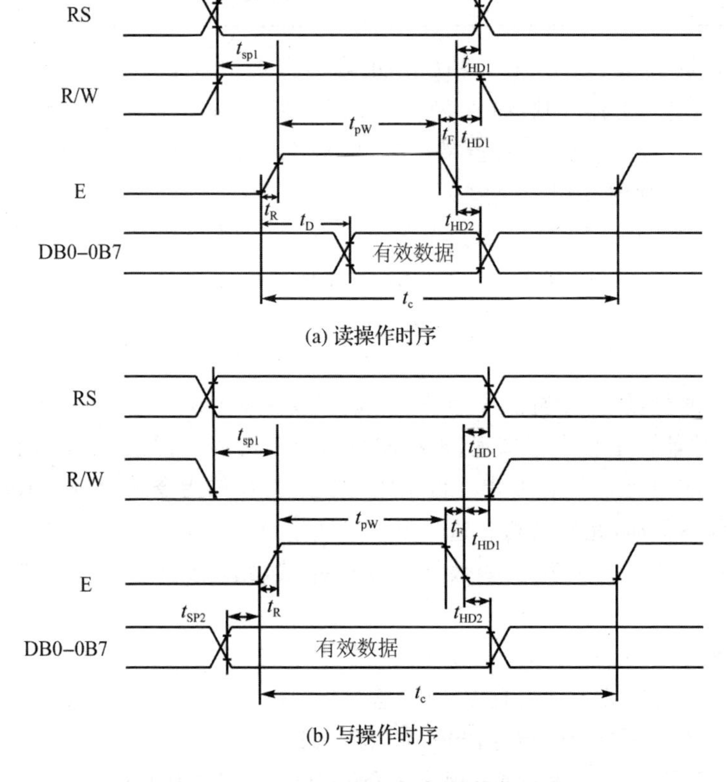

图 12-3　1602 液晶显示读/写操作时序

12.3　应用实例

在 LCD1602 液晶屏上既可以显示 CGROM 中的字符，也可以显示用户自定义字符。

1. 显示 CGROM 中的字符

【例 12.2】 如图 12-4 所示，LCD1602 的 D7～D0 与 51 单片机的 P1.7～P1.0 连接，LCD1602 的 E 与单片机的 P3.5 连接，RW 与 P3.6 连接，RS 与 P3.7 连接。编写程序实现在 LCD1602 液晶屏上第 1 行第 0 列显示字符“A”。

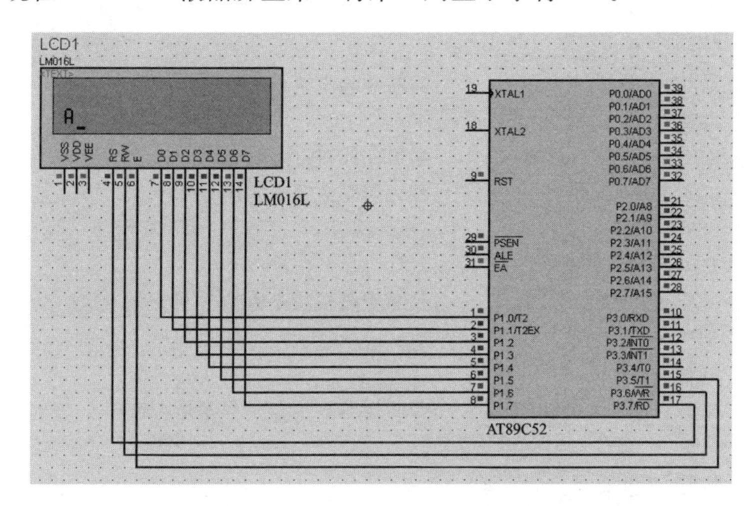

图 12-4　LCD1602 与 51 单片机接口电路

分析：首先，对 LCD1602 进行初始化，内容包括：

① 清屏(00000001B)；

② 设置显示模式为 8 位数据格式，两行显示，5×7 点阵模式(00111000B)；

③ 设置显示开关控制为显示器开、光标开、光标闪烁(00001111B)；

④ 设置显示屏或光标移动方向为文字不动，光标自动右移(00000110B)。

初始化之后，将字符 A 的代码写入 DDRAM 地址。通过查表可知，字符 A 的代码为 41H。LCD1602 第 1 行第 0 列对应于 DDRAM 地址的 40H。参见第 8 条指令——设定 DDRAM 地址指令，可得到指令码为 80H+40H=C0H，完整程序如下：

```
ORG     0000H
RS      BIT P3.7
RW      BIT P3.6
E       BIT P3.5
MOV     P1,#00000001B        ;清屏且光标复位
ACALL   ENABLE               ;调用写入命令子程序
```

```
        MOV     P1,#00111000B     ;设置显示模式:8 位,2 行,5×7 点阵
        ACALL   ENABLE
        MOV     P1,#00001111B     ;显示器开,光标开,光标闪烁
        ACALL   ENABLE
        MOV     P1,#00000110B     ;文字不动,光标自动右移
        ACALL   ENABLE
        MOV     P1,#11000000B     ;写入显示起始地址(第 1 行第 0 列)
        ACALL   ENABLE
        MOV     P1,#01000001B     ;字符 A 的代码
        SETB    RS                ;写数据
        CLR     RW
        CLR     E
        ACALL   DELAY             ;判断液晶模块是否忙
        SETB    E
        AJMP     $                ;显示完成,程序停于此处
ENABLE: CLR     RS                ;写入控制命令子程序
        CLR     RW
        CLR     E
        ACALL   DELAY             ;判断液晶模块是否忙
        SETB    E
        RET
DELAY:  MOV     P1,#0FFH          ;判断液晶显示器子程序是否忙
        CLR     RS
        SETB    RW
        CLR     E
        NOP
        SETB    E
        JB      P1.7,DELAY        ;若 P1.7 为高电平表示忙,则等待
                                  ;直到 P1.7 为 0 返回
        RET
        END
```

将上述程序通过 Keil 软件编译成.hex 文件在 Protues 中加载并运行,仿真结果如图 12-4 所示,字符 A 按要求在 LCD1602 的第 1 行第 0 列显示出来,且光标在 A 的右边闪烁。

2. 显示自定义字符

显示自定义字符步骤如下:

① 先将自定义字符写入 CGRAM。

② 再将 CGRAM 中的自定义字符送入 DDRAM 中显示。

查看 LCD1602 的 CGROM 字符代码表,可以发现从 00000000B～00001111B(00H～0FH)地址的内容是没有定义的,它是留给用户自己定义的,用户可以先定义

LCD1602 的 CGRAM 中的内容，然后就可以像调用 CGROM 字符一样来调用自定义的字符。

那么，如何设定 CGRAM 中的内容呢？

① 要把所要编写的字符对应于 5×8 点阵的字模提取出来（可以通过相关软件提取，也可以手工提取），即将点阵的某行中有显示的点用“1”表示，无显示的点用“0”表示，以此形成该行对应的字模数据。

② 设定 CGRAM 的内容。需要逐行设定，每一行对应一个 CGRAM，5×8 点阵，每行 5 点，共 8 行。因此要将 8 行的字模数据都写进 CGRAM 中。写好后，就可像调用 CGROM 字符一样来调用它了。

下面分两步设定一行的内容。

① 设定行的内容（CGRAM 地址）。

命令构成：

RS	R/W	DB7	DB6	DB5	DB4	DB3	DB2	DB1	DB0
0	0	0	1	字符号			行号		

其中，DB5DB4DB3 为字符号，即该自定义字符的代码，或者说该自定义字符是 CGRAM 中的索引值。DB2DB1DB0 为行号，即该自定义字符的字模数据的某行。

② 设定 CGRAM 数据（内容）指令。

命令构成：

RS	R/W	DB7	DB6	DB5	DB4	DB3	DB2	DB1	DB0
0	0	任意，一般取 000			对应于每行 5 点的字模数据				

【例 12.3】 用手工取模方式写出自定义字符◆的字模数据，并给出设定 CGRAM 内容的具体指令。

分析：由于数据格式是 8 位的，所以虽然 HD44780 字符点阵为 5×7 点阵，但可以将它扩展成 8×8，只不过每一行只有低 5 位有效，最后一行无效，无效的位均取“0”，则得到图 12－5 所示的自定义字符◆的点阵图及字模数据，即字符◆的字模数据为{00H，04H，0EH，1FH，0EH，04H，00H，00H}。

下面分两步设定 CGRAM 内容。

① 设定行的内容（CGRAM 地址）。假设此自定义字符◆存在 CGRAM 的 00H 上，则它的字符号为“0”，一个字符有 8 行，行号从 0 到 7，所以设定行的内容要分 8 步。

② 设定 CGRAM 数据（内容）指令。设定好行之后，则向该行写入内容。也就是把自定义字符的字模数据的某一行写入相应的行地址中。同样的，也要写 8 次才能完成一个字符的字模数据。

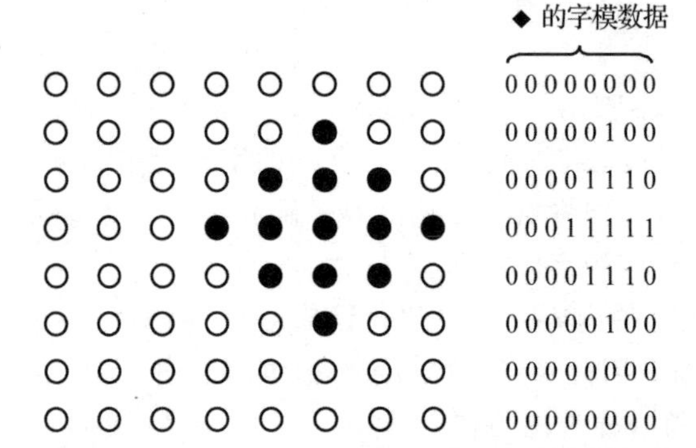

图 12-5　字符◆的点阵图及字模数据

表 12-7 所列为设定自定义字符◆的 CGRAM 内存的指令。

表 12-7　设定自定义字符◆的 CGRAM 内存的指令

次　数	行	设定行指令	设定 CGRAM 数据指令
第 1 次	0	01000000	00000000
第 2 次	1	01000001	00000100
第 3 次	2	01000010	00001110
第 4 次	3	01000011	00011111
第 5 次	4	01000100	00001110
第 6 次	5	01000101	00000100
第 7 次	6	01000110	00000000
第 8 次	7	01000111	00000000

【例 12.4】 图 12-6 所示为 LCD1602 与 51 单片机的连接电路，RS 连 P2.0，RW 连 P2.1，E 连 P2.2，D7～D0 连 P0 口。试编程实现在第 0 行第 0 列显示 ASCII 码 A，第 0 行第 1 列到第 5 列依次显示自定义字符↑、↓、←、→、◆，在第 1 行第 0 列开始显示字符串“TEST！ SUCCESS!”。

程序如下：

```
ORG     0000H
RS      BIT P2.0
RW      BIT P2.1
E       BIT P2.2
MOV     P0,#01H
ACALL   ENABLE
MOV     P0,#38H
LCALL   ENABLE
MOV     P0,#0CH
```

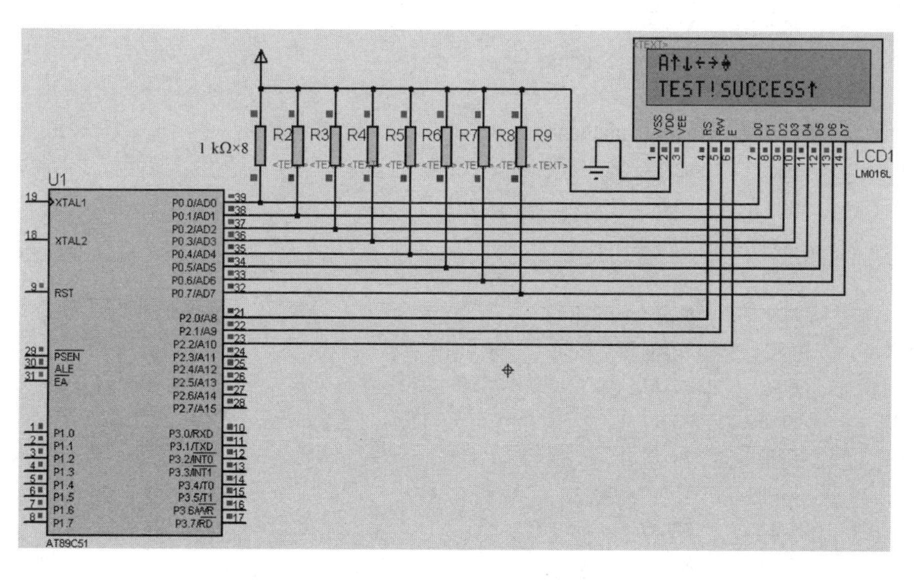

图 12－6　AT89C51 与 LD1602 连接电路

```
         LCALL    ENABLE
         MOV      P0,#06H
         LCALL    ENABLE
         LCALL    WRT8USR
         LCALL    DISPA
         LCALL    DIS8USR
         LCALL    DISCHAR
         SJMP     $
DISPA:   MOV      P0,#80H
         LCALL    ENABLE
         MOV      P0,#41H
         SETB     RS
         CLR      RW
         CLR      E
         LCALL    DELAY
         SETB     E
         RET
WRT8USR: MOV      R2,#0
         MOV      R6,#8
         MOV      DPTR,#TAB1
WLP1:    MOV      R7,#8
         MOV      R3,#0
WLP2:    MOV      A,R2
         RL       A
         RL       A
```

```
          RL       A
          ANL      A,#00111000B
          ORL      A,R3
          ADD      A,#01000000B
          INC      R3
          MOV      P0,A
          LCALL    ENABLE
          CLR      A
          MOVC     A,@A+DPTR
          INC      DPTR
          MOV      P0,A
          SETB     RS
          CLR      RW
          CLR      E
          CALL     DELAY
          SETB     E
          DJNZ     R7,WLP2
          INC      R2
          DJNZ     R6,WLP1
          RET
TATB1:    DB 04H,0EH,15H,04H,04H,04H,04H,00H
          DB 04H,04H,04H,04H,15H,0EH,04H,00H
          DB 00H,04H,08H,1FH,08H,04H,00H,00H
          DB 00H,00H,04H,08H,1FH,08H,04H,00H
          DB 00H,04H,0EH,1FH,0EH,04H,00H,00H
          DB 0.0.0.0.0.0.0.0
          DB 0.0.0.0.0.0.0.0
          DB 0.0.0.0.0.0.0.0
DIS8USR:  MOV      R7,#8
          MOV      R2,#0
          MOV      30H,#81H
DLP:      MOV      A,30H
          MOV      P0,A
          INC      30H
          LCALL    ENABLE
          MOV      A,R2
          INC      R2
          MOV      P0,A
          SETB     RS
          CLR      RW
          CLR      E
          LCALL    DELAY
```

```
          SETB      E
          DJNZ      R7,DLP
          RET
DISCHAR:  MOV       DPTR,#TAB2
          MOV       30H,#11000,0000B
DISLP:    MOV       A,30H
          MOV       P0,A
          INC       30H
          LCALL     ENABLE
          MOV       A,#0
          MOVC      A,@A+DPTR
          INC       DPTR
          MOV       P0,A
          SETB      RS
          CLR       RW
          CLR       E
          LCALL     DELAY
          SETB      E
          JNZ       DISLP
          RET
TAB2:     DB 'TEST! SUCCESS!'
          DB 00H,00H

ENABLE:   CLR       RS
          CLR       RW
          CLR       E
          LCALL     DELAY
          SETB      E
          RET
DELAY:    MOV       P0,#0FFH
          CLR       RW
          SETB      RW
          CLR       E
          NOP
          SETB      E
          JB        P0.7,DELAY
          RET
          END
```

将上述程序通过 Keil 软件编译成.hex 文件在 Protues 中加载并运行,仿真结果如图 12-6 所示。ASCII 字符 A 按要求在 LCD1602 的第 01 行第 0 列显示出来，第 0 行第 1 列到第 5 列依次显示自定义字符↑、↓、←、→、◆，在第 1 行第 0 列开始显示字符串“TEST！ SUCCESS!”，且无光标显示。

习　题

1. LCD 1602 的控制器大部分为 HD44780，其内置了哪些存储器？

2. DDRAM 是什么存储器？它与 1602 显示屏有什么关联？

3. CGRAM 和 CGROM 分别是什么？

4. 假设 1602 字符显示设置为 5×7 点阵，请写出自定义字符┬的完整字模数据。

5. 编写程序实现在 LCD 1602 的第 1 行显示字符串“MCU world!”。

6. 编写程序实现在 LCD 1602 的第 2 行显示自定义字符串“┬▲◆▼”。

第 13 章　ADC 与 DAC 器件接口技术应用及 Proteus 仿真

在实际应用中，通常利用传感器将被控对象的物理量转换成易传输、易处理的连续变化的电信号，然后将其转换成单片机能接收的数字信号，完成这种转换任务的器件称为模/数转换器（Analog to Digital Converter，ADC）。而将计算机输出的数字信号转换为被控对象能接收的模拟信号的器件称为数/模转换器（Digital to Analog Converter，DAC）。图 13－1 所示为典型单片机 ADC 和 DAC 应用的闭环控制系统。

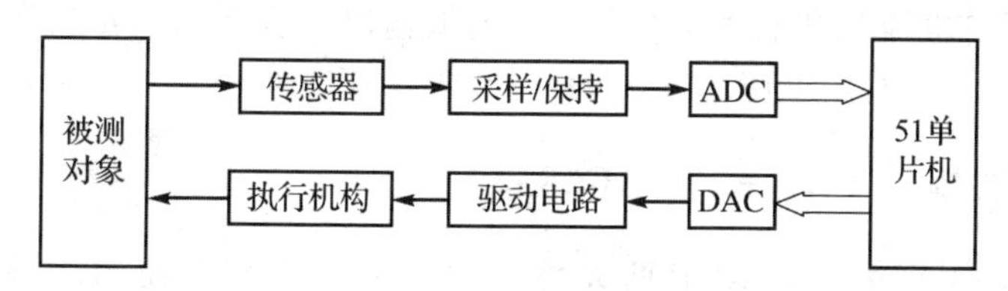

图 13－1　典型单片机 ADC 和 DAC 应用的闭环控制系统

13.1　DAC 器件接口

DAC 在测控系统中将计算机产生的数字量控制信号转换成模拟信号，用于驱动外部执行机构，如直流电动机等。

13.1.1　DAC 的主要技术参数

1. 分辨率

分辨率是指 DAC 能分辨的最小输出模拟增量，取决于输入数字量的二进制位数。一个 n 位的 DAC 所能分辨的最小电压增量定义为满量程值的 2^{-n} 倍。位数越多，分辨率也越高，一般为 8 位、10 位、12 位等。例如，满量程为 10 V 的 8 位 DAC 芯片的分辨率为 $10\ \text{V}\times 2^{-8}$，即 39 mV；一个同样量程的 16 位 DAC 的分辨率高达 $10\ \text{V}\times 2^{-16}$，即 153 μV。

2. 转换精度

转换精度和分辨率是两个不同的概念。转换精度是指满量程时 DAC 的实际模拟输出值和理论值的接近程度。对倒 T 型电阻网络的 DAC，其转换精度与参考电压、电阻值和电子开关的误差有关。例如，满量程时理论输出值为 10 V，实际输出值是在 9.99～10.01 V 范围内，其转换精度为±10 mV。通常，DAC 的转换精度为分辨率的一半，即 LSB/2。LSB 是分辨率，指最低 1 位数字量变化引起输出电压幅度的变化量。

3. 偏移量误差

偏移量误差是指输入数字量为零时，输出模拟量对零的偏移值。这种误差通常可以通过 DAC 的外接 V_{REF} 和电位计加以调整。

4. 线性度

线性度是指 DAC 的实际转换特性曲线和理想直线之间的最大偏差。通常，线性度不应超出 $\pm\frac{1}{2}$LSB。

5. 转换时间

转换时间一般为几十纳秒至几微秒。

6. 输出电平

输出电平有电流型和电压型两种。电流型输出电流在几毫安到几十毫安；电压型一般为 5～10 V，有的电压型可达 24～30 V。

13.1.2 8 位集成 DAC——DAC0832

目前，市场上销售的 DAC 有两大类：一类在电子电路中使用，不带使能端和控制端，只有数字量输入和模拟量输出线；另一类是专为微型计算机设计的，带有使能端和控制端，可以直接与微型计算机接口。

能与微机接口的 DAC 芯片也有很多种，有内部带数据锁存器和不带数据锁存器的，也有 8 位、10 位和 12 位之分。DAC0832 是这类 DAC 芯片中的一种，由美国国家半导体公司(National Semiconductor Corporation)研制，其姊妹芯片还有 DAC0830 和 DAC0831，都是 8 位芯片，可以相互替换。现仅对 DAC0832 芯片进行介绍。

1. DAC0832 内部结构及引脚特性

DAC0832 是采用先进的 CMOS 工艺制成的双列直插式单片 8 位 DAC。转换速度为 1 μs，可直接与微机接口。DAC0832 的内部结构如图 13-2 所示，由 8 位输入寄存器、8 位 DAC 寄存器、8 位 D/A 转换 3 个部分电路构成，采用二次缓冲，这样可以在输出的同时，输入下一个数据，以提高转换速度。更重要的是能够在多个转换器同时工作时，有可能同时输出模拟量。其中，8 位输入寄存器用于存放 CPU 送来的数字量，使输入数字量得到缓冲和锁存，由 $\overline{LE_1}$ 加以控制。8 位 DAC 寄存器用于存放待转换数字量，由 $\overline{LE_2}$ 控制。8 位 DAC 由 8 位倒 T 型电阻网络和电子开关组成，电子开关受 8 位 DAC 寄存器输出控制，倒 T 型电阻网络能输出与数字量成正比的模拟电流。因此，DAC0832 通常需要外接运算放大器才能得到模拟输出电压。

DAC0832 引脚分布如图 13-3 所示，共有 20 条引脚，双列直插式封装，各引脚功能如下：

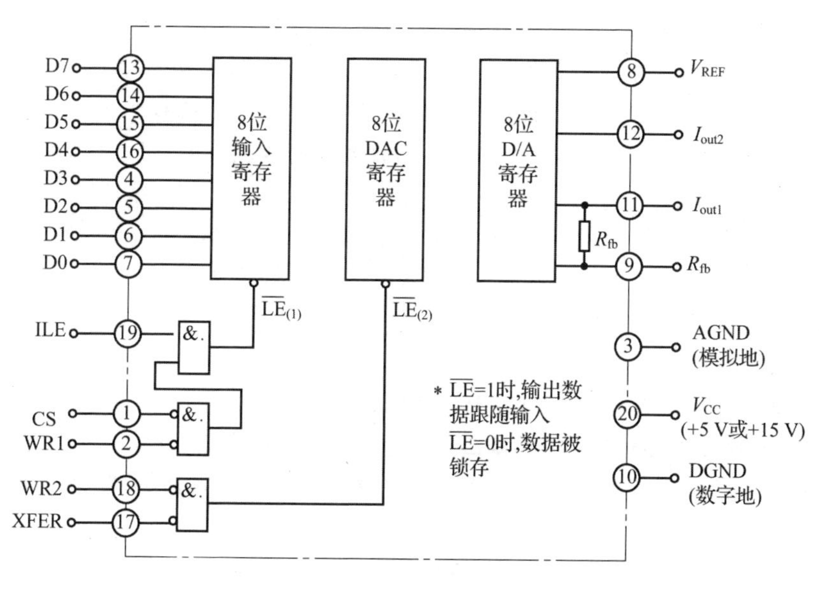

图 13－2 DAC0832 内部结构原理图

① 数字量输入线 DI7～DI0：共 8 根，通常和 CPU 数据总线相连，用于输入 CPU 送来的待转换数字量。

② 控制线共 5 根。

$\overline{CS}$：片选端，当 $\overline{CS}=0$ 时，选中本芯片；当 $\overline{CS}=1$ 时，本片未被选中。

ILE：允许数字量输入线，当 ILE＝1 时，“8 位输入寄存器”允许数字量输入；当 ILE＝0 时，锁存数据。

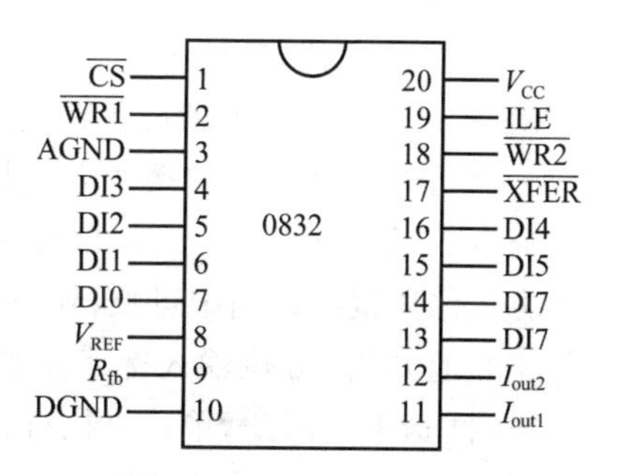

图 13－3 DAC0832 引脚图

$\overline{XFER}$：传送控制输入线，低电平有效。

$\overline{WR1}$ 和 $\overline{WR2}$ 为两条写命令输入线。$\overline{WR1}$ 用于控制数字量输入到输入寄存器，如图 13－2 所示。当同时满足 ILE＝1、$\overline{CS}=0$、$\overline{WR1}=0$ 时，$\overline{LE}_{(1)}=1$，“8 位输入寄存器”输出数据跟随输入。如果上述条件之一不满足，则 $\overline{LE}_{(1)}=0$，则“8 位输入寄存器”锁存 DI7～DI0 输入的数据。$\overline{WR2}$ 用于控制 D/A 转换的时间，若 $\overline{XFER}$ 和 $\overline{WR2}$ 同时为低电平，则 $\overline{LE}_{(2)}=1$，“8 位 DAC 寄存器”输出数据跟随输入。若 $\overline{XFER}$ 和 $\overline{WR2}$ 不同时为低电平，则 $\overline{LE}_{(2)}=0$，“8 位 DAC 寄存器”锁存数据。$\overline{WR1}$ 和 $\overline{WR2}$ 的脉冲宽度要求不小于 500 ns，即使 V_{CC} 提高到 15 V，其脉冲宽度也不应小于 100 ns。

③ 输出线 3 根。

R_{fb}：运算放大器反馈线，常接到运算放大器输出端。

I_{out1} 和 I_{out2}:两条模拟电流输出线,$I_{out1}+I_{out2}$ 为一常数。若输入数字量为全“1”,则 I_{out1} 为最大,I_{out2} 为最小;若输入数字量为全“0”,则 I_{out1} 为最小,I_{out2} 为最大。为了保证额定负载下输出电流的线性度,I_{out1} 和 I_{out2} 引脚线上的电位必须尽量接近低电平。为此,I_{out1} 和 I_{out2} 通常接运算放大器输入端。

④ 电源线 4 根。

V_{CC}:正电源输入线,可接 5～15 V 的正电源。

V_{REF}:参考电压,一般为－10～＋10 V,由稳压电源提供。

DGND:数字地。

AGND:模拟地。

数字地和模拟地常接在一起置于公共地。

2. DAC0832 与 51 单片机的接口

51 单片机和 DAC0832 接口时,可以有 3 种连接方式:直通方式、单缓冲方式和双缓冲方式。

① 直通方式:DAC0832 内部有两个起数据缓冲作用的寄存器,分别受 $\overline{LE1}$ 和 $\overline{LE2}$ 控制。如果 $\overline{LE1}$ 和 $\overline{LE2}$ 皆为高电平,那么 DI7～DI0 上的信号便可直通地到达 8 位 DAC 寄存器,进行 D/A 转换。因此,ILE 接＋5 V 以及使 $\overline{CS}$、$\overline{XFER}$、$\overline{WR1}$ 和 $\overline{WR2}$ 接地,DAC0832 就可在直通方式下工作。

② 单缓冲方式:单缓冲方式是指 DAC0832 内部的两个数据缓冲器有一个处于直通方式,另一个受控于 51 单片机。图 13-4 所示为 51 单片机与 DAC0832 的单缓冲方式的连接图。图中可见,$\overline{WR2}$ 和 $\overline{XFER}$ 接地,DAC0832 的 8 位 DAC 寄存器工作于直通方式。8 位输入寄存器受 $\overline{CS}$ 和 $\overline{WR1}$ 端信号控制,而且 $\overline{CS}$ 由译码器输出端 FEH 送来。因此,单片机执行如下两条指令就可在 $\overline{CS}$ 和 $\overline{WR1}$ 上产生低电平信号,使 DAC0832 接收单片机送来的数字量。

```
MOV R0,＃0FEH
MOVX @R0,A
```

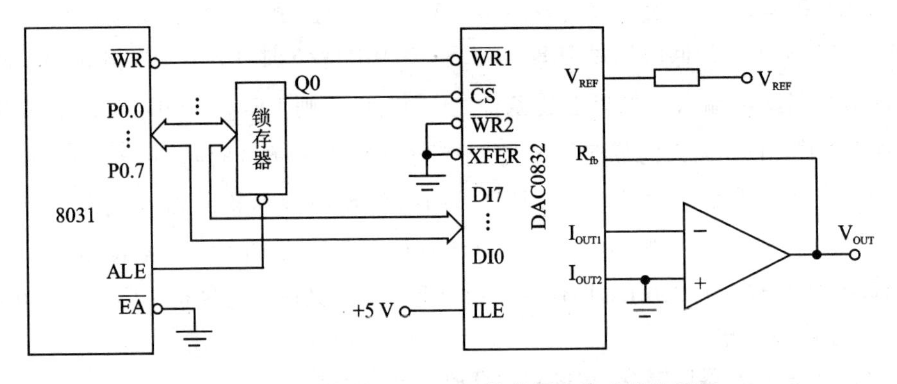

图 13-4 单片机与 DAC0832 的单缓冲方式的连接图

【例 13.1】 DAC0832 用作波形发生器，试根据图 13－4 所示的电路图，分别写出产生锯齿波、三角波和方波的程序。

分析：在图 13－4 中，运算放大器 OA 输出端 V_{OUT} 直接反馈到 R_{fb}，故这种接线产生的模拟输出电压是单极性的，现把产生上述三种波形的程序代码如下：

锯齿波程序：

```
        ORG     1000H
START:  MOV     R0,#0FEH
        MOVX    @R0,A
        INC     A
        SJMP    START
        END
```

三角波程序：三角波由线性下降段和线性上升段组成。相应程序代码如下：

```
        ORG     1080H
START:  CLR     A
        MOV     R0,#0FEH
DOWN:   MOVX    @R0,A
        INC     A
        JNZ     DOWN
        MOV     A,#0FEH
UP:     MOVX    @R0,A
        DEC     A
        JNZ     UP
        SJMP    DOWN
        END
```

方波程序：

```
        ORG     1100H
START:  MOV     R0,#0FEH
LOOP:   MOV     A,#10
        MOVX    @R0,A
        ACALL   DELAY
        MOV     A,#0FEH
        MOVX    @R0,A
        ACALL   DELAY
        SJMP    LOOP
DELAY:  MOV     30H,#30
        DJNZ    30H,$
        RET
        END
```

图 13－5 所示为 DAC0832 单缓冲方式与 51 单片机连接的原理图及仿真产生的波形。图 13－5(b)所示为锯齿波，由于运算放大器的反相作用，图中锯齿波是负向的，而且可以从宏观上看到它从 0 V 线性下降到负的最大值。但是，实际上它分成

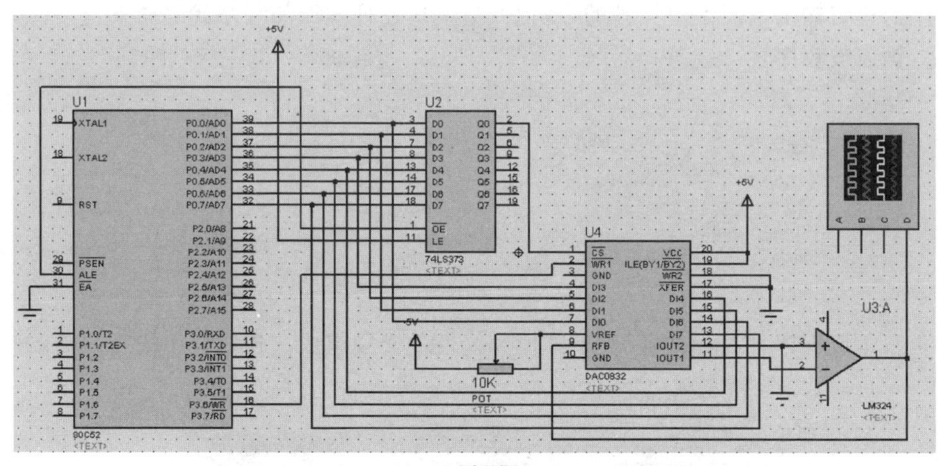

(a) 原理图

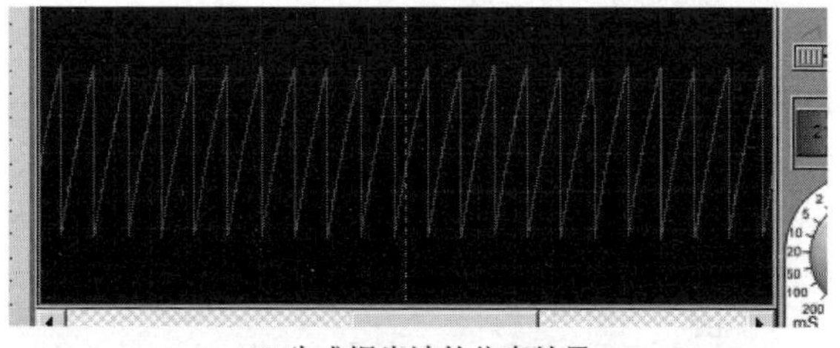

(b) 生成锯齿波的仿真结果

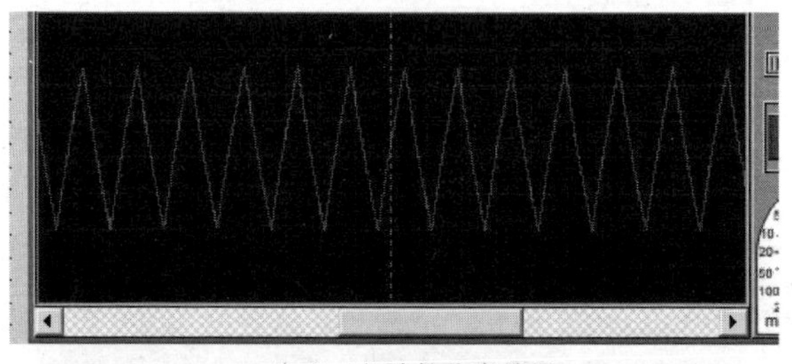

(c) 生成三角波的仿真结果

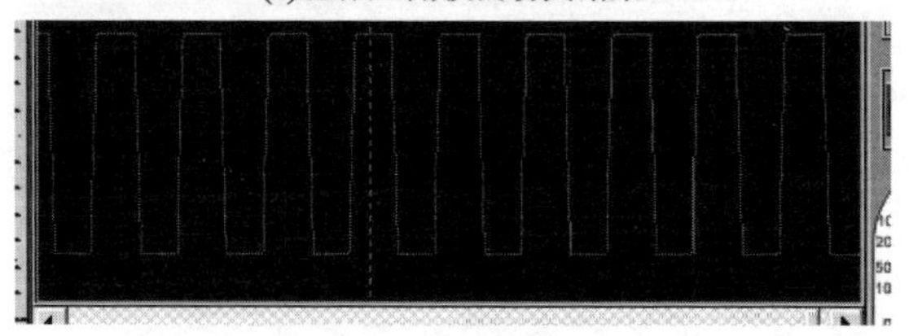

(d) 生成方波的仿真结果

图 13－5　DAC0832 单缓冲方式与 51 单片机连接的原理图及 Protues 仿真结果

256 个小台阶，每个小台阶暂留时间为执行一遍程序所需时间。因此，在上述程序中插入 NOP 指令或延时程序，显然可以改变锯齿波的频率。

图 13－5(c)所示为仿真产生的三角波。三角波频率同样可以在循环体内插入 NOP 指令或延时程序来改变。

图 13－5(d)所示为方波，其频率也可以用 NOP 或延时程序进行改变。

③ 双缓冲方式：双缓冲方式是指 DAC0832 内部“8 位输入寄存器”和“8 位 DAC 寄存器”都不工作在直通方式。CPU 必须通过 $\overline{\text{LE1}}$ 来锁存待转换的数字量，通过 $\overline{\text{LE2}}$ 启动 DAC 转换，因此，在双缓冲方式下，每个 DAC0832 应为 CPU 提供两个 I/O 端口。图 13－6 为 AT89C52 和 2 片 DAC0832 在双缓冲方式下的连接图，图中 1# (DAC0832)的 $\overline{\text{CS}}$ 和 P2.0 相连，故 AT89C52 控制 1# 中 $\overline{\text{LE1}}$ 的选口地址为 FEFFH；2# (DAC0832)的 $\overline{\text{CS}}$ 和 P2.1 相连，故 AT89C52 控制 2# 中 $\overline{\text{LE1}}$ 的选口地址为 FDFFH；1# 和 2# 的 $\overline{\text{XFER}}$ 并联接到 P2.2，故 1# 和 2# 中 $\overline{\text{LE2}}$ 的选口地址为 FBFFH。工作时，AT89C52 可以分别通过选口地址 FEFFH 和 FDFFH 把 U2 和 U3 的数字量送入相应的“8 位输入寄存器”中，然后通过选口地址 FBFFH 把输入寄存器中的数据同时送入相应的“8 位 DAC 寄存器”中，以实现 D/A 转换。

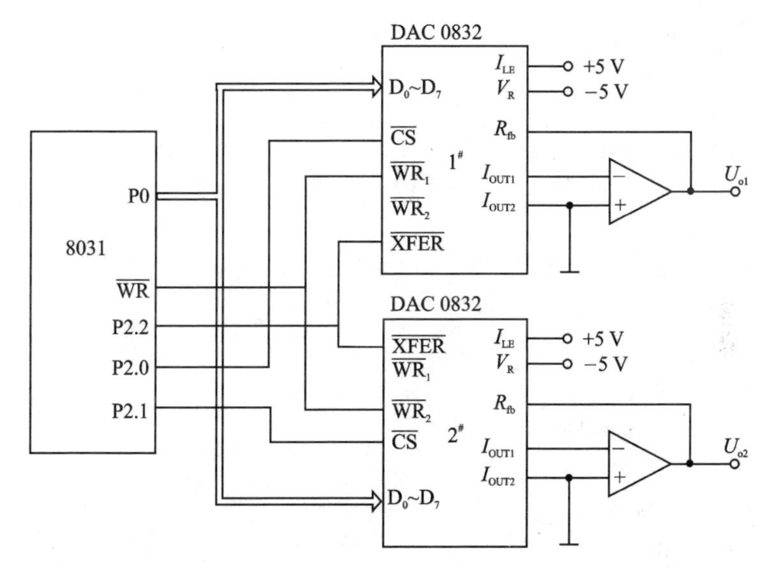

图 13－6　51 单片机与 2 片 DAC0832 构成双缓冲方式的连接图

【例 13.2】 图 13－6 所示为两片 DAC0832 与单片机组成的两路模拟量同频输出电路，请编程实现在两个通道上同时输出锯齿波和三角波。相应程序代码如下：

```
ORG     1000H
CLR     A
MOV     R7,#30H
MOV     R0,#30H
```

```
STORE: MOV   @R0,A
       INC   A
       INC   A
       INC   A
       INC   R0
       DJNZ  R7,STORE
START: MOV   R0,#30H
       MOV   R1, #30H
       MOV   R7, #30H
LOP1:  MOV   DPTR,#0FEFFH
       MOV   A,@R0
       MOVX  @DPTR,A
       INC   R0
       MOV   DPTR,#0FDFFH
       MOV   A,@R1
       MOVX  @DPTR,A
       INC   R1
       MOV   DPTR,#0FBFFH
       MOVX  @DPTR,A
       DJNZ  R7,LOP1
       MOV   R0,#30H
       MOV   R7, #30H
LOP2:  MOV   DPTR,#0FEFFH
       MOV   A,@R0
       MOVX  @DPTR,A
       INC   R0
       MOV   DPTR,#0FDFFH
       MOV   A,@R1
       MOVX  @DPTR,A
       DEC   R1
       MOV   DPTR,#0FBFFH
       MOVX  @DPTR,A
       DJNZ  R7,LOP2
       SJMP  START
       END
```

图 13-7 为仿真图,将上述程序通过 Keil 编译后生成.exe 文件,在 Protues 中调用,并运行得到图 13-7(b)所示的两通道的波形。

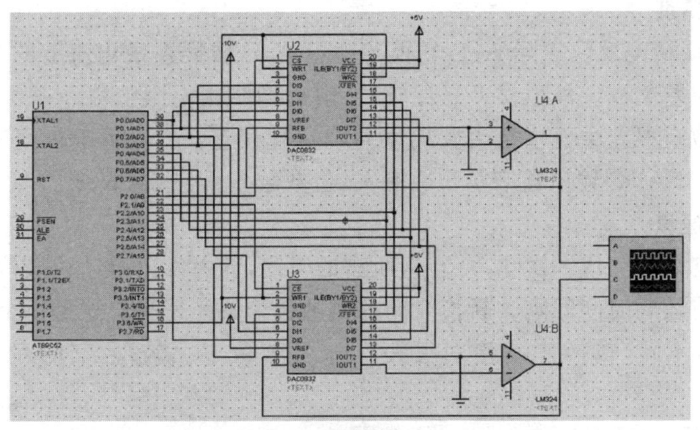

(a) 原理图

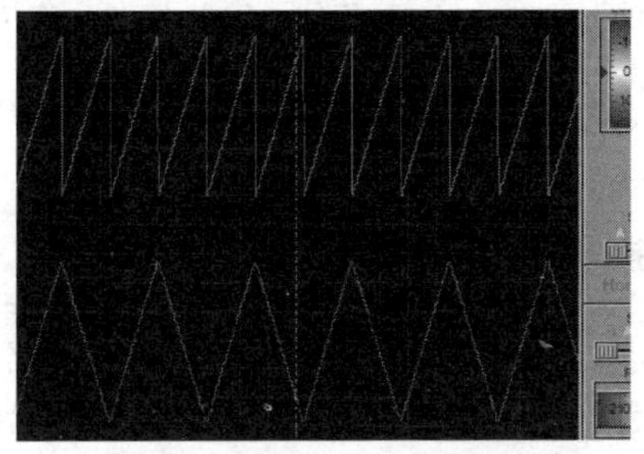

(b) 同时生成锯齿及三角波的仿真

图 13－7　【例 5.38】原理图及仿真结果

13.2　ADC 器件接口

ADC 是将模拟量转换为数字量的器件。ADC 转换器种类很多，按工作原理可分为两大类：直接 ADC 和间接 ADC。直接 ADC 速度快，包括并行比较型 ADC、逐次比较型 ADC 等；间接 ADC 包括双积分型、电压频率转换型等。而计算机中广泛采用的是逐次逼近式 ADC 作为接口电路，它的结构不太复杂，转换速度也快。

13.2.1　ADC 的主要技术参数

ADC 的技术参数是正确选用 ADC 芯片的基本依据，也是衡量 ADC 质量的关键。

1. 分辨率

分辨率用来表示 ADC 对输入模拟信号分辨的能力，是指转换器能分辨的最小量化信号的能力。ADC 的分辨率常用二进制数的位数表示（如 8 位二进制 ADC 的分辨率为 8 位），或者用对应于 1 LSB 的输入模拟电压来表示。

2. 转换精度

ADC 转换精度反映实际 A/D 转换与理想 A/D 转换在量化值上的差值,由模拟误差和数字误差组成。模拟误差是比较器、解码网络中电阻值以及基准电压波动引起的误差。数字误差主要包括丢失码误差和量化误差:前者属于非固定误差,由器件决定;后者与 ADC 输出数字量位数有关,位数越多,误差越小。

3. 转换速度

转换速度是指完成一次 A/D 转换所需的时间,即由发出启动转换信号到转换结束信号开始有效的时间间隔。转换时间的倒数称为转换速率。这是一个很重要的指标,ADC 型号不同,转换速度差别很大。通常,8 位逐比较型 ADC 的转换时间为 100 μs 左右。

4. 量　程

量程是指所能转换的模拟输入电压范围,分单极性、双极性两种类型。

例如:单极性,量程为 0～5 V,0～10 V,0～20 V;双极性,量程为－5～＋5 V,－10～＋10 V。

13.2.2　8 位 ADC 转换芯片——ADC0809

ADC0809 是 8 位逐次逼近式 ADC。它能分时地对 8 路模拟量信号进行 A/D 转换,结果为 8 位二进制数据。它可以和微机直接接口,其姊妹芯片是 ADC0808,二者可以相互替换。

(1) ADC0809 的主要功能

① 分辨率为 8 位;

② 总的不可调误差在±1/2 LSB 和±1 LSB 范围内;

③ 典型转换时间为 100 μs;

④ 具有锁存控制的 8 路多路开关;

⑤ 具有三态缓冲输出控制;

⑥ 单一＋5 V 供电,此时输入范围为 0～＋5 V;

⑦ 输出与 TTL 兼容;

⑧ 工作温度范围为－40～＋85 ℃。

(2) ADC0809 的内部结构

图 13－8 所示为 ADC0809 内部结构,由三大部分组成:8 路输入模拟量选择电路;一个逐次逼近式 ADC;三态输出缓冲锁存器。

① 8 路输入模拟量选择电路:8 路输入模拟量选择电路由 8 通道多路模拟开关和地址锁存器与译码器构成。8 路输入模拟量信号分别接到 IN0～IN7 端,究竟选通哪一路去进行 A/D 转换由地址锁存器与译码器电路控制。如表 13－1 所列,C、B、A 为输入地址选择线,地址信息由 ALE 的上升沿输入地址锁存器。

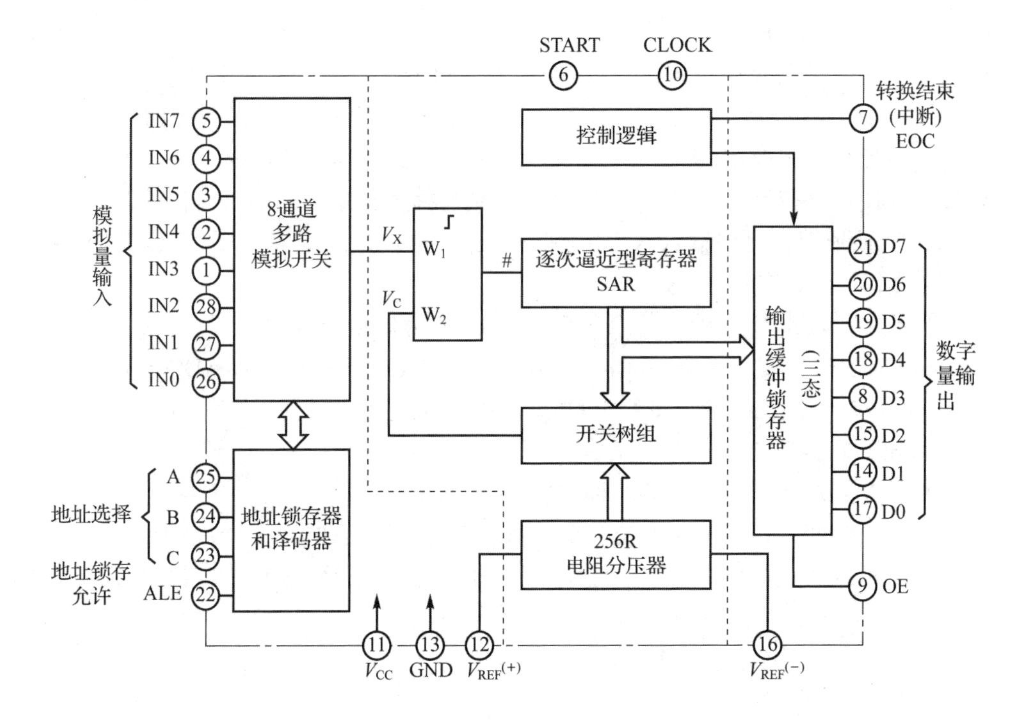

图 13-8　ADC0809 内部结构

表 13-1　ADC0809 真值表

ALE	CBA	接通信号	ALE	CBA	接通信号
1	000	IN0	1	101	IN5
1	001	IN1	1	110	IN6
1	010	IN2	1	111	IN7
1	011	IN3	0	×××	均不通
1	100	IN4			

② 逐次逼近式 ADC：ADC0809 内部的逐次逼近式 ADC 由比较器、256 电阻阶梯、树状开关、逐次逼近型寄存器 SAR、控制电路等构成。START 为启动信号，要求输入正脉冲信号，在上升沿复位内部逐次逼近寄存器，在下降沿启动 A/D 转换。EOC 为转换结束标志位，0 表示正在转换，1 表示一次 A/D 转换结束。CLOCK 为外部时钟输入信号，时钟频率决定了 ADC 的转换速率，ADC0809 每一通道的转换需 66～73 个时钟周期，当时钟频率取 640 Hz 时，转换一次需约 100 μs，这是 ADC0809 所能允许的最短转换时间。

③ 三态输出缓冲锁存器：A/D 转换的结果就是由 EOC 信号打入三态输出缓冲锁存器。OE 为输出允许信号，当向 OE 端输入一个高电平时，三态门电路被选通，这时便可读取结果；否则缓冲锁存器输出为高阻态。

(3) ADC0809 的引脚功能

ADC0809 采用双列直插式封装,共有 28 个引脚。

① 8 路模拟电压输入线(共 8 根):IN7～IN0 用于输入被转换的模拟电压。

② 地址输入和控制线(共 4 根):C、B、A 为 3 根地址线(如表 13-1 所列),与 ALE 配合使用可控制 8 路模拟开关工作,达到选择模拟量输入通道的作用。

ALE:地址锁存允许输入线,高电平有效。当 ALE 线为高电平时,C、B、A 这 3 条地址线上的地址信号得以锁存。

③ 数字量输出及控制线(共 11 根):START 为启动脉冲输入线,该线上的正脉冲由 CPU 送来,宽度应大于 100 ns,上升沿清零 SAR,下降沿启动 ADC 工作。

EOC:转换结束输出线,该线上的高电平表示 A/D 转换已结束,数字量已锁入"三态输出锁存器"。

D7～D0:数字量输出线,共 8 根。D7 为最高位。

OE:输出允许线,高电平时能使 D7～D0 引脚上输出转换后的数字量。

④ 电源线及其他(5 根):CLOCK:时钟输入线,用于给 ADC0809 提供逐次比较所需 640 kHz 时钟脉冲序列。

V_{CC}:+5 V 正电源电压输入线。

GND:地线。

V_{REF}(+)和 V_{REF}(-):参考电压输入线,用于给电阻阶梯网络供给标准电压。V_{REF}(+)常和 V_{CC} 相连,V_{REF}(-)常接地或负电源电压。

(4) 51 单片机与 ADC0809 的接口

ADC0809 输出带有三态输出缓冲锁存器,因而不加 I/O 接口芯片,可以直接接到计算机系统的总线上。图 13-9 所示为 ADC0809 与 51 单片机接口的一个典型电路。

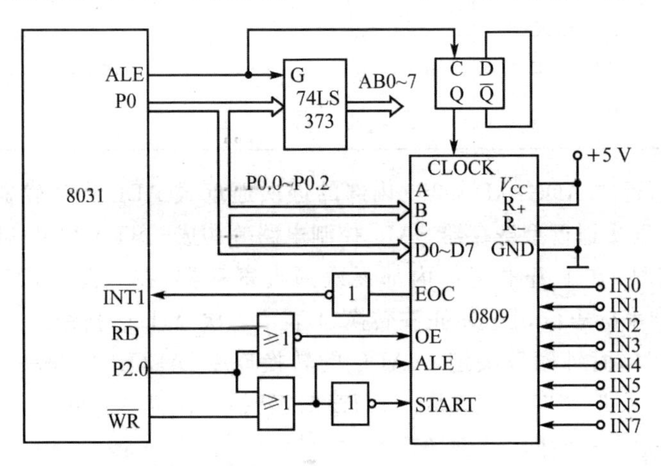

图 13-9　ADC0809 与 51 单片机的接口电路

图 13-9 中,ADC0809 的时钟信号 CLOCK 由 8031 的 ALE 端的输出脉冲经二

分频得到，8031通过地址线P2.0和读/写控制线$\overline{RD}$、$\overline{WR}$来控制ADC0809的启动START、输入通道地址锁存ALE和输出允许OE信号。ADC转换结束信号EOC经反相后连至8031的$\overline{INT1}$(P3.3)。模拟输入通道地址的译码输入信号C、B、A由P0.2～P0.0提供。根据以上连接可知，ADC0809的IN0～IN7通道地址分别为0FEF8H～0FEFFH。

根据ADC与单片机连接方式以及不同场合的要求，实现A/D转换所需软件的设计主要有3种，即程序查询方式、延时等待方式及中断方式。

① 程序查询方式：所谓程序查询方式，就是首先由单片机向ADC发出启动信号，然后读入转换结束信号，查询转换是否结束。若转换结束，则可读入数据，否则再继续读入转换结束信号进行查询，直至转换结束再读入数据。

这种程序设计方法比较简单，可靠性高，但由于CPU把许多时间都消耗在“查询”上，因而效率低。实际应用的许多系统对于消耗的这点时间还是允许的，因此，这种方法应用比较普遍。

【例13.3】 按图13-9所示的ADC0809与51单片机接口电路，用查询方式编写A/D转换程序。要求完成如下功能：将由IN0端输入的0～5 V模拟信号转换为对应的数字量00H～FFH，然后再存入51单片机内部RAM的30H单元中。

```
        MOV     DPTR,#0FEFFH
        MOV     A,#00H
        MOVX    @DPTR,A
        MOV     R2,#20H
        DJNZ    R2,$
WAIT:   JB      P3.3,WAIT
        MOVX    A,@DPTR
        MOV     30H,A
```

② 延时等待方式：所谓延时等待方式是指在向ADC发出启动信号后，先根据所采用的ADC所需的转换时间（如ADC0809为100 μs）进行软件延时等待，延时程序执行完后，A/D转换过程也已结束，便可读入数据。在这种方式中，为了保险起见，通常延时时间应大于A/D转换所需的时间，由于占用了较多的时间，因此多用于CPU处理任务比较少的场合。这种方法的优点是可靠性高，不占用查询端口。

【例13.4】 用延时的方法实现【例13.3】的转换程序。

```
        MOV     DPTR,#0FEFFH
        MOV     A,#00H
        MOVX    @DPTR,A
        MOV     R2,#40H
        DJNZ    R2,$
        MOVX    A,@DPTR
        MOV     30H,A
```

③ 中断方式:上述两种方法,在 A/D 转换的整个过程中,CPU 实际处于等待方式,因而效率比较差。在中断方式中,CPU 启动 A/D 转换后可转去处理其他事情,A/D 转换结束便向 CPU 发出中断申请信号,CPU 响应中断后再来读入数据。这样,CPU 与 A/D 转换器并行工作,提高了工作效率。

【例 13.5】 用中断方式实现【例 13.3】的转换功能。

主程序如下:

```
MAIN:   SETB    IT1
        SETB    EX1
        SETB    EA
        MOV     DPTR,#0FEFFH
        MOV     A,#00H
        MOVX    @DPTR,A
        SJMP    $
```

中断服务程序如下:

```
        ORG     0013H
        AJMP    INT1
        ORG     0100H
INT1:   PUSH    DPL
        PUSH    DPH
        PUSH    ACC
        MOV     DPTR,#0FEFFH
        MOVX    A,@DPTR
        MOV     30H,A
        MOV     A,00H
        MOVX    @DPTR,A
        POP     ACC
        POP     DPH
        POP     DPL
        RETI
```

习　题

1. 利用 ADC0809 作为采集外部电压值的 A/D 转换芯片,用 AT89C51 内部定时器来控制对模拟信号的采集,每分钟采集一次,编出对 8 路信号采集一遍的程序,并画出电路图。

2. DAC0832 与 AT89C51 连接时有哪些控制信号?其作用是什么?

3. 在时钟频率为 12 MHz 的 51 单片机系统中,接有一片 DAC0832,它的地址为

3FFFH，假设参考电压为 0～5 V。试画出有关逻辑框图并编写程序，使其运行后能输出占空比为 1∶4 且幅度为 3 V 的矩形波。

4. 请应用 DAC0832 设计简易波形发生器。

5. 说明 ADC、DAC 的作用以及 DAC0832、ADC0809 引脚的功能。

6. 单片机与 DAC0832 连接时，单缓冲型与双缓冲型两种接口方法在应用时有何不同？

第 14 章　温度传感器接口技术应用及 Proteus 仿真

温度是一种典型的模拟信号。将温度转换为电量的传感器很多，如热电偶、热敏电阻、温敏二极管、温敏三极管等。本章介绍一种数字化的温度传感器 DS18B20。

14.1　温度传感器 DS18B20 的引脚

Dallas 半导体公司的数字化温度传感器 DS18B20 是世界上第一片支持 1 - wire（单总线）接口的温度传感器。1 - wire 是 Dallas 半导体公司的专有技术，只须使用一根导线（将计算机的地址线、数据线、控制线合为一根信号线）便可完成串行通信。单根信号线既传输时钟信号又传输数据信号，而且数据传输是双向的，在信号线上可挂上许多测控对象，电源也由这根信号线提供。

1 - wire 适合于单个主机系统，能够控制一个或多个从设备。当只有一个从机位于总线上时，系统可按照单节点系统操作；而当多个从机位于总线上时，系统按照多节点系统操作。1 - wire 单总线示意图如图 14 - 1 所示。1 - wire 总线独特且经济，能使用户轻松组建传感器网络。

与传统热敏电阻相比，DS18B20 只需一根导线就能直接读出被测温度，并可以根据实际需求编程实现 9～12 位数字值的读数方式。它有 3 种封装形式，芯片的外形如图 14 - 2 所示。

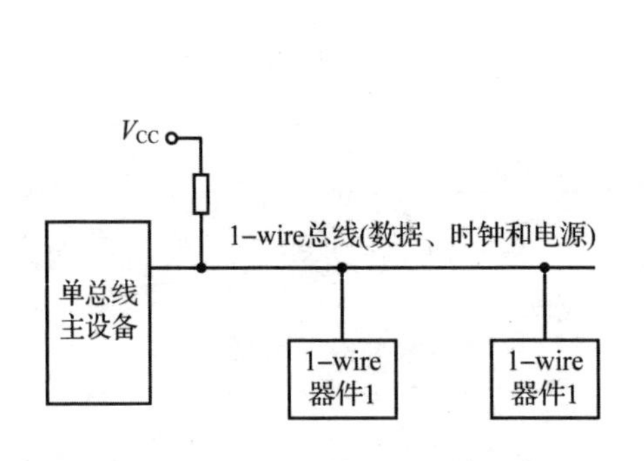

图 14 - 1　1 - wire 单总线系统示意图

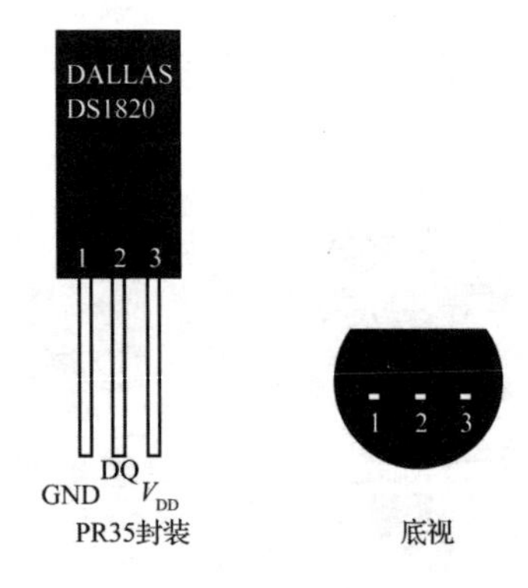

图 14 - 2　DS18B20 外形图

当信号线 DQ 为高电平时，信号线 DQ 为芯片供电，使内部电容器储存电能；当信号线 DQ 为低电平时，内部内容器为芯片供电，直至下一个高电平到来重新充电。

DS18B20 的各个引脚功能说明如表 14 - 1 所列。

表 14 - 1　DS18B20 引脚说明

引　脚	名　称	说　明
1	GND	电源地
2	DQ	数字输入/输出
3	V_{DD}	可选的+5 V 电源

DS18B20 的特点如下：

① 独特的单线接口方式，与单片机连接时只需要一条引脚，就可实现单片机与 DS18B20 的双向通信。

② 支持多点组网功能，多个 DS18B20 可以通过并联的方式，实现多点组网测温。

③ 不需要任何外围元件，全部传感元件及转换电路集成在形如一只晶体管的集成电路内。

④ 适应电压范围宽，电压范围为 3.0～5.5V，寄生电源方式下可通过数据线供电。

⑤ 零待机功耗。

⑥ 测温范围为－55～＋125 ℃，以 0.5 ℃递增，在－10～＋85 ℃范围内，精度为±0.5 ℃。华氏器件在－67～257 ℉范围内，以 0.9 ℉递增。

⑦ 可编程的分辨率为 9～12 位，对应的可分辨温度分别为 0.5 ℃、0.25 ℃、0.125 ℃及 0.0625 ℃，可实现高精度测温。

⑧ 9 位分辨率时，最多在 93.75 ms 内把温度转换为数字；12 位分辨率时，最多在 750 ms 内把温度值转换为数字，速度较快。

⑨ 测量结果直接输出数字温度信号，以一条总线串行传送给 CPU，同时可传送 CRC 校验码，具有极强的抗干扰纠错能力。

⑩ 负压特性，当电源极性接反时，芯片不会因发热而烧毁，但芯片不能正常工作。

14.2　温度传感器 DS18B20 的内部结构及工作原理

14.2.1　DS18B20 内部结构

DS18B20 内部结构如图 14 - 3 所示。从图中可知，DS18B20 内部结构主要由 64 位 ROM、温度传感器、温度报警触发器 TH 和 TL 及高速暂存器等部分组成。

1. 64 位 ROM

64 位 ROM 是由厂家用激光记录的一个 64 位二进制 ROM 代码，是该芯片的标志号，如表 14 - 2 所列。

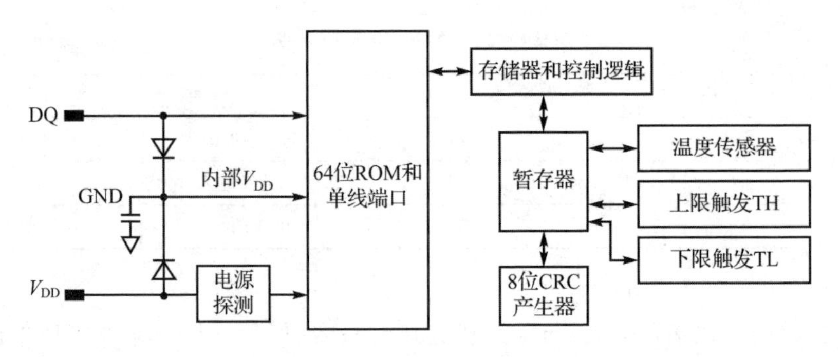

图 14-3 DS18B20 内部结构框图

表 14-2 DS18B20 芯片标志号

8 位循环冗余检验	48 位序列号	8 位分类编号(10H)
MSB … LSB	MSB … LSB	MSB … LSB

8 位分类编号表示产品分类编号,DS18B20 的分类号为 10H;48 位序列号是一个大于 281×10^{12} 的十进制数编码,作为该芯片的唯一标志代码;8 位循环冗余检验为前 56 位的 CRC 循环冗余校验($CRC=X^8+X^5+X^4+1$)。由于每个芯片的 64 位 ROM 代码不同,因此单总线上能够并挂多个 DS18B20 进行多点温度实时检测。

2. 温度传感器

温度传感器是 DS18B20 的核心部分,该功能部件可以完成对温度的测量。通过软件编程可将−55～+125 ℃范围内的温度值按 9 位、10 位、11 位、12 位的转换精度进行量化,以上的转换精度都包括一个符号位,因此对应的温度量化值分别是 0.5 ℃、0.25 ℃、0.125 ℃、0.062 5 ℃,即最高转换精度为 0.062 5 ℃。芯片出厂时默认为 16 位的转换精度。当接收到温度转换命令(命令代码 44H)后开始转换,转换完成后的温度以 16 位带符号扩展的二进制补码形式表示,存储在高速缓冲器 RAM 的第 0、1 字节中,二进制数的前 5 位是符号位。如果测得的温度大于 0,则这 5 位为 0,只要将测到的数值乘上 0.062 5 即可得到实际温度;如果温度小于 0,则这 5 位为 1,测到的数值需要取反加 1 再乘上 0.062 5 即可得到实际温度。

【例 14.1】 如果−55～+125 ℃范围内的温度值按 12 位的转换精度进行量化,则+125 ℃、+25.062 5 ℃、−25.062 5 ℃、−55 ℃的数字输出分别为多少?

解:如果按 12 位的转换精度进行量化,那么最小量化单位为 0.062 5 ℃,125÷0.062 5=2 000,即 FD0H。以此类推,可得出上述 4 个温度值的数字输出分别为 07D0H、0191H、FF6FH、FC90H。

3. 高速缓存器

高速缓存器包括 1 个非易失性可擦除 E^2PROM 和 1 个高速暂存器 RAM。

非易失性可电擦除 E^2PROM 用于存放高温触发器 TH、低温触发器 TL 及配置

寄存器中的信息。

高速暂存器 RAM 是一个连续 8 B 的存储器，前两个字节是测得的温度信息，第 1 个字节的内容是温度的低 8 位，第 2 个字节是温度的高 8 位。第 3 个和第 4 个字节是高温触发器 TH、低温触发器 TL 的非易失性复制，第 5 个字节是配置寄存器的非易失性复制，以上字节的内容在每次上电复位时被刷新。第 6、7、8 个字节用于暂时保留为 1。

4. 配置寄存器

配置寄存器的内容用于确定温度值的数字转换分辨率。DS18B20 工作时按此寄存器的分辨率将温度转换为相应精度的数值，是高速缓存器的第 5 个字节。该字节定义如下：

D7	D6	D5	D4	D3	D2	D1	D0
TM	R0	R1	1	1	1	1	1

其中，TM 是测试模式位，用于设置 DS18B20 在工作模式还是测试模式，在 DS18B20 工作时，该位被设置为 0，用户不必改动。R1 和 R0 用来设置分辨率。其余 5 位均固定为 1。DS18B20 的分辨率设置如表 14－3 所列。

表 14－3　DS18B20 的分辨率设置

R1	R0	分辨率	最大转换时间/ms
0	0	9 位	93.75
0	1	10 位	187.5
1	0	11 位	375
1	1	12 位	750

14.2.2　DS18B20 的工作原理

DS18B20 的测温工作原理如图 14－4 所示。

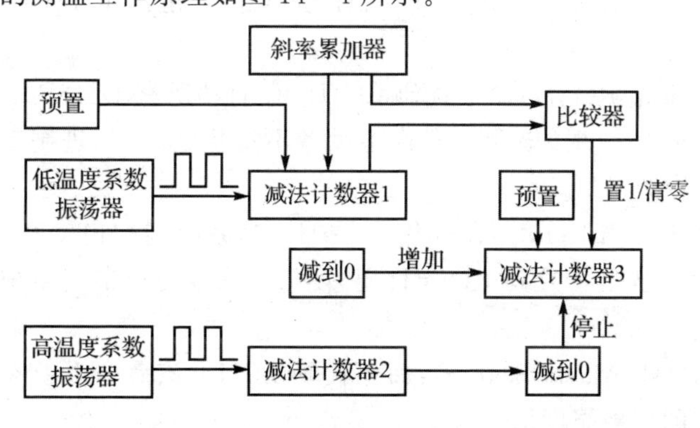

图 14－4　DS18B20 的测温工作原理

从图 14-4 中可以看出,DS18B20 主要由斜率累加器、温度系数振荡器、减法计数器、温度寄存器等部分组成。斜率累加器用于补偿和修正测温过程中的非线性,其输出用于修正减法计数器的预置值。温度系数振荡器用于产生减法计数器脉冲信号,其中低温度系数振荡器受温度的影响很小,用于产生固定频率的脉冲信号送给减法计数器 1;高温度系数振荡器受温度的影响较大,随温度的变化,其振荡频率明显改变,产生的信号作为减少计数器 2 的输入脉冲。减法计数器对脉冲信号进行减法计数。温度寄存器暂存温度数值。

图 14-4 中还隐含着计数门。当计数门打开时,DS18B20 就对低温系数振荡器产生的时钟脉冲进行计数,从而完成温度测量。计数门的开启时间由高温度系数振荡器决定,每次测量前,首先将−55 ℃所对应的基数分别置入减法计数器 1 和高温寄存器中,减法计数器 1 和温度寄存器被预置为−55 ℃所对应的一个基数值。

减法计数器 1 对低温度系数振荡器产生的脉冲信号进行减法计数,当减法计数器 1 的预置值减到 0 时,温度寄存器的值将加 1。之后,减法计数器 1 的预置将重新被装入,减法计数器 1 重新开始对低温度寄存器的值的累加。此时,温度寄存器中的数值即为所测温度。斜率累加器不断补偿和修正测温过程中的非线性,只要计数门未关闭就重复上述过程,直至温度寄存器的值达到被测温度值。

由于 DS18B20 是单总线芯片,在系统中若有多个单总线芯片,每个芯片的信息交换则是分时完成的,均有严格的读/写时序要求。系统对 DS18B20 的操作协议如下:初始化 DS18B20(发复位脉冲)→发 ROM 功能命令→发存储器操作命令→处理数据。

14.2.3 DS18B20 的 ROM 命令

读 ROM(Read ROM):命令代码为 33H,允许主设备读出 DS18B20 的 64 位二进制 ROM 代码。该命令只适用于总线上存在单只 DS18B20。

匹配 ROM(Match ROM):命令代码 55H。若总线上有多个从设备,则使用该命令可以选中某一指定的 DS18B20,即只有与 64 位二进制 ROM 代码完成匹配的 DS18B20 才能响应其操作。

跳过 ROM(Skip ROM):命令代码 CCH。在启动所有 DS18B20 的转换之前或系统只有一个 DS18B20 时,该命令允许主设备不提供 64 位二进制 ROM 代码就使用存储器操作命令。

搜索 ROM(Search ROM):命令代码 F0H。当系统初次启动时,主设备可能不知总线上有多少个从设备或其 ROM 代码,使用该命令可以确定系统中的从设备个数及其 ROM 代码。

报警搜索 ROM(Alarm Search):命令代码 ECH。该命令用于鉴别和定位系统中超出程序设定的报警温度值。

写暂存器(Write Scratchpad):命令代码 4EH。允许主设备向 DS18B20 的暂存

器写入两个字节的数据，其中第 1 个字节写入 TH 中，第 2 个字节写入 TL 中。可以在任何时刻发出复位命令中止数据的写入。

读暂存器(Read Scratchpad)：命令代码 BEH。允许主设备读取暂存器中的内容。从第 1 个字节开始，直到 CRC 读完第 9 个字节。也可以在任何时刻发出复位命令中止数据的读取操作。

复制暂存器(Copy Scratchpad)：命令代码 48H。将高温触发器 TH 和低温触发器 TL 中的字节复制到非易失性 E^2PROM。当主机在该命令之后又发出读操作，而 DS18B20 又忙于将暂存器的内容复制到 E^2PROM 时，DS18B20 就会输出一个“0”。若复制结束，则 DS18B20 输出一个“1”。如果使用寄生电源，则主设备发出该命令之后，立即发出强上拉并至少保持 10 ms 以上时间。

温度转换(Convert T)：命令代码 44H。启动一次温度转换。若主机在该命令之后又发出其他操作，而 DS18B20 又忙于温度转换，DS18B20 就会输出一个“0”。若转换结束，则 DS18B20 输出一个“1”。如果使用寄生电源，则主设备发出该命令之后，立即发出强上拉并至少保持 500 ms 以上的时间。

复制回暂存器(Recall EEPROM)：命令代码 B8H。将高温触发器 TH 和低温触发器 TL 中的字节从 E^2PROM 中复制回暂存器中。该操作在 DS18B20 上电时自动执行，若执行该命令后又发出读操作，则 DS18B20 会输出温度转换忙标志(0 为忙，1 为完成)。

读电源使用模式(Read Power Supply)：命令代码 B4H。主设备将该命令发给 DS18B20 后发出读操作，DS18B20 会返回其电源的使用模式(0 为寄生电源，1 为外部电源)。

14.3　温度传感器 DS18B20 应用实例

14.3.1　DS18B20 测温参考程序

1. 延时程序

```
DLY1S:    MOV     R7,#128
          MOV     R6,#0
DLYB:     NOP
          DJNZ    R7,DLYB
          DJNZ    R6,DLYB
          RET
```

2. 初始化程序

```
RESET:
L0:     CLR     P1.0
```

```
        MOV     R2, #110
L1:     NOP
        DJNZ    R2,L1
        SETB    P1.0          ;主机发置位脉冲持续 600 μs
        MOV     R2,#17
L4:     DJNZ    R2,L4         ;等待 60 μs
        CLR     C
        ORL     C, P1.0       ;数据线应变低
        JC      L0            ;没准备好,重来
        MOV     R6,#45
L5:     ORL     C, P1.0
        JC      L3            ;数据线变高初始化成功
        DJNZ    R6,L5         ;数据线低电平持续 240 μs
        SJMP    L0            ;初始化失败,重来
L3:     MOV     R2, #125
L2:     DJNZ    R2,L2         ;应答过程最少 480 μs
        RET
```

3. 读一个字节

```
READ:   MOV     R6,#8

RE1:    CLR     P1.0
        MOV     R4, #4
        NOP                   ;低电平持续 2 μs
        SETB    P1.0          ;P1.0 改为输入
RE2:    DJNZ    R4,RE2        ;等待 12 μs
        MOV     C, P1.0
        RRC     A             ;按位读入
        MOV     R5, #17
RE3:    DJNZ    R5, RE3       ;保证读过程持续 60 μs
        DJNZ    R6, RE1
        MOV     TEMP, A
        SETB    P1.0
        RET
```

4. 写一个字节

```
WRITE:  MOV     R3, #8

WR1:    SETB    P1.0
        MOV     R4, #5
        RRC     A
        CLR     P1.0
WR2:    DJNZ    R4,WR2        ;数据线变低 16 μs
        MOV     P1.0, C       ;命令字按位送
```

```
            MOV     R4, #17
WR3:        DJNZ    R4,WR3        ;保证整个写过程持续 60 μs
            DJNZ    R3,WR1
            SETB    P1.0
            RET
```

5. 启动温度转换

```
            LCALL   RESET
            MOV     A,#0CCH       ;发 SKIP ROM 命令
            LCALL   WRITE
            MOV     A,#44H
            LCALL   WRITE         ;发开始温度转换命令
```

6. 发读存储器命令

```
            LCALL   RESET
            MOV     A,#0CCH
            LCALL   WRITE
            MOV     A,#0BEH
            LCALL   WRITE         ;发读存储器命令
```

7. 读取温度值

```
            LCALL   READ          ;读出温度值 1
            MOV     TEMP2,TEMP
            LCALL   READ          ;读出温度值 2
            MOV     TEMP1,TEMP
```

14.3.2　DS18B20 测温实例

DS18B20 在一根数据线上实现数据的双向传输，这就需要一定的协议来对读/写数据提出严格的时序要求，而 AT89 系列单片机并不支持单线传输。因此，必须采用软件的方法来模拟单线的协议时序。

图 14-5 所示为 DS18B20 和 DS1302 应用原理图工作原理，其中 DS18B20 的数据端 DQ 接 P2.7，下面是温度采集部分的程序，其中 P2.7 被定义成 INT_0。

部分程序清单如下：

```
;**************************读出转换后的温度值
GET_TEMPER:
            SETB      INT_0
            LCALL     INIT_1820
            JB        FLAG1,TSS2
            RET
TSS2:       MOV       A,#0CCH
```

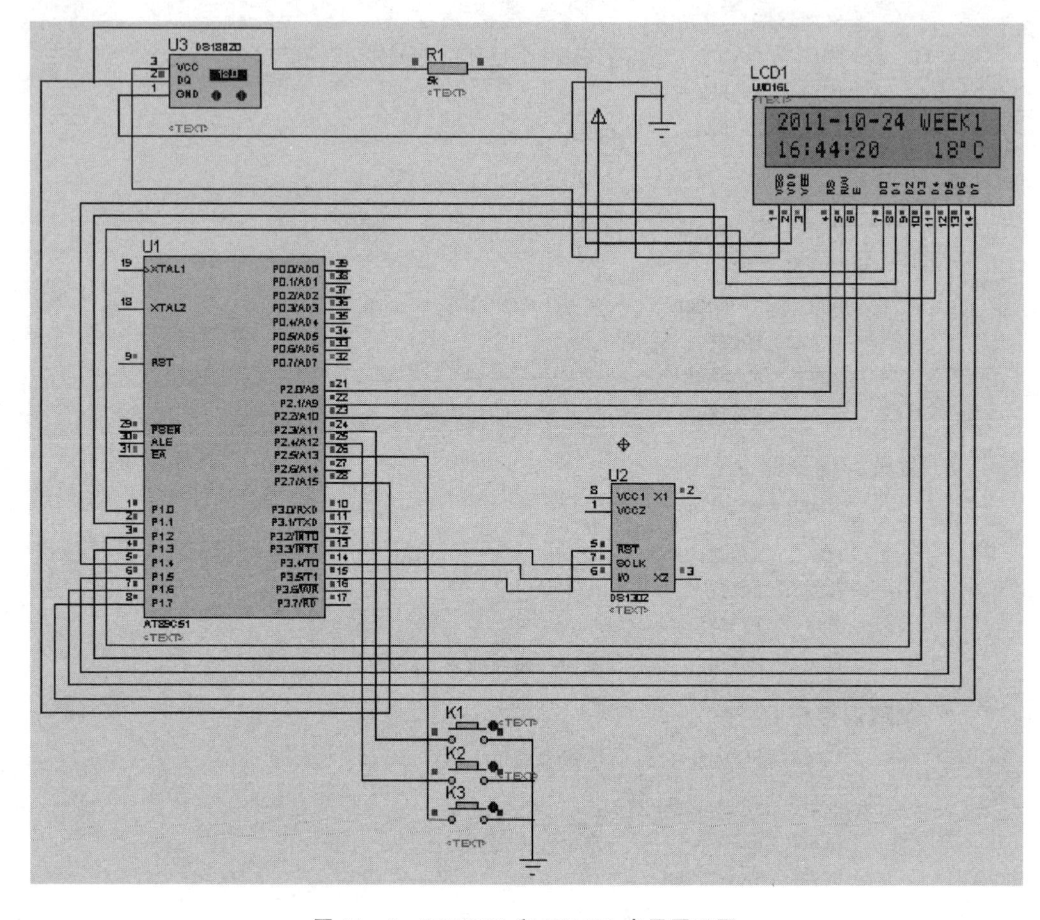

图 14-5　DS18B20 和 DS1302 应用原理图

```
          LCALL     WRITE_1820
          MOV       A,#44H
          LCALL     WRITE_1820
          LCALL     DISPLAY
          LCALL     INIT_1820
          MOV       A,#0CCH
          LCALL     WRITE_1820
          MOV       A,#0BEH
          LCALL     WRITE_1820
          LCALL     READ_18200
          RET
;* * * * * * * * * * * DS18B20 复位初始化子程序 * * * * * * * * * *
INIT_1820:
          SETB      INT_0
          NOP
```

```
            CLR         INT_0
;主机发出延时 537 μs 的复位低脉冲
            MOV         R1, #3
TSR1:       MOV         R0, #107
            DJNZ        R0, $
            DJNZ        R1,TSR1
            SETB        INT_0
            NOP
            NOP
            NOP
            MOV         R0, #25H
TSR2:       JNB         INT_0,TSR3
            DJNZ        R0,TSR2
            LJMP        TSR4
TSR3:       SETB        FLAG1         ;置标志位,表示 DS18B20 存在
            LJMP        TSR5
TSR4:       CLR         FLAG1         ;清标志位,表示 DS18B20 不存在
            LJMP        TSR7
TSR5:       MOV         R0, #117
TSR6:       DJNZ        R0,TSR6
TSR7:       SETB        INT_0
            RET
;* * * * * * * * * * * * * 写 DS18B20 的子程序 * * * * * * * * * * *
WRITE_1820:
            MOV         R2, #8
            CLR         C
WR1:        CLR         INT_0
            MOV         R3, #6
            DJNZ        R3, $
            RRC         A
            MOV         INT_0,C
            MOV         R3, #23
            DJNZ        R3, $
            SETB        INT_0
            NOP
            DJNZ        R2,WR1
            SETB        INT_0
            RET
;* * * * * * * * * * * * * * * 读 DS18B20 的程序 * * * * * * * * * * *
READ_18200:
            MOV         R4, #2
            MOV         R1, #29H
```

```
RE00:   MOV     R2,#8
RE01:   CLR     C
        SETB    INT_0
        NOP
        NOP
        CLR     INT_0
        NOP
        NOP
        NOP
        SETB    INT_0
        MOV     R3,#9
RE10:   DJNZ    R3,RE10
        MOV     C,INT_0
        MOV     R3,#23
RE20:   DJNZ    R3,RE20
        RRC     A
        DJNZ    R2,RE01
        MOV     @R1,A
        DEC     R1
        DJNZ    R4,RE00
        RET
```

参考文献

[1] 张友德,赵志英.单片微型机原理、应用与实验:A51 版[M].上海:复旦大学出版社,2012.

[2] 周爱军.基于 Proteus 仿真的 51 单片机应用[M].北京:北京理工大学出版社,2018.

[3] 马淑华,高军,蔡凌.单片机原理与接口技术[M].3 版.北京:北京邮电大学出版社,2018.

[4] 黄翠翠.51 系列单片机原理及产品设计[M].武汉:华中科技大学出版社,2018.

[5] 夏学文.单片机原理与应用项目教程[M].成都:电子科技大学出版社,2017.

[6] 刘同法,陈忠平,彭继卫.单片机外围接口电路与工程实践[M].北京:北京航空航天大学出版社,2009.

[7] 宁志钢.单片机实用系统设计——基于 Proteus 和 Keil C51 仿真平台[M].北京:科学出版社,2018.

[8] 徐爱钧.Keil Cx51 v7.0 单片机高级语言编程与 μVision2 应用实践 [M].北京:电子工业出版社,2008.

[9] 徐爱钧.单片机原理实用教程[M].北京:电子工业出版社,2009.

[10] 杜树春,张体才.单片机与外围器件接口实例详解[M].北京:中国电力出版社,2009.

[11] 邬宽明.单片机外围器件实用手册——数据传输接口器件分册[M].2 版.北京:北京航空航天大学出版社,2005.

[12] 王建,魏福江,宋永昌.实用单片机技术[M].沈阳:辽宁科学技术出版社,2012.

[13] 边春远,王志强.MSC-51 单片机应用开发实用子程序[M].北京:人民邮电出版社,2005.